디지털 3.0 시대의
상식 사전

디지털 3.0 시대의
상식 사전

오창환 지음

이담
Books

• 머리말 •

    컴퓨터와 통신 기술의 끊임없는 발전으로 이룩된 디지털 기술은 이제 새로운 디지털 3.0 시대를 맞이하고 있습니다. 디지털 3.0 시대에는 IT기술 발전뿐만 아니라 IT, BT, NT 기술들의 융합으로 모든 사물에까지 지능화가 이루어지며, 더욱이 이들이 인터넷으로 연결되어 바야흐로 거대한 초지능화 네트워크가 구성될 것입니다. 또한 사람, 동물, 사물 등에게 이러한 융합기술이 적용됨으로써 인류의 삶의 질은 오늘날보다 한층 더 발전을 거듭해 나아갈 것입니다.

    특히 디지털 3.0 시대에는 로봇기술의 발전으로 인간과 인간 사이의 소통뿐만 아니라 인간과 로봇의 소통에도 관심을 가져야 할 것이며 새로운 IT 기술에 관한 발전전망 이해 여부도 무한 경쟁에서 살아남기 위해 중요한 삶의 요소로 작용하게 될 것입니다.

    이 책의 내용은 디지털 3.0 시대에서 필요로 하는 인간의 삶에 대한 이해와 더불어 컴퓨터와 로봇, 통신과 IT 기술의 발전에 관하여 AM7 지하철 신문에 칼럼으로 기고함으로써 출발되었습니다. 이 책의 대부분 내용은 실제로 AM7 지하철 신문에 기고된 칼럼들로 구성되어 있습니다.

    디지털 3.0 시대에서도 인간들끼리의 삶은 무엇보다도 중요합니다. 사람들 사이에 서로 친밀한 관계를 유지하면서 행복한 삶을 영위하기 위해서는 무엇보다도 사람에 대해 많이 알아야 할 것입니다. 나 자신이 사람이니 평소 사람에 대해 잘 알고 있다고 생각할 수도 있겠습니다만, 실제로는 그러하지 못할 것입니다.

IT기술은 오늘날까지 우리들 삶 속에 늘 함께 있어왔습니다. 이제 디지털 3.0 시대에서는 IT기술이 더욱 발전을 거듭하여 IT기술의 이해야말로 슬기로운 삶의 초석이 될 것입니다.

이 책은 여러 면에서 부족한 점이 많습니다마는, 디지털 3.0 시대에서 사람과 사람 사이의 친밀한 관계 유지, 사람과 컴퓨터 사이의 원활한 인터페이스, 사람과 IT기술 사이의 친숙한 이해 등을 보다 친근하게 이끌어주는 도우미가 될 수 있기 바랍니다.

이 책이 출판될 수 있도록 도와주신 학교법인 신일학원·서울사이버대학교 이세웅 이사장님께 감사드립니다. 또한 서울사이버대학교 강인 총장님께도 감사드립니다. 평소에 심리학에 관한 문의에 친절하게 답해주시는 서울사이버대학교 입학처장 채정민 교수님께도 감사드립니다. 저에게 글쓰기를 격려해주신 서울사이버대학교 구국모 입학부처장님께도 깊이 감사드립니다.

그리고 IT관련 기술에 관하여 많은 도움을 주신 서울사이버대학교 컴퓨터정보통신학과 윤경목 교수님께 감사드립니다. 또한 이 책이 발간되기까지 여러 방면으로 도움을 아끼지 않으신 서울사이버대학교의 모든 교수님들과 교직원 선생님들에게 감사드립니다.

끝으로 장녀 혜정과 장남 승규에게 고마움을 전하고 사랑하는 아내 이시은에게도 깊은 감사의 뜻을 전합니다.

2012. 11.

오창환

• Contents •

part 01_인간의 삶

part 02_컴퓨터와 로봇

part 03_통신과 IT

part 01
인간의 삶

01
인간 소통의 구성요소로는 무엇이 있나?

원시시대의 인간은 언어가 없었기에 다른 사람과의 소통을 주로 소리나 제스처로 했을 것이다. 또한 얼굴표정도 상대방에게 의사를 전달하기 위한 수단으로 활용했을 것이다. 이러한 얼굴표정에는 행복, 슬픔, 노여움, 두려움, 혐오감 등의 기본정서가 포함되어 있다.

언어가 발달되면서부터 인간 소통의 주된 구성요소로 목소리 대화가 등장하게 되었다. 대화는 자신의 의사를 상대방에게 전달하는 수단으로서 가장 편리하게 활용되어 왔다.

언어 이외에도 인간의 조상들은 그림으로 자신의 느낌을 전달하였는데 이러한 그림은 시간과 공간을 넘어설 수 있게 해주었다. 지금까지 남아 있는 벽화를 통해 고대인들의 삶과 함께 그들이 말하고자 하는 메시지를 오늘날까지 알 수 있게 되었다. 또한 멀리 떨어져 있는 사람에게 자신의 의사를 그림으로 표시하여 전달함으로써 소통의 수단으로도 활용하였다. 그러다가 문자가 사용되기 시작하면서부터 인간의 소통은 그림 대신에 글을 통하여 보다 구체적으로 자신의 마음을 상대방에게 전달할 수 있게 되었다.

컴퓨터통신에서는 언어, 문자, 그림 등과 같이 청각과 시각의 미디어만을 서로 주고받을 수 있지만 인간 소통에서는 청각과 시각 이외에도 촉각과 후각, 미각도 활용되고 있다. 인간 소통에서 상대방에게 자신의 뜻을 전달하기 위해서는 말뿐만 아니라 얼굴표정과 함께 제스처는 물론 상대방의 손을 잡는 일도 중요하다. 부모와 자식 간에 사랑의 스킨십도 소통의 중요한 구성요소로 작용하고 있다.

상대방으로부터 풍기는 향기뿐만 아니라 주변상황의 냄새도 인간 소통의 구성요소에 포함될 수 있다. 인간 소통에서 나쁜 냄새를 풍기는 것은 상대방에게 부정적 이미지를 의미하는 것이다. 인간 소통의 구성요소들 중에서 미각은 상대방으로부터 느낄 수 있는 것은 아니지만 맛있는 음식을 먹으면서 대화한다면 한층 더 부드러운 소통으로 이어질 수 있을 것이다. 결국 인간 소통은 이성적 교류이지만 그 수단으로는 인간의 감성적 측면을 보다 적극적으로 활용할 필요성이 있다 하겠다.

02
사람 사이의 소통에서
발음이 중요할까?

　인간의 소통 수단으로 말, 글, 표정, 제스처 등이 있다. 글, 표정, 제스처 등은 사람의 감각기관 중에 눈을 통하여 인식되는 것이고 말은 귀를 통해 인식된다. 눈은 귀보다 외부 세계를 인식함에 있어 그 능력이 비교할 수 없을 정도로 빠르고 정확하다. 한눈에 알아본다는 말은 있어도 한 귀로 알아본다는 말은 없다.

　사람 사이의 소통에서 말로 서로의 의사를 교환할 때에 발음은 중요한 언어적 요소이다. 언어에서의 발음은 글에서 철자법에 해당한다. 철자법이 틀릴 경우에 글자 한 자씩 인식하는 컴퓨터는 전혀 다른 단어로 인지하지만 단어 단위로 이해하는 인간은 철자법이 틀린 단어도 올바른 의미로 받아들일 수 있다. 철자법과 마찬가지로 발음이 잘못된 경우 컴퓨터는 전혀 인식하지 못하지만 인간은 앞뒤 문맥으로 수정하여 이해하게 된다.

　상대방이 자신의 말을 이해했다고 하여 발음의 문제가 없는 것은 아니다. 발음이 정확하지 않은 말을 듣는 것은 잘 알아보기 어렵게 써진 글자들을 읽을 때와 크게 다르지 않다. 외국말을 배울 때에는 그렇게 발음에 신경을 쓰면서 우리말로 대화할 때에는 대충 말해놓고서 자기 말을 이해하지 못하는 상대방의 청력을 의심하곤 한다. 언어소통은 실시간으로 전개된다. 상대방에게 말을 건네어 놓고서 귀를 통해 자신의 발음을 확인하면서 상대방이 자신의 발음을 제대로 이해하고 있는지를 상대방의 표정이나 응답을 통해 즉각적으로 관찰해야 한다.

발음은 일반적인 대화에만 중요한 요소가 아니다. 노래를 부를 때에도 정확한 발음은 중요시된다. 리듬과 음정을 맞추면서 아름답게 노래를 부른다고 해도 가사 내용이 제대로 전달되지 않으면 그것은 배경음악에 잡음이 섞인 모양으로 되어버린다.

입안에 침이 고여 있는 상태에서는 발음이 부정확하기 마련이다. 입 모양, 입술 모양, 혀의 위치 등을 정확하게 제어함으로써 제대로 된 발음으로 대화할 때에 상대방으로부터 언어의 신택스 에러(syntax error) 지적을 덜 받게 될 것이다.

03
사람 사이의 소통에서 어휘
선택이 중요할까?

  사람의 말은 음소가 모여서 단어를 이루고 단어들이 모여서
어구를 만들며 어구들의 이어짐으로써 자신의 의사를 상대방에
게 전달하게 된다. 동일한 단어라도 그 단어를 누가, 언제, 어디
서, 어떠한 상황에 말했느냐에 따라 그 뉘앙스가 달라진다. 어떠
한 어휘를 사용하여 말을 이어나가느냐는 말하는 사람에 대한
출신, 성격, 직업, 전문분야, 교양 수준, 지적 수준, 현재 상황 등
의 여러 요소를 파악할 수 있게 해준다.

  말을 할 때에 사용하는 어휘를 살펴보면 그 사람이 어떠한 부
류의 사람들과 어울리고 있는지를 알 수 있다. 사람이 말을 할
때에는 자신의 뇌 속에 저장해둔 과거의 지식 및 경험과 더불어
최근에 보고 듣고 느꼈던 새로운 경험들을 바탕으로 언어가 구
성되기 마련이다. 독서를 통해 획득한 수많은 어휘를 뇌의 언어
기능을 통해 꺼내어 말하는 것보다 남으로부터 들어서 기억하고

있는 어휘들을 꺼내는 일이 훨씬 쉬울 것이다. 언어활동은 뇌의 기능으로 동작되기는 하지만 추리나 예측과 같은 인지활동과는 달리 습관적인 반복 행동에 가깝다고 말할 수 있다.

사투리 지역에 살다 보면 그 지역 사투리를 자신도 모르게 사용하게 된다. 뇌 속에 저장해둔 표준어는 꺼내 쓰기 어려운데 사투리는 너무나도 쉽게 스르르 나오게 된다. 이는 지속적으로 반복하여 동일한 사투리를 듣고 살아왔기 때문이다. 말을 들을 때마다 그 속의 어휘들은 우리 뇌 속에 반복하여 저장되게 된다.

최근에는 청소년들 대화 속에 욕이 참으로 많이 들어 있다. 친구들로부터 자주 들어왔던 욕 어휘가 툭툭 튀어나오는 현상이다. 욕을 섞어가면서 이야기한다는 것은 자기 주변에 욕하는 사람들이 많음을 보여주고 있는 것이다. 자신이 어떠한 어휘를 선택하느냐는 곧 자신의 주변 사람들이 어떠한 말투를 쓰고 있는가를 나타낸다. 상대방과 말할 때에 정확하게 의미를 전달하는 것도 중요하지만 상대방의 기분을 상하지 않게 하는 것 또한 중요시되어야 한다. 말할 때의 어휘는 컴퓨터 명령어만큼이나 적재적소에 선택되어야 한다.

04
인간의 소통에서 호칭이 중요할까?

컴퓨터 통신에서는 수많은 컴퓨터를 구별하기 위해 IP 주소를 사용한다. IP 주소는 개개 컴퓨터의 이름에 해당한다. 인간의 소통에서도 3명 이상인 경우에는 각 개인을 지칭하기 위해 이름이 있어야 한다. 단 둘이 있을 때에도 상대방을 부르기 위한 호칭이 필요하다. 우리는 가정과 직장, 그리고 사회에서 불리는 호칭이 각각 다르다. 집에서는 아빠, 엄마, 누구 아빠, 누구 엄마, 당신 등으로 불린다. 직장에서는 사장, 이사, 부장, 과장, 주임, 대리 등의 직책으로 불리고 사회에서는 '누구누구 씨'나 '누구누구 님'으로 불리곤 한다.

사람 사회에서 우리는 남들로부터 인정받고 싶어 한다. 최소한 자신의 이름을 기억해주기 바란다. 이름 못지않게 호칭도 중요하게 여기고 있다. 그런데 우리나라 말에는 이름 뒤의 직책을 붙이는 호칭은 거슬림이 없는데 이름 뒤에 '~씨'로 불리면 약간 어색해진다. 일본어나 영어에서는 성 뒤에 '~상'이나 성 앞에 'Mr.

혹은 Miss'를 붙여서 불러도 존칭의 의미가 되는데 우리말에서는 뉘앙스가 달라진다. 누군가 '김 씨', '이 씨', '박 씨'라고 부른다면 존칭의 의미가 아니라 하대하는 것 아닌가라는 생각이 드는 것이 사실이다.

그래서 최근에는 은행이나 보험회사 등에서 이름 뒤에 '~님'을 붙이곤 하는데 일반 사회에서는 아직 그렇게 부르지도 않고 부른다고 해도 어색하게 들을 것이다. 왜 우리나라 말에는 일본어나 영어에서처럼 존칭을 나타내는 호칭이 없었을까? 양반 위주의 사회라서 일반 서민들에게까지는 존칭을 뜻하는 호칭이 필요 없어서 그랬는지도 모른다.

우리말에 마땅한 호칭이 없으니 만만한 호칭이 그저 '선생'이나 '사장'이나 '여사'이다. '여사'라는 호칭은 괜찮겠지만 '선생'이나 '사장'은 조금 생각해봐야 한다. 부르는 사람도 편하고 듣는 사람도 편안한 호칭이 있어야 한다. '김 님', '이 님', '박 님'이라고는 부르지 않는다. '님'이라는 호칭도 자주 쓰면 언젠가 익숙해지는 것일까? 사람 사이의 소통에서 상대방 듣기에 편안한 호칭을 붙여서 대화를 이어나가면 더욱 즐거운 의사전달 자리가 될 것이다.

05
웃음이란 무엇인가?

 개그맨 이윤석 씨는 그의 저서 『웃음의 과학』에서 최초의 인류가 어떻게 오늘날과 같은 웃음을 웃게 되었는지에 대해 설명하고 있다. 그의 저서에서는 공포에 질린 표정을 짓고 있던 사람이 그 공포가 거짓임을 알게 되는 순간에 얼굴표정도 웃음으로 변화했다는 것이다. 맞닥뜨린 짐승에게 겁을 주기 위해 입을 벌리고 이를 드러내다가 막상 그 짐승이 연약한 동물임을 알고서는 입꼬리가 올라가는 형태의 미소로 바뀌었는데 이것이 인류 대대손손 유전되어 오늘날과 같은 웃음이 되었다고 한다. 그는 유명한 진화심리학자의 학설을 토대로 그렇게 서술하고 있다. 과연 웃음의 원천은 그리 시작된 것일까?

 그런데 한 가지 의문점이 생긴다. 웃음이 공포에 질린 얼굴모습에서 변형되어 나타난 것이라면 공포에 질린 얼굴은 어디에서 온 것일까? 공포에 질린 모습은 그냥 자연 발생적으로 나타난 것인데 외부 상황에 적응하기 위해 새로운 표정인 웃음이 나타났다는 것인가?

필자의 생각으로는 공포나 웃음이나 동일한 방식으로 시작되었을 것 같다. 원시시대의 사람은 공포와 웃음을 서로 다르게 표현했을 것이다. 다른 여러 가지 표정으로 이들 두 감정을 표현해본 결과 오늘날의 감정 표현이 적자생존 원칙으로 지금까지 살아남게 된 것으로 본다.

웃음은 사람의 감정이 겉으로 드러나는 행동 요소이다. 사람의 감정은 크게 쾌와 불쾌로 나누고 있다. 쾌라는 감정에는 안심, 평안, 만족, 기쁨, 즐거움 등의 정서가 포함되고 불쾌에는 불만족, 슬픔, 염려, 두려움, 공포 등의 정서로 이루어진다. 여기에서 필자는 사람의 감정을 디지털식으로 쾌와 불쾌로만 나눌 것이 아니라 아날로그적 수치, 즉 감정 수치로 사람의 감정을 표기할 수 있을 것으로 생각한다.

감정 수치를 플러스 값과 마이너스 값으로 구성하자. 플러스 값이 클수록 쾌가 큰 것이고 마이너스 값이 클수록 불쾌가 큰 것으로 간주하자. 감정 수치가 뇌파 및 신경전달물질과 어떠한 상관관계가 있는지 그리고 감정 수치에 따른 외부 행동은 어떻게 달라지는지에 대한 연구의 필요성이 있다 하겠다.

06
웃음의 심리는 무엇일까?

웃음에는 공격성, 애정, 자기 비하 등의 심리가 포함된다고 한다. 웃음의 공격성이란 상대방을 난처하게 만듦으로써 즐거움을 느끼는 것이다. 웃음의 애정 심리는 서로 친밀감을 느끼기 때문에 사소한 에피소드에도 웃게 된다는 것이다. 자기 비하는 자신을 상대방에게 낮춤으로써 이를 보는 사람들로 하여금 웃음을 자아내게 한다는 것이다. 이들 심리의 공통점은 무엇일까?

웃음은 감정의 현재 상태인 감정 수치에서 출발한다. 감정 수치가 낮은 쪽에서 높은 쪽으로 변화할 때에 사람은 안심하게 되고 더 나아가 즐거움을 갖게 되는 것이다. 직장 상사와 만나는 자리에서는 긴장을 하게 되므로 마이너스의 감정 수치를 가진다. 이런 상황에서 직장 상사가 가벼운 유머를 말해도 쉽게 웃는 것은 물론 사회적 웃음도 포함되긴 하겠지만 마이너스의 감정 수치가 상승했기 때문이다.

친한 사람 사이에는 친근함과 더불어 애정이 존재한다. 좋아하는 사람을 만나면 감정 수치는 마이너스가 아니라 이미 플러스 값을 가지게 된다. 이러한 상황에서는 객관적으로 재미나는 유머가 아니더라도 모두 즐거워하게 된다. 인기 개그맨이 무대에 등장할 때에도 마찬가지로 감정 수치가 플러스로 올라가 있어서 이미 웃을 준비가 되어 있기에 웬만한 유머를 구사해도 소위 빵빵 터지는 것이다.

자기 비하도 결국은 감정 수치를 올리는 행위이다. 사람들은 무의식적으로 상대방과 여러 측면에서 비교하기 마련이다. 상대방의 실수를 통해 나 자신은 안심이 되고 편안함을 느끼며 즐거움을 느끼게 된다. TV에서 인기스타들이 망가지는 모습을 보면서 웃는 것도 순간적으로 자존감을 높이게 되면서 감정 수치가 올라가는 것이다.

상대방을 웃긴다는 것은 자기 비하와 비슷한 형태가 되어버려서 상대방은 자신에 대해 편안한 마음을 가지면서도 무의식적으로 무시하게 되는 수가 있다. 개그맨들이야 돈을 받으니 보상을 받는다지만 일반인들은 상대방과 상황을 보아가면서 눈치껏 웃겨야 할 것이다.

07
웃음은 뇌와 어떤 관계가 있을까?

웃음은 뇌의 신경세포, 호르몬, 신경전달물질의 회로 동작으로 발생한다고 한다. 인간의 뇌는 1,000억 개의 뉴런과 100조 개의 시냅스로 이루어져 있다. 이러한 인간의 뇌를 부위별로 구분하면 대뇌, 소뇌, 뇌간 등으로 이루어져 있다. 대뇌는 이성의 뇌라고 불리는 대뇌피질과 감정을 담당하는 변연계로 이루어져 있다. 웃음은 바로 대뇌피질과 변연계의 기능으로부터 발생한다고 한다.

웃음은 우리에게 쾌락을 준다. 쥐 실험을 통해 쥐의 뇌간에 있는 중격핵에 전극을 꽂고 전기적 자극을 주었더니 쥐가 쾌감을 느낀다는 사실이 밝혀졌다. 그러나 사람의 뇌는 쥐의 뇌와는 달리 복잡다단하여 정확한 쾌락의 메커니즘이 아직 밝혀지지 않고 있다.

필자의 생각으로는 인간의 뇌는 소프트웨어가 아니라 하드웨어로 동작하는 듯하다. 컴퓨터에서는 기본적인 하드웨어를 바탕으로 메모리에 저장되어 있는 프로그램 코드 실행에 의해 모든 동작이 이루어진다. 그러나 사람의 뇌는 신경세포, 호르몬, 신경전달물질의 하드웨어로 동작하는 듯하다.

외부 상황이 감각신경을 통해 대뇌피질의 신경세포에 전달되면 웃기는 상황인지 아닌지가 하드웨어적으로 결정되고 변연계의 신경세포로부터 감정 상태를 전달받아서 이들이 종합되어 호르몬과 또 다른 신경전달물질이 생성되고 이러한 동작이 순환 반복됨으로써 웃음이 터져 나오는 것으로 생각된다. 동일한 외부 상황이라고 해도 현재의 감정 수치에 따라 웃을 수도 있고 전혀 웃지 않을 수도 있다.

아무리 웃기는 이야기라도 자신의 감정 수치가 마이너스에 있으면 웃음이 나오지 않는다. 아무리 웃기는 이야기라도 들었던 이야기는 이성적 판단의 대뇌피질 신경세포가 대뇌피질의 기억 신경세포로부터 영향을 받게 되어 변연계의 신경세포와 융합되지 못하기 때문에 웃음이 유발되지 않는다. 웃음도 감정의 한 부분이므로 사람의 마음과 같이 뇌로부터 생성되는 것이다.

08
웃음이 전염될까?

　웃음뿐만 아니라 슬픔, 두려움, 기쁨 등의 다양한 감정들은 모두 전염성이 있다는 말이 있다. 감정뿐만 아니라 행동, 목소리, 자세, 태도 등도 무의식적으로 다른 사람을 따라 하는 경향이 있는데 이를 '카멜레온 효과'라고 부르며 이는 사람의 뇌 속에 '거울 뉴런'이 있기 때문이라는 것이다.

　'거울 뉴런'이 별도로 있는지는 잘 몰라도 사람은 늘 바깥세상을 감지하고 이를 인지한 후에 자신이 어떠한 행동을 취해야 하는지를 결정하기 마련이다. 다른 사람들을 모방하는 것도 지금까지의 모든 경험을 바탕으로 스스로 인지하여 내린 결정들 중의 하나일 것이다. 자신의 행동을 결정할 때에 자신도 모르게 다른 사람들을 따라 하게 되는 것은 사실이다.

　다른 사람들이 웃으면 일단은 웃기는 상황이려니 안심하고 웃게 되고 웃음이 이해가 잘 안 될 때에도 그 웃음의 의미를 찾으려고 애를 쓰기도 한다. 이것은 비단 웃음에서뿐만 아니라 서너

명이 신호를 무시하고 횡단보도를 건너면 뒷사람들도 무심코 따라 건너게 되는 현상과 비슷하다.

사람들이 웃으면 따라 웃는 현상을 이용하여 방송국에서는 소위 박수부대를 동원하기도 한다. 방청객의 웃음소리를 함께 TV에 내보냄으로써 그다지 웃기지 않는 개그에 대해 시청자들을 웃게 만든다. TV를 보고 있는 시청자들은 가끔씩 의아해하면서도 개그 프로그램을 실제 현장에서 보면 저렇게 웃기나 보다라며 별로 신경을 쓰지 않는다.

그러나 모든 것은 임계치가 있기 마련이다. 웃음을 전염시키기 위해서는 임계치 이상으로 웃기는 코너이어야 한다. 옆 사람에게 확인해봄으로써 가짜 웃음임이 판별될 수 있기 때문이다. 웃기지도 않는 개그를 보는 것은 재미없는 대담 프로그램보다 훨씬 더 짜증이 난다. 다른 감정도 마찬가지겠지만 웃음에도 진실성이 있어야 한다. 편안한 마음으로 시청자들에게 다가서야 한다. 웃기기 위한 오버액션은 웃음의 진실성을 훼손시켜서 옆 사람에게 전염시키는 것이 아니라 안티 시청자 수를 늘리기만 할 뿐이다.

09
웃음이 건강에 도움이 될까?

　웃음은 수많은 호르몬과 면역 물질을 생성하고 활성화시킴으로써 건강과 장수에 도움을 준다고 한다. 웃을 때에 폐를 크게 부풀리면 혈관이 팽창하고 그 결과 혈압이 떨어져서 혈류량이 늘어나기 때문에 심혈관이 튼튼해질 수 있다는 것이다. 또한 웃음은 대뇌피질에서 만들어지지만 이러한 웃음은 다시 대뇌피질에 영향을 미치게 된다고 한다. 이는 억지로 웃더라도 건강해질 수 있다는 의미이다.

　'현실 재현 원리'는 마음속으로 어떤 물체를 떠올리면 실제 그 물체를 바라보는 것과 동일한 뇌의 작용이 일어나는 것을 말한다. 뇌의 시스템들이 일단 작동을 시작하면 그 자극이 어디서 왔는지는 뇌에 중요하지 않다고 한다. 자극이 기억 속에 있는 정보로부터 내생적으로 온 것이든 무엇인가를 바라봄으로써 외래적으로 시작된 것이든 똑같은 효과를 낼 수 있다는 것이다.

　컴퓨터에서는 외부로부터 입력된 정보와 내적 정보는 서로 분리 저장할 수 있게 되어 있다. 물론 이러한 정보를 프로세싱하는 과정도 별도로 설정할 수 있고 때로는 이를 통합할 수도 있다. 그러나 사람의 뇌에서는 이것이 완전히 분리되지 못하기 때문에 '현실 재현 원리'가 적용되고 있는 것이다.

'현실 재현 원리'는 사람이 생각하기에 따라 즐거울 수도 있고 괴로울 수도 있음을 말해준다. 즐거운 일들만을 뇌 속으로 재현하면 오죽 좋으련만 사람은 걱정하고 두려워하는 일에도 스스로 뇌 속에서 재현하곤 한다. 왜 사람의 뇌는 컴퓨터의 메모리와 다른 것일까? 사람은 자율성이 부여되어 있어서 스스로 모든 행동을 결정해야 한다. 특히 위험한 상황을 대비하기 위해서는 뇌 속에서 이를 재현시켜 보아야 그에 따른 대비책을 강구할 수 있다. '현실 재현 원리'는 사람이 스스로를 보호하기 위한 항상성의 한 부분인 것 같다.

'현실 재현 원리'가 웃음에 되도록 많이 적용되고 괴롭고 힘든 일에는 크게 적용되지 않는다면 사람들은 지금보다 훨씬 더 행복해질 것이다.

10
웃기는 방법에는 무엇이 있을까?

　웃음은 건강과 장수에 도움을 줄 뿐만 아니라 서비스 사업의 수익성을 높여줄 수 있다고 한다. 또한 웃음은 사회생활에서 긍정적 힘을 키워주고 친밀감을 심어주며 상대방에게 애정을 느끼게 해준다고 한다. 그렇다면 사람을 웃기는 방법에는 어떠한 것들이 있을까?

　웃기는 방법에는 과장법, 과소법, 흉내 내기, 공격법, 자기 비하, 동음이의어, 반전 등 여러 가지가 있다. 웃음을 자아내게 하려면 논리에서 벗어나면서도 어느 정도 일리가 있어야 한다. 사람이 생각한 것에서부터 벗어나야 하는데 관련성이 있으면서 벗어나야 하는 것이다. 과장법이나 과소법은 뻥을 말한다. 이러한 뻥을 말할 때에는 능청스럽게 해야 한다.

　흉내 내기는 소위 성대모사이다. 남을 흉내 낼 때에는 그 사람의 특징을 잘 살릴 수 있어야 하고, 특히 웃기는 장면을 흉내 내야 함은 당연하다. 공격법은 한 사람을 곤경에 빠뜨리면서 주변 사람을 웃게 만드는 것이고 자기 비하는 자신이 직접 실수를 저지르거나 실수담을 늘어놓음으로써 주변 사람들을 웃기는 방법이다.

동음이의어는 음은 같은데 뜻이 다른 단어들을 섞어가면서 웃기는 방법으로 제일 쉬운 방법이긴 하지만 누구나 짐작할 수 있는 유머이기에 다른 사람들로부터 비난을 받을 수도 있다. 반전은 정상적인 생각의 흐름을 바꾸어놓는 방법으로서 고급 유머에서 많이 활용되고 있다. 반전은 순발력으로서 예능인의 필수 사항인 것이다.

음악은 들을수록 호감이 생겨나는데 웃음은 한 번에 끝나버리고 만다. 가수는 노래 한 곡으로 평생을 버틸 수 있지만 개그맨은 계속적으로 새로운 유머를 만들어내야 한다. 유머는 생각의 흐름을 바꿈으로써 웃기는 것인데 이미 기억 속에 있는 유머는 생각의 흐름과 함께 있기 때문에 재활용을 할 수 없게 된다. 음악은 편곡이라는 것이 있어서 원곡과 다른 느낌으로 바꿀 수가 있는데 유머에도 흐름은 비슷하지만 전혀 다른 소재로 재편성한다면 기존의 유머로 다시 웃길 수 있지 않을까 싶다.

11
다이어트는 왜 어렵고 힘들까?

　사람들은 건강을 위해서 그리고 예쁘고 멋있는 몸매를 만들어 보고자 다이어트를 시도한다. 다이어트를 해본 사람들은 다이어트가 결코 쉽지 않음을 뼈저리게 느낀다. 다이어트는 왜 그렇게 힘든 것일까?

　인간의 생체 활동 중에서 제일 중요한 사항은 생명을 유지하는 일이다. 몸속의 에너지가 고갈되면 우리 몸은 뇌에 이 현상을 알리게 되고 뇌는 에너지를 보충하라는 의미로 배고픔을 느끼게 한다. 만일 배고픔을 느끼게 하지 못한다면 그 사람은 에너지 고갈로 죽게 된다. 인간이 음식을 먹는 것도 생명을 유지시키기 위한 항상성 특성으로 인한 것이다.

　원시시대에는 먹을 것들이 충분하지 않아서 인간도 다른 동물들처럼 생명을 유지시키지 못하는 위험성이 많았을 것이다. 그래서 인간의 몸은 필요한 칼로리보다 많이 섭취될 때에는 이를 자동적으로 저장하게 되어 있다. 이는 우리 생명을 유지시키기 위한 우리 몸의 지혜인 것이다.

그런데 최근에는 먹을 것들이 많이도 널려 있다. 우리 몸이 굳이 저장하지 않아도 됨에도 불구하고 필요 이상의 칼로리가 들어오면 우리 몸은 이를 소비하지 않고 저장해두고 있다. 마치 원시시대의 우리 몸과 비슷하게 말이다. 유전자의 특성은 수백만 년이 지나도 변하지 않는다. 원시시대의 유전자 특성이 현대의 인간에게 동일하게 전달되어 있는 것이다.

인간의 육체, 즉 본성은 죽음에 이르게 하는 에너지 고갈을 막다 보니 비만으로 유도하게 되고, 인간의 이성은 비만으로 인한 사망 위협으로부터 벗어나고자 음식을 조절하려 해도 본성 때문에 늘 막히게 된다. 인간의 본성과 이성이 서로 상충되어 있는 것이다. 이성이 본성을 억눌러야겠지만 그것이 어디 쉬운 일인가?

컴퓨터에서는 이런 일이 있을 수 없다. 이것은 분명히 시스템 에러이다. 소프트웨어의 제어를 받지 않는 하드웨어는 있을 수 없다. 인간의 이성은 컴퓨터의 소프트웨어처럼 일정한 틀 속에서만 동작하지 않는다. 인간은 컴퓨터와 비교할 수 없을 정도로 자율성이 많기 때문이다.

12
사람에게 스펙이 필요할까?

연예인 김제동이 청년들을 위한 강연에서 '스펙이란 사용설명서라는 뜻인데 우리가 기계입니까?'라고 말했다고 한다. 스펙이라는 말은 원래 기계장치의 제품설명서로서 사용자가 해당 제품을 선택하고자 할 때에 참고자료로 제시되는 자료이다. 사용자의 효율적인 구매활동을 위해서는 객관적이고 표준화된 사용설명서가 필요한데 이것이 바로 스펙인 것이다. 사용자는 자신의 사용처에 딱 맞는지를 스펙을 통해 검토하고 가격을 참고하여 그 제품을 구매한다. 사람 채용에도 스펙이 필요할까?

회사가 사람을 채용할 때에는 회사 발전에 적합한 인재인지를 판단하는 일이 중요하다. 이러한 회사의 판단을 위해서는 입사지원자의 이력사항이 필요하다. 어떠한 지식과 어떠한 경험을 어느 정도 보유하고 있는지에 대한 객관적 이력을 회사 측에서 아는 것이 중요하다는 것은 두말할 필요가 없다. 입사지원자의 이러한 사항을 요즘 말로 스펙이라고 한다.

그런데 취직 경쟁률이 높기 때문에 입사지원자들이 너도나도 더 높은 스펙 쌓기에 바쁘다. 입사지원자들은 스펙을 좋게 만들기 위해 학력, 학점, 토익 점수를 우수하게 만들고 싶어 하고 가능하면 많은 자격증을 취득하려 노력한다.

사실은 회사 입장에서 보면 입사 때의 스펙보다 입사 후의 적합성, 성실성, 성장성, 인간성 등이 더 중요하다고 여기지만 짧은 면접으로 이를 판단할 수는 없다. 인턴사원으로 채용하여 함께 일해본 후에 정식 직원으로 채용하는 방법도 있긴 하지만 그에 따른 시간과 경비를 소요하게 된다. 결국 회사는 객관성이 확보되어 있는 스펙으로 채용하는 것이 효율적이라고 생각하게 된다.

평생 일해도 본전을 찾을 수 없을 정도의 스펙을 쌓는 것은 노동시장의 문제로 여겨진다. 노동의 수요와 공급의 차이에서 오는 것이다. 스펙 쌓기에 투자한 투자금을 회수하지 못하는 것은 노동의 공급이 많아서 임금이 낮기 때문이다. 스펙 쌓기 투자금을 줄이기 위해서는 회사에서 정말로 필요한 스펙만 요구하게 하고 스펙에 따른 임금격차를 줄일 수 있도록 제도를 정비해야 할 것이다.

13
인생은 확률인가?

확률과 통계라는 말이 있다. 통계는 과거의 의미이고 확률은 미래의 의미이다. 확률이라는 것은 과거의 통계 데이터를 분석하여 미래를 점칠 때에 활용되는 데이터에 해당한다. 우리 주변에는 확률값을 많이 사용하고 있다. 특히 프로야구는 확률 게임이라고 불릴 정도로 확률값이 많이 나온다. 타율, 피안타율, 장타율, 출루율, 승률 등은 모두 확률값을 지칭하는 말들이다. 프로야구와 같이 우리의 삶도 확률일까?

인생은 확률이다. 미래가 불확실하다는 것은 곧 미래 세상이 어떠한 확률값을 가진다는 것을 뜻한다. 어떠한 사건을 100번 시도할 때에 100번 모두 성공하면 이때의 성공 확률은 1이 된다. 태양이 동쪽에서 떠서 서쪽으로 질 확률은 1이다. 과거 수천 년 동안 이러한 사건이 위배된 적이 없기 때문에 인간은 태양이 안 뜬다든지 혹은 서쪽에서 뜰까 봐 불안해하지 않는다. 전혀 생각지도 않은 사건이 일어났다는 것은 그 사건이 일어날 확률값을

0에 가깝게 두고 있었다는 것이다. 기적 같은 사건이 발생했다는 것은 발생 확률값이 거의 0인 사건이 일어났음을 뜻한다.

　미래의 확률을 점치기 위해서는 과거의 통계값이 있어야 한다. 그런데 우리의 인생은 동일한 경험을 많이 해볼 수도 없을 뿐만 아니라 설사 그러한 경험을 했다고 해도 일일이 적어놓지는 않기 때문에 아무런 통계 데이터가 없기 마련이다. 정확한 확률값이 얼마인지는 몰라도 개략적인 상대적 확률값을 짐작하면서 생활해 나간다.

　우리는 어떤 일이든지 노력하면 꿈이 이루어질 확률값을 높일 수 있다는 신념으로 어렵고 힘든 상황 속에서도 꿋꿋이 그 일을 수행한다. 이러한 사회가 바로 노력의 평등사회이다. 물론 평등하다고 하여 동일한 노력을 하는 모든 사람이 동일한 미래 확률을 가지는 것은 아닐 것이다.

　미래의 일들은 어차피 확률값이 1이나 0이 아니므로 미리부터 좋아하거나 처음부터 실망할 필요가 없다. 우리가 꿈을 이루기 위해서는 최선을 다하여 꿈 실현의 확률을 높여놓고서 진인사대천명(盡人事待天命) 자세로 임해야 할 것이다.

14
사람은 왜 걱정을 하게 될까?

사람은 여느 동물들과는 달리 우수한 사고력을 가지고 있어서 과거의 경험을 바탕으로 앞으로 일어날 미래의 일들에 대한 대비책을 세우며 살아간다. 시간, 비용, 복잡성 등 여러 측면에서 그 대비책이 실행되기에 어려움이 없다면 모르겠지만 실행의 어려움이 예상될 때에는 걱정을 하게 된다. 사람은 왜 걱정을 하면서 사는 것일까?

원시시대에 인간은 수많은 주변 상황으로부터 많은 위협을 받으며 생존하였다. 어떠한 위협이 닥쳤는데도 아무런 두려움을 느끼지 못했다면 인간은 오늘날까지 종족이 보존되지 못했을 것이다. 인간이건 동물이건 두려움을 느껴야 뇌에서 노르아드레날린이 분비되면서 자신의 몸이 긴장되고 앞에 나타난 위협으로부터 벗어날 수 있게 되는 것이다.

두려움 반응은 뇌의 편도체와 관련이 있다. 편도체는 생존에 관한 중요한 기관으로서 동물 뇌에 해당하는 변연계에 위치하고 있다. 인간의 감각자극은 뇌의 시상을 거쳐서 편도체에 전달된다. 편도체는 공포와 관련된 행동회로를 활성화시켜서 공포반응을 나타내고 이러한 공포반응은 행동으로 옮겨지면서 동시에 인간의 기억에 저장된다. 동물은 인간과는 달리 대뇌가 발달되어 있지 않아서 경험 학습 기억을 오랫동안 저장할 수 없고 또한 사고, 추리, 문제해결 등과 같은 고등 정신과정이 발달되어 있지 않다.

그러나 인간은 공포 경험을 저장하고 상기해내는 인지 능력이 있다. 이와 같은 과정이 동일한 공포에 대한 대비책 수립에는 이롭겠지만 인간의 뇌 속에 오래 남아서 편도체의 행동회로와 연합하여 미리부터 겁을 먹는 걱정으로 발전하게 되는 것이다.

결국 인간의 걱정은 편도체와 인간의 기억 때문에 발생한다. 쓸데없는 걱정으로부터 해방되기 위해서는 편도체의 반응을 무디게 하고 공포에 대한 연상 기억으로부터 벗어나야 한다. 편도체의 반응을 무디게 하기 위해서는 동일한 공포를 자주 경험하면 된다고 한다. 반복적인 경험이 어렵다면 부정적 사고로부터 벗어나서 긍정적인 사고로 우리의 뇌 속에 저장된 데이터의 형태를 바꿔줘야 한다.

15
이 세상에 운이라는 것이
정말로 있는 것일까?

사업하는 사람들 사이에 운7기3이라는 말이 있다. 사업에서 성공하려면 10 중에 운세가 7이고 기술이 3이라는 의미이다. 여기에서 말하는 기술은 그야말로 회사 제품 개발에 필요한 순수 기술을 뜻하고 운이라는 것은 기술 이외의 모든 것으로서 회사경영, 마케팅, 인간관계 등을 의미한다.

우리가 흔히들 운이 좋다 혹은 운이 나쁘다고 말하는 것은 우리가 예측하고 있는 사건 확률을 기준으로 설정하고 있다. 전혀 뜻밖의 일이라는 것은 그 일이 발생할 확률을 아주 낮게 점치고 있었는데 생각지도 않게 일어난 일을 말한다. 뜻밖의 일들 중에는 실제의 확률값이 작은 일도 있지만 발생 확률이 높은데도 그것을 미처 예상하지 못하는 경우도 있다.

그런데 이 세상의 모든 일이 일어날 확률을 어떻게 구할 수 있을까? 이것은 미래를 점치는 일이나 다름없이 불가능한 일이다.

확률은 과거의 통계치를 근거로 미래를 예측한 결과인데 미래도 과거의 통계처럼 따르리라는 보장이 없는 것이다.

확률값이 0.01이라고 해도 확률이 0이 아닌 이상 일어날 수 있다. 어떤 사건의 발생 확률이 낮아서 거기에 대비를 하지 않았는데 그 사건이 일어나버리면 확률 개념은 어디론가 가버리고 운이 나빴다고 이야기한다.

운이라고 하는 것은 어떤 결과에 대한 사람의 정서 표현이다. 결국 운은 있는 것이다. 그러나 운을 기대할 것이 아니라 그 운이 따르게 될 확률을 높이도록 노력해야 한다. 로또 당첨되는 데에는 복권을 사는 노력만 있으면 모든 사람에게 동등한 확률값이 주어지지만 대부분의 일들은 노력한 만큼 성공 확률값도 올라간다.

확률값이 1이 아닌 이상 실패의 결과가 나올 수도 있다. 운이 나쁜 케이스에서는 그 누구라도 받아들이기 힘든 결과이다. 참으로 안타까운 일이다. 그래도 받아들여야 한다. 일어날 확률이 0이 아니었으니 말이다. 운이 나쁠 때에는 우리의 마음을 다스려야 하는데 그것이 쉽지 않은 일이다.

16
자동차 깜빡이를
자동으로 켤 수 없을까?

자동차에는 오른쪽 깜빡이와 왼쪽 깜빡이가 있다. 깜빡이 신호는 운전자와 보행자, 운전자와 운전자 사이의 대화 채널이다. 깜빡이 신호는 다른 운전자들에게 배려를 제공하는 것이다. 그런데 깜빡이 신호를 넣지도 않고 그냥 끼어드는 운전자가 있다. 도로변에 잠시 정차할 때에 아무런 신호도 없이 갑자기 서는 자동차를 만날 때도 있다.

브레이크를 밟고 있으면 자동차 뒤에 빨간불이 자동으로 켜진다. 깜빡이 신호를 켠 채로 좌회전이나 우회전을 하고서 핸들을 정 위치로 틀면 깜빡이 신호가 자동으로 꺼진다. 자동차 깜빡이 신호를 자동으로 켤 수 없을까?

뾰족한 방법이 떠오르지 않는다. 차량용 내비게이션과 자동차 제어장치를 연결하여 내비게이션상으로 좌회전이나 우회전할 때에 자동으로 깜빡이를 켜주는 방법을 생각해볼 수 있다. 그러나 이 방법은 내비게이션을 동작시키지 않을 때에나 혹은 내비게이션의 음성에 따르지 않고 자신의 길로 운전할 때에는 잘못된 깜빡이가 켜지는 경우가 생긴다. 깜빡이 꺼질 때와 비슷한 방법으로 핸들을 오른쪽으로 틀거나 혹은 왼쪽으로 틀 때에 이를 감지하여 오른쪽 깜빡이 혹은 왼쪽 깜빡이를 켜주는 방법도 있으나 너무 늦게 깜빡이 신호가 작동된다는 단점이 있다.

깜빡이 스위치를 핸들 옆에 따로 둘 것이 아니라 핸들에 붙여서 두는 방법도 있으나 현재의 깜빡이 신호를 안 넣는 운전자가 깜빡이 스위치가 편리한 위치에 있다고 하여 매번 깜빡이 신호를 넣는다는 보장도 없다. 운전자가 굳이 깜빡이 신호를 넣지 않아도 자동차 제어장치가 운전자의 의도를 미리 파악하여 자동으로 깜빡이 신호를 켜는 방법이 있으나 신이 아닌 이상 운전자의 의도를 미리 짐작할 수는 없을 것이다.

깜빡이 신호장치가 자동으로 개발된다고 해도 추가적 경비가 만만치 않고 또한 운전자 습관을 바꾸는 일도 생각보다 간단하지 않다. 현재의 깜빡이 스위치로 보행자를 위해, 다른 운전자에게 배려하는 마음으로 매번 깜빡이 신호를 넣도록 노력하는 방법이 제일 좋을 성싶다.

17
인간의 성격은 타고나는 것일까?

모든 생명체의 기본 단위는 세포(cell)이며 각 세포의 운명을 결정하는 정보를 DNA가 가지고 있다. DNA는 RNA에 자신의 정보를 넘겨주고 RNA 정보는 다시 단백질을 만드는 데 사용된다. DNA가 두뇌 역할을 하고 단백질이 그 두뇌의 명령에 따라 사람이 살아가는 데에 필요한 모든 활동을 직접 수행한다.

사람의 DNA는 부모로부터 반반씩 물려받은 유전정보를 포함하고 있다. 모든 인간은 자신의 유전정보를 선택할 수 없고 오로지 부모로부터 물려받는 것이다. DNA 유전정보는 키, 얼굴, 손, 발, 피부 등의 신체적 구성뿐만 아니라 뇌 기능에 관련된 정신적 구성에도 관여하고 있다. 따라서 인간의 외모나 성격 등은 모두 부모의 DNA 유전정보로부터 전달된 것이다. 자신의 아들과 딸이 자신의 외모와 성격을 닮지 않았다고 해도 50%는 자신의 유전인자를 받고 태어나기 마련이다.

사람의 성격은 선천적으로 70% 정도를 부모로부터 물려받고 나머지 30%가 후천적으로 변해나간다고 한다. 성격뿐만 아니라 육체적 및 정신적 재능도 부모로부터 전달받은 것이다. 부모로서 아이들을 키우다 보면 아이들이 마음에 안 드는 부분들이 많은데 생각해보면 부모 자신들이 아이들에게 물려준 것이지 아이들의 어떠한 노력으로 선택한 것은 아니다. 따라서 아이들의 잘못을 아이들의 책임으로 돌릴 수는 없다.

아이들은 선천적 부분을 선택할 수 없었고 후천적 부분도 부모의 영향으로부터 생겨난 것이기에 결국 아이들의 성격이나 기타 재능은 부모의 유전적 정보와 함께 아이들을 어떻게 길렀느냐에 달려 있다. 부모가 자식들이 마음에 들지 않을 때에 자식들에 대해 불평을 늘어놓는 대신에 사랑으로 감싸주어야 하는 것은 이들이 부모의 또 다른 모습이기 때문인 것이다.

비록 유전인자로 인해 인간의 재능이 선천적으로 결정되어 있다고 하지만 후천적 노력으로도 자기 계발을 충분히 해낼 수 있다. 후천적 재능 개발을 위해 자식과 부모는 사랑의 힘으로 최선의 노력을 기해야 할 것이다.

18
유전이란 무엇인가?

　모든 생명체의 기본 단위는 세포(cell)이며 이 세포 안에는 DNA를 포함하고 있는 염색체가 들어 있다. 생명체는 살아 있는 동안에 생명을 유지하기 위한 세포분열, 즉 체세포분열과 자손을 번식시키기 위한 세포분열, 즉 감수분열이 수행된다. 감수분열에서는 자신의 염색체의 개수가 반으로 줄게 되며 나머지 반은 배우자의 염색체로 채워지는데 이와 같은 번식방식을 유성생식이라고 부른다.

　감수분열을 통하여 생성된 난자와 정자는 각각 암컷과 수컷의 염색체 중에서 반을 가지는데 모든 난자와 정자의 DNA가 동일하지 않고 제각기 다르다. 이는 감수분열 시에 항상 일정한 경계면에서 DNA가 나누어지지 않음을 의미한다.

　난자의 개수는 하나이지만 정자의 개수는 헤아릴 수 없을 정도로 많이 생성된다. 수많은 정자 중에서 오직 하나의 정자만이 난자와 수정되어 새로운 생명이 자라나게 된다. DNA 관점에서 보면 수컷의 수많은 DNA 조합과 암컷의 서로 다른 DNA 조합으로 새로운 DNA가 만들어짐을 의미한다.

　DNA는 4가지 염기, 즉 아데닌(A), 구아닌(G), 타이민(T), 사이토신(C) 등으로 이루어진 사슬 구조이다. DNA 사슬로부터 단백질 합성으로 이어지는 기본 단위를 유전자라고 부른다. 유성생식에서 하나의 수정체는 개념적으로 유전자 풀(pool)에서 유전자들을 꺼내어 형성된다고 말할 수 있다. 유전자 풀에는 아버지, 어머니, 할아버지, 할머니, 외할아버지, 외할머니 등과 그 위 조상으로부터 물려받은 유전자들의 집합소인데 조상으로 올라갈수록 자신의 유전자에 미치는 영향이 줄어든다.

　리처드 도킨스는 그의 저서『이기적 유전자』에서 자신의 유전자 근친도를 1로 할 때에 부모와는 1/2, 조부모와는 1/4, 사촌과는 1/8, 팔촌과는 1/128이라고 설명하며 여기서 근친도는 자신의 유전자와 닮은 정도를 나타내고 있다.

　옛날부터 혈연주의를 기반으로 하여 가족과 친척들끼리 똘똘 뭉쳐 서로 사랑해왔던 것은 자신의 유전자를 후대에까지 전하려고 하는 유전자의 이기적 특성 때문일는지도 모르겠다.

19
유전자는 이기적인가?

리처드 도킨스는 그의 저서 『이기적 유전자』에서 사람을 비롯한 모든 동물은 유전자에 의해 창조된 기계에 불과하며 이러한 유전자들은 몇백만 년 동안 생을 계속 이어올 수 있도록 이기적인 성질을 가지고 있다고 주장한다. 사람이나 동물의 개체는 이기적 유전자들이 짜놓은 프로그램으로 동작하기 때문에 이기적으로 행동할 수밖에 없다는 것이다. 겉으로 보기에 이타적인 모든 행동도 자세히 분석해보면 자신의 유전 특성을 보존시켜서 대대손손 전달하려는 유전자의 이기적 목적에서 출발한다고 한다.

생명체는 세포, 개체, 종족, 종류(양서류, 파충류, 조류, 포유류 등) 등으로 확대 분류된다. 세포는 유전자를 보유하고 있는 생명체이며 개체 속의 더 작은 개체이다. 이러한 세포들을 통해 하나의 생명 개체를 이루고 번식을 통해 세포 속의 유전자가 다음 세대로 이어져 내려오고 있다. 사람은 독립된 개체이지만 다른 동물과 대비하면 인류는 같은 종족에 속한다. 사람과 사자는 둘 다

포유류에 속한다.

이기적이냐 이타적이냐의 기본 단위는 인지, 정서, 행동 등을 수행할 수 있는 독립된 개체로 보아야 할 것 같다. 특출한 유전자를 가진 개체가 다른 개체보다 우월성을 가지게 되어 오래 살아남아서 자손을 많이 퍼트릴 수 있다고 하여 유전자가 다른 경쟁 유전자를 이겼다고 말할 수는 없다. 모든 행동의 선택은 개체 단위이지 유전자 단위는 아니기 때문이다. 모든 개체는 유전자가 미리 짜놓은 프로그램에 따라 생존하고 번식하기 때문에 개체는 유전자의 몸종에 불과하다는 설은 유전자가 마치 본능, 사고, 판단, 행동 등을 할 수 있는 독립체인 것으로 보일 수 있다.

유전자의 프로그램에 따라 개체들이 움직인다는 것은 어느 정도 일리가 있지만 모든 개체는 매 순간 외부 환경에 스스로 적응하는 것이지 유전자로부터 명령을 받아서 행동을 선택하는 것은 아닐 것이다. 유전자가 이기적이기라기보다 이기적 개체가 오래 살아남게 되어 그 개체의 유전자가 보존되어 내려오고 있다고 생각된다.

20
어미 새는 자기 새끼에게
이타적일까?

리처드 도킨스는 모든 생명체는 이기적인데 이는 이기적 유전자가 생명체에 이기적으로 프로그램시켰기 때문이라고 주장한다. 모든 생명 개체의 이타적 행동도 겉으로 보기에만 그러하고 실질적으로는 자신에게 이득을 가져다주는 이기적 행동이라는 것이다.

어미 새는 자신의 시간과 에너지를 쏟아가며 왜 자기 새끼를 보호하고 키우는 것일까? 리처드 도킨스에 의하면 어미 새가 자기 새끼를 돌보는 것은 자신의 유전자의 반을 가지고 태어난 자기 새끼가 잘 자라고 번식을 할 수 있어야 자신의 유전자가 후손에게 전달될 수 있기 때문이라는 것이다.

어미 새가 자기 새끼를 돌보는 것이 이타적으로 보이겠지만 결국은 자신의 유전자 보존을 위한 이기적 행동이라고 주장한다. 물론 어미 새는 유전자가 뭔지도 모르고 유전자를 보존시켜야겠다는 의지는 없지만 수많은 세대를 거쳐 오면서 그렇게 행동해온 어미 새의 유전자만이 살아남아 있다는 것이다.

어미 새가 자기 새끼를 부화시키고 먹이를 주며 침략자로부터의 위협을 막아주는 것은 어미 새의 본능일 것이다. 어미 새도 자신의 어미로부터 그렇게 태어나고 자랐으니 자신도 마땅히 새끼에게 그리해야 한다는 의지를 가진 것은 아닐 것이다. 어미 새의 본능은 자신의 조상으로부터 물려받은 유전자에 프로그램되어 있다. 결국 어미 새는 자신의 먼 조상의 행동을 그대로 실행하고 있다고 말할 수 있다.

어미 새의 먼 조상들 중에 새끼를 돌봐준 어미 새들과 새끼를 내팽개친 어미 새들이 공존했다고 하면 자신의 새끼를 보호해준 어미 새의 후손이 대대손손 번창해왔을 것이다. 그렇다면 그 옛날의 어미 새는 자신의 먹이 구하기도 힘들었을 텐데 어떻게 자신의 새끼에게까지 먹이를 줄 수 있었을까?

아마도 그 옛날에는 요즘과 달리 먹이를 획득하기가 훨씬 용이하여 큰 수고 없이도 자신의 새끼를 돌볼 수 있었을 것으로 생각된다. 그러한 어미 새의 본능을 대대손손 전달받은 오늘날의 어미 새가 자신의 새끼를 돌본다고 생각한다.

21
인간은 이기적인가?

　어떤 생물체가 자기를 희생하여 또 다른 상태의 실재의 행복을 증진시키기 위해 행동했다면 그 생물체의 행동은 이타적이라고 말할 수 있다. 이기적 행동에는 이것과는 정반대의 효과가 있다. 리처드 도킨스에 의하면 생물체가 이기적이 될 수밖에 없는 것은 자신의 이기적 유전자가 후손에게까지 물려지도록 생물체를 프로그램시켰기 때문이라는 것이다.

　지금과 마찬가지로 태고에도 먹이 자원이 늘 부족했을 것이다. 생명체가 자신의 생명을 유지하기 위해서 자신이 먹히지 않도록 경계를 늦추지 말아야 하고 에너지 공급을 위한 먹이 채취에 부단한 노력을 했을 것이다. 이러한 행동 조건을 만족시키지 못한 개체는 생명을 잃게 되고 자손을 퍼뜨리지 못해왔기 때문에 조상의 유전자를 물려받은 오늘날의 생명체도 자신의 생명을 최우선으로 하는 이기적 존재가 될 수밖에 없는 것이다.

　태고의 인간들도 다른 동물들과 마찬가지로 생명 유지가 최우선이었을 것이다. 그들은 자신들의 생명 유지를 위해서 부모와 형제자매들끼리 똘똘 뭉쳐 사는 것이 이롭다는 것을 경험적으로 알아차렸을 것이다. 가족을 멀리하던 인간은 생명을 오래 유지하지 못하게 되어 자신의 후손을 퍼뜨릴 수 없었기에 오늘날 인간의 특성에도 가족을 멀리하는 유전자 특성이 보이지 않고 있는 것이다.

인간이 자신의 생명과 행복을 유지하려 하는 것은 당연한 이치이다. 만일 그러하지 못했다면 아마도 인간은 다른 동물들에게 정복당해 지구상에 존재하지 못했을 것이다. 인간이 다른 동물과 다른 점은 자신의 생명유지와 행복 추구를 위해 자신의 경험과 학습을 활용한다는 점이다. 이러한 학습에는 도덕, 질서, 규범, 법 등이 포함되므로 오늘날의 인간은 태고 인간의 유전자가 남아 있지만 그의 행동은 다르게 전개되고 있다.

인간의 본성은 이기적이었으나 끊임없는 학습을 통해 이기적 유전자의 유혹으로부터 벗어나서 동물과는 달리 남을 배려하는 문화 유전자를 전해주고 있는 것이다.

22
이 세상은 우수한 유전자가
지배하는가?

모든 유전자는 자신을 대대손손 퍼뜨릴 수 있도록 이기적 형태를 지니며 모든 생물체는 이러한 이기적 유전자로부터 프로그램화되어 있다고 한다. 유전자는 자기 복제 방식을 통해 생물체의 생명유지와 함께 자손 번식을 이루고 있다.

어떤 유전자가 다른 유전자보다 경쟁력을 가지기 위해서는 수명의 길이, 다산성, 복제의 정확도에서 우수한 특성을 가져야 한다는 것이다. 자손 번식 때까지 수명을 유지할 수 있고 살아 있는 동안에 유전자 복제를 많이 할 수 있으며 자신의 특성을 정확하게 복제할 수 있는 유전자가 상대적으로 경쟁력이 있다고 주장한다.

태고에 인간은 집단을 형성하며 생활했다. 이러한 집단 중에서 우수한 두뇌와 탁월한 힘을 가진 인물이 태어났다고 하면 이 인물은 다른 사람들보다 생명 유지가 유리했을 것이고 자손도 많이 퍼트릴 수 있었을 것이다. 따라서 이 인물의 유전자는 다른 유전자들보다 이기적으로 대대손손 그 수를 늘릴 수 있었을 것이다. 그런데 오늘날 우수한 사람의 수는 우리 사회 속에서 많지 않다. 태고의 우수한 유전자는 이기적이지 않아서 다른 유전자를 지배하지 못했던 것일까?

태고의 미인도 다른 사람보다 상대적으로 윤택한 삶을 보낼 수 있었을 것이므로 그의 유전자 또한 다른 유전자보다 이기적으로 생명체를 선점했을 것이다. 이론적으로는 오늘날 미인의 유전자가 이 세상을 지배하여 모든 사람이 미인이 되어 있어야 할 텐데 그렇지 못하다. 왜 이러한 현상이 나타난 것일까?

태고의 우수한 인간의 유전자라 할지라도 수명의 길이, 다산성, 복제의 정확도는 비슷했었고 우수한 인물의 수가 적게 출발되었기 때문에 유전자 수를 상대적으로 많이 늘릴 수 없었을 것이다. 또한 어느 특정 유전자는 다른 유전자들과 복잡하게 얽혀 있어서 그 유전자만이 번성할 수 없게 되어 있다. 따라서 오늘날 우리 사회에는 모든 분야에서 우수한 사람의 수는 극히 제한적일 수밖에 없을 것으로 생각된다.

23
큐(Queue)란 무엇인가?

인생은 큐(Queue)라는 말이 있다. 큐는 줄서서 기다리는 공간을 의미한다. 대형마트 카운터 앞에서 사람들은 물건값을 치르기 위해 기다린다. 고속도로 휴게소 화장실에서 사람들은 자기 차례를 기다린다. 왜 이렇게 사람들은 기다려야만 하는 것일까?

사람들을 기다리게 하는 것은 자원 사용의 효율성을 높이기 위해서이다. 대형마트 카운터의 개수가 많으면 많을수록 사람들의 기다림은 적어질 수 있다. 그러나 대형마트 주인 입장에서 보면 카운터의 개수 증가는 곧 마트 운영비가 늘어남을 뜻하기 때문에 손님의 편의성만을 생각할 수는 없을 것이다. 그러나 큐의 길이가 너무 길어지면 기다리는 고객의 짜증이 폭발하여 마트에 찾아오는 손님의 수가 줄어들 것은 당연하다. 결국 고객의 만족도와 카운터 운영비는 트레이드오프 관계에 놓여 있다.

사람들이 기다리는 큐는 평등 개념으로 운영된다. 오는 순서대로 줄을 서고 줄을 서는 순서대로 서비스를 받는다. 모든 사람에게 똑같이 대해주는 것이 평등하고 공평하며 서로 이로운 것인가?

통신에서는 우선권이라는 불평등 정책이 사용된다. 인터넷망은 큐의 연속이라고 해도 과언이 아니다. 발신 단말기에서 착신 단말기까지 정보가 전달되는 과정에는 다른 단말기의 정보들과 함께 큐 안에서 대기하다가 빠져나가고 그다음 단계의 통신장치 큐에서는 또 다른 단말기들의 정보들과 기다렸다가 빠져나가게 된다.

통신에서는 정보의 특성에 따라 크게 음성, 영상, 텍스트 정보로 구분하는데 음성과 영상은 텍스트와 비교하여 상대적으로 실시간성이 요구된다. 따라서 이 둘의 정보는 텍스트보다 우선적으로 서비스를 제공해야 가입자의 만족도를 충족시킬 수 있게 된다.

인간사회에서도 정책을 담당하는 서비스 기관에서 모든 사람에게 평등을 제공하는 것만이 능사는 아닐 수 있다. 서비스를 기다리는 사람들의 형평과 상황을 고려하여 모든 사람이 만족할 수 있는 제도 확립도 생각해보아야 할 것이다.

24
랜덤(Random)이란 무엇인가?

랜덤(Random)의 사전적 의미는 '무작위'이다. 랜덤이야말로 확률적으로 공평하다고 말할 수 있다. 그런데 실제 생활에서 랜덤하게 뽑기 위해서는 주사위나 로또 기계와 같은 도구가 이용된다. 사람의 머리로 랜덤하게 뽑는다는 것은 확률적 공평성을 확증할 수 없다.

컴퓨터 프로그램으로 랜덤 함수를 만들 수 있다. 랜덤 함수는 어느 개체가 선택될 확률을 다른 개체들과 동일하게 유지시켜 준다. 예를 들어서 컴퓨터 랜덤 함수를 사용하여 10개 중에서 랜덤하게 하나를 선택하고자 할 때에 각 개체가 선택될 확률은 각각 1/10이 된다. 로또야말로 누구나 동일한 확률을 가지고 1등에 도전하는 방식이다. 로또 두 장을 사면 1등 될 확률은 두 배로 증가하고 세 장을 사면 1등 확률은 세 배로 증가하게 된다.

잉크 방울을 물속에 떨어뜨릴 때에 잉크 입자가 퍼져 나가는 모습이 랜덤하다고 말할 수 있지만 인간 사회에서는 랜덤하게 움직이지 않는다. 만일 사회가 랜덤하게 돌아간다면 종을 잡을 수가 없어서 패닉 상태에 빠질 것이다.

사람들은 자기 나름의 방식으로 확률을 점치면서 생활한다. 한 명을 선발하는 어느 회사에 열 명의 지원자가 있다면 각 사람이 합격할 확률은 1/10이 아니라 각각 서로 다른 확률값을 가질 것이다. 이러한 확률값에 대한 주도권은 회사 측이 전적으로 가지고 있다. 지원자는 회사 선발 기준에 대해 시비를 걸 수 없게 되어 있다. 만일 열 명의 지원자들이 모든 면에서 동일한 조건을 갖추고 있다면 회사에서는 랜덤하게 선발할 수 있을 것이다. 그러나 이러한 상황은 그리 쉽게 발생하지 않는다.

입사 지원자 선발 방식에서와 같이 모든 사람은 제각기 서로 다른 특성을 가지고 있다. 공평정대라는 의미는 모든 사람에 대해 동일한 확률값이 아니라 정확한 확률값을 매기는 것이다. 그런데 인간 사회에서는 객관적 자료보다 선발자의 주관적 판단이 더 크게 작용되는 경우가 많다. 랜덤하게 돌아가지 않는 이 사회에서 상대적으로 높은 확률값을 가지려면 객관적 실력 못지않게 상대방에게 신뢰감을 줄 수 있는 인간관계도 중요하게 다루어야 할 것이다.

25
도로망과 통신망은
무엇이 다른가?

　통신망을 설명할 때에 도로망의 예를 자주 든다. 자동차가 집에서 나와 시내 도로를 거쳐서 고속도로로 달리다가 목적지의 시내 도로로 빠져서 목적지 집에 도착하는 과정은 인터넷 정보가 단말기에서 전송되어 시내 전송망을 거쳐서 백본(backbone)망을 통과하여 목적지의 시내 전송망으로 빠져서 목적지 단말기에 도달하는 과정과 유사한 것이다.

　도로망에 비포장 도로, 아스팔트 도로, 콘크리트 도로가 있듯이 통신망에도 전송 특성에 따라 전화선로, 동축케이블, 광케이블 등이 구분되어 사용되고 있다. 도로망 위에 자동차가 많이 들어서면 구간별로 트래픽 잼이 발생하듯이 통신망에서도 가입자 정보가 한꺼번에 몰리게 되면 폭주 현상이 발생하여 인터넷 속도가 느려지게 된다.

　그러나 도로망은 차선 수를 늘림으로써 도로를 확장시키지만 통신망은 전송선로 개수를 늘리면서도 각각의 전송선로 속도를 높임으로써 가입자 정보 폭주현상을 미연에 방지한다. 인터넷 통신망에서는 커다란 가입자 정보가 조그만 IP 패킷으로 나누어져서 전송되고 이들 패킷은 최종 목적지에서 다시 묶여져서 원래의 커다란 가입자 정보로 환원되는데 통신망의 패킷은 도로망의 자동차에 견줄 수 있다.

그런데 자동차는 운전자가 있어서 스스로 자신의 길을 찾아 움직이지만 패킷은 스스로 움직이지 못하고 전송장치에 의해 수동적으로 전달될 뿐이다. 통신망의 모든 패킷에 목적지를 표시한 헤더(header)가 맨 앞에 붙여져서 통신망은 이 헤더 값으로 패킷을 목적지까지 전달한다.

만일 도로망이 수동적이라면 자동차 앞에 목적지 주소만 붙여놓고 자동차 안에 가만히 앉아 있으면 도로가 움직여서 자동차를 목적지 집까지 운반해주게 된다. 교차로에서도 운전자가 신호를 보고 운전하는 것이 아니라 교차로가 움직여서 저절로 직진, 좌회전, 우회전 등을 시켜주기 때문에 교통사고가 발생하지 않게 된다.

통신망에도 도로망에서와 같이 능동적 패킷을 만들어보려고 애를 썼던 기억이 난다. 도로망과 통신망의 근본적인 차이점을 파악하지 못했던 필자의 실수였다.

26
줄 서기 서비스의 순서는
어떻게 정해질까?

　도로망의 사거리에서 자동차 행렬과 유사하게 통신망에서도 각 노드의 스위치 앞단에는 여러 가입자 패킷들이 목적지를 향하기 위해 버퍼 내에서 줄을 선다. 줄을 서고 있는 개체를 고객(customer)이라고 부르고 각각의 개체에 대해 업무처리를 수행하는 주체를 서버(server)라고 부른다.

　할인마트에서는 서버, 즉 카운터마다 별도의 줄을 서게 되는데 어떤 줄에 서느냐에 따라 기다리는 시간이 차이가 나게 되어 줄 서기 서비스의 공정성이 결여될 수 있다. 제일 간단하고 공정한 방법으로 라운드 로빈(round robin) 방법이 있다. 할인마트에서 어느 카운터가 새로운 고객을 맞을 때에 그 카운터 앞에 서 있는 줄의 고객이 아니라 줄의 순서에 따라 다른 줄의 고객을 서비스한다면 이것은 라운드 로빈 방식에 해당한다.

　라운드 로빈 방식에서도 고객 서비스를 공정하게 처리하기 위해서는 한 줄로 서게 해야 한다. 한 줄로 서는 라운드 로빈 방식은 공항의 입국심사대에서뿐만 아니라 최근에는 화장실 줄 서기에서도 활용되고 있다.

그러나 라운드 로빈 방식은 단순히 기계적으로 처리하기 때문에 고객마다의 상황을 고려하지 않게 되는 단점이 있다. 오래 기다릴 수 없는 고객의 상황을 고려하지 않은 채 순서적으로만 처리하면 해당 고객에게는 커다란 불편을 안겨주게 된다. 구매상품을 적게 들고 있는 고객을 우선적으로 서비스하는 할인마트는 바로 고객 상황을 인지하는 서비스 순서 방법을 시행하고 있는 것이다.

사거리 교차로에서 교통경찰이 교통신호기보다 교통정리를 잘 수행하는 것은 단순한 기계적 처리 대신에 차량 행렬의 상황을 보면서 신호기를 조작하기 때문이다. 통신망에서는 각각의 패킷 상황에 따라 우선적으로 서비스를 제공함으로써 가입자의 서비스 만족도를 지켜나갈 수 있다.

서비스를 제공하는 공공기관이나 정부기관에서는 겉으로 드러나는 공정성을 지켜나감과 동시에 고객 상황에 대처하는 우선적 서비스 제공 방안도 고려해보아야 할 것이다.

27
인간과 컴퓨터의
차이점은 무엇인가?

컴퓨터는 인간의 두뇌 기능, 즉 기억 기능, 연산 기능, 제어 기능 등에서 인간과 비슷한 기능을 수행한다고 말할 수 있지만 실제로 이 둘 사이의 차이점은 무척 크다. 인간과 컴퓨터의 가장 근본적인 차이점은 생명력의 유무이다. 인간은 유전법칙을 통해 부모의 형질이 자식에게 전달되며 대대손손 이어지지만 컴퓨터에서는 세대적 의미가 전혀 없다.

컴퓨터는 공장에서 생산되는 순간에 이미 하드웨어적인 형질이 고정적이며 약간의 하드웨어 업그레이드는 가능할 수 있지만 그 컴퓨터가 고장이 발생하거나 파손되어 사용되지 못하면 폐기 처분된다.

인간은 태어난 이후에 육체적인 면이나 정신적인 면을 능동 혹은 수동적으로 수정하거나 업그레이드가 어렵지만 컴퓨터는 제조 이후에도 하드웨어와 소프트웨어를 수정하거나 수동적으로 쉽게 업그레이드시킬 수 있다.

인간은 오감, 즉 시각, 청각, 후각, 미각, 촉각 등이 발달되어 있으나 컴퓨터는 후각, 미각, 촉각 등은 아직 개발되어 있지 않고 시각과 청각 기능만이 어느 정도 구현된 상태이다. 인간은 스스로 학습능력이 있으나 컴퓨터는 프로그램으로 동작되므로 외부에서 지식 데이터를 넣어 주어야 한다. 인간은 동일한 사건에 대한 경험이 없어도 그 사건에 대처할 수 있으나 컴퓨터는 주어진 프로그램에 의해서만 동작되므로 다양한 사건에 대한 대처 능력이 떨어진다.

인간은 즐거운 마음으로 음식을 먹게 되고 식사 후에는 풍족감을 느끼지만 컴퓨터의 충전은 단순한 기계적 활동에 불과하다. 인간의 뇌에서는 정보가 아날로그 형태로 처리되지만 컴퓨터에서는 디지털 방식으로 처리된다. 또한 인간은 시간이 지남에 따라 기억이 없어질 수 있지만 컴퓨터는 저장장치를 통해 오랫동안 기억시킬 수 있다.

인간과 컴퓨터의 차이점은 크지만 인간 연구에서는 컴퓨터의 정보처리 개념을 도입하고, 차세대 컴퓨터 연구 분야에서는 인간의 뇌 동작을 도입하려는 움직임이 세계적으로 일어나고 있다. 머지않아 인간을 닮은 컴퓨터가 개발될 것으로 기대하고 있다.

28
인간과 컴퓨터의
공통점은 무엇인가?

인간과 컴퓨터는 정보처리 기능을 수행함에 있어서 공통점이 있다. 정보처리 시스템은 외부로부터 입력 정보를 센싱하여 정보처리를 수행하고 정보를 저장하며 정보처리 결과를 외부로 출력 행동한다. 인간은 태어나면서부터 축적되어 온 경험과 지적 학습을 바탕으로 정보처리를 수행하며 컴퓨터는 인간이 장착한 프로그램에 의해 정보처리를 수행한다.

인간과 컴퓨터는 수리적 계산과 논리적 계산을 수행할 수 있으며 여러 가지 상황에 대한 판단 능력을 가지고 있다. 인간의 뇌는 컴퓨터의 마이크로프로세서와 같이 각각의 신체 부위로부터 전위차에 따른 회로망의 신호전달로 데이터를 전달받아서 제어 기능을 수행하는 정보처리 기능을 가지고 있다. 컴퓨터도 프로그램을 사용하여 인간과 같이 인지와 행동 기능의 능력을 소지할 수 있다.

인간의 뇌에 있는 뉴런 기능을 참조하여 컴퓨터에도 학습능력을 소지한 뉴런 컴퓨터 개발을 추진해오고 있다. 인공지능 기술을 활용하여 지식전문가의 지식을 컴퓨터에 도입하려는 기술이 개발되고 있다.

인간과 컴퓨터의 공통점이 존재하므로 인간을 연구할 때에 컴퓨터의 정보처리 기술을 활용하고 있으며, 인간의 정보처리 능력을 모방하여 미래의 컴퓨터를 개발하려는 노력이 세계 선진국들에서 진행되어 오고 있다. 미래에는 실리콘 재료 대신에 단백질을 이용하는 생체 컴퓨터를 개발함으로써 인간과 컴퓨터의 경계가 더욱 가까워질 수 있을 것으로 예상한다.

생명공학은 인간을 일종의 정보처리 체계로 간주하고, 정보기술은 인간의 정보처리 능력을 모방한 컴퓨터의 개발에 최종 목표를 두고 있다. 생명공학의 발달로 인간은 병 치료가 수월하게 되었으며 정보기술의 발달로 고성능의 컴퓨터 시스템을 개발할 수 있게 되었다. 이제 생명공학과 정보기술을 융합하여 생체 컴퓨터 개발 목표를 앞두고 있다. 그러나 아직 인간의 뇌 동작 원리를 제대로 파악하지 못하고 있고 또한 생체 컴퓨터를 위한 단백질 효소 개발에도 어려움이 발생하여 생체 컴퓨터 등장은 조만간 쉽지 않을 것으로 전망되고 있다.

29
오감 통신이란 무엇인가?

　지금까지의 통신은 인간의 시각과 청각을 통한 미디어 서비스를 제공해왔으나 미래에는 시각, 청각, 후각, 미각, 촉각 등의 오감을 전달하는 통신으로 발전할 것이다. 오감통신을 위해서는 미디어 게이트웨이를 필요로 하는데 이는 인간이 느끼는 감각신호를 통신미디어로 변환하는 기능을 담당한다. 예를 들어서 청각미디어인 음성은 전기신호로 변환된 후에 신호의 전압 높낮이를 일정한 간격으로 샘플링함으로써 통신미디어로 변환된다. 시각미디어인 영상은 프레임 단위로 하나의 프레임을 수백만 개의 픽셀(pixel)로 나누어서 각각 픽셀의 색상을 디지털화함으로써 영상미디어로 변환되고 있다.

　음성은 전압으로 나타내고 영상은 색상으로 표현하듯이 후각미디어를 위해서는 후각을 무엇으로 나타낼 것인가를 결정해야 하는데 여기에는 냄새 분자 표기 방식을 고려해볼 수 있다. 여러 종류의 기본 냄새 분자를 이용하여 실생활의 각종 냄새를 표현할 수만 있다면 후각 미디어 송신 측에서는 기본 냄새 분자의 성분비를 수신 측에 송신하고 수신 측에서는 이러한 성분비를 바탕으로 원래의 냄새를 재생할 수 있을 것이다.

미각 미디어를 위해서는 미각의 기본 구성, 즉 신맛, 단맛, 쓴맛 등과 함께 매운맛의 성분비로 실제의 맛을 표기할 수 있어야 한다. 예를 들어서 어느 사과는 신맛 1.22, 단맛 3.13, 쓴맛 0.01, 매운맛 0.01 등으로 표기되고 이 데이터를 수신 측으로 보내면 수신 측에서는 화학물질을 이용하여 이 사과 맛으로 재생해야 한다.

촉각 미디어를 위해서는 대상 물질을 촉각으로 느껴지는 온도, 습도, 압력 등으로 표기할 수 있어야 하고 수신 측에서는 이를 재생할 수 있어야 한다. 촉각에서는 손, 발, 얼굴, 팔, 다리 등 촉각의 부위가 여러 곳이므로 촉각을 재생할 때에는 어느 부위에 대한 촉각인지를 알려주어야 한다. 시각 및 청각과는 달리 후각, 미각, 촉각 등은 센싱 데이터 표현과 더불어 디지털 센싱 데이터를 아날로그로 재생하는 기술 개발이 관건이 될 것이다.

30
인간의 정서란 무엇인가?

인간의 마음은 크게 인지 기능과 정서 기능으로 이루어져 있다. 인간의 정서는 감정(feeling), 태도(attitude), 기분(mood)이 결합된 현상이라고 말할 수 있다. 우리는 일상적으로 어떤 상황을 지각하고, 그에 대한 정서를 갖게 되며, 그다음으로 신체적 변화를 체험하는 것으로 생각한다. 정서에는 두 가지 의미, 즉 자신의 주관적인 감정과 신체적 반응 등이 포함되어 있다.

그런데 인간의 정서는 주관적 감정이 우선인지 아니면 신체적 반응이 우선인지 많은 논란이 있어 왔다. 즉, 행복하다는 감정이 우선적으로 생겨나서 웃음이라는 신체적 반응이 나타나는 것인지, 아니면 외부 상황에 대해 웃음이라는 신체적 반응이 생겨나고서 내적으로 행복이라는 감정으로 이어지는 것인지에 대해 아직도 결론이 나지 않고 있는 상태이다. 또 다른 의견으로는 주관적 감정과 신체적 반응이 모두 대뇌에서 통합되기 때문에 정서에서는 이들 두 변화가 동시에 발생한다고 주장하기도 했다.

존슨-레어드는 1988년도에 사회적 포유동물은 두 가지 감정, 즉 신체적 요구에서 비롯된 물리적인 감정과 타인과의 관계에 따라 발생되는 심리적인 감정 등을 가지는데 후자를 정서라고 정의하면서 행복, 슬픔, 노여움, 두려움, 혐오감 등을 기본정서라고 규정하였다. 그들은 또 기본정서 이외에 두 종류의 복합정서를 가진다고 주장하였는데 복합정서는 자신에 대한 모델에 의하여 자기를 평가할 때 생기는 정서와, 다른 사람과 관련지어서 자기를 평가할 때 생기는 정서로 다시 구분된다고 한다.

전자의 보기는 자신이 자랑스럽게 느껴질 때인데 이때의 정서적 요인은 행복이다. 후자의 보기는 수치심을 느낄 때인데 이때의 정서적 요인은 혐오감이다. 정서는 사회적 포유동물의 행동을 조절하기 위해 형성된 기본정서와 자기 자신을 인지적 평가로부터 얻어진 복합정서로 구성된다고 주장하였다. 정서도 인간의 다른 기능과 마찬가지로 생리적 요소와 인지적 요소로 구성되어 있는 듯하다.

31
뇌의 정서회로란 무엇인가?

1937년에 페이페즈는 인간의 정서가 특정의 신경회로에 국재화되어 있다는 것을 제안하였다. 그는 유두체, 시상하부, 중격, 대상회전피질, 전측시상, 해마, 편도핵 등을 연결하는 회로를 정서회로라고 불렀다.

1973년 미국의 매클린은 인간의 뇌가 고유의 기능을 제각기 갖고 있는 세 부분, 즉 파충류형 뇌, 변연계, 신피질 등으로 구성되어 있다고 발표하였다. 파충류형 뇌 부분은 인간의 생존에 기본적인 호흡이나 섭식과 같은 일상적 행동의 조정에 관여하는 기능을 가지고 있다. 변연계는 파충류형 뇌를 둘러싸고 있는 부분으로서 정서반응과 관련이 있다. 뇌의 90%를 차지하고 있는 신피질은 동물적 본능을 지배하는 파충류형 뇌와 변연계 등을 통제하여 인간적 이성을 지배하는 기능을 가지고 있다고 한다.

변연계의 각 구성 부위는 제각기 특정의 정서반응과 관련이 있는데 예를 들어서 시상하부에서는 공포, 중격에서는 즐거움,

전측시상에서는 성적 충동, 편도핵에서는 분노가 발생하며, 뇌하수체는 위험이나 긴장에 대응하도록 지원한다.

정서는 뇌의 고정된 신경회로에 의해 발생되는 생리적 현상이다. 뇌의 시상하부에서 분비되는 호르몬의 통제를 받는 뇌하수체는 내분비선을 통제함으로써 외부상황 변화에 대처하게 된다. 예를 들어서 위협을 받는 상황에 직면하면 뇌하수체의 통제하에 부신선에서 에피네프린 또는 아드레날린이라고 불리는 호르몬이 분비되는 것이다.

정서는 호르몬 분비뿐만 아니라 신경전달물질 작용과도 연관성이 있다. 정서반응에 관련된 신경전달물질은 60개 이상 발견되고 있다. 시상하부가 내분비계의 호르몬 분비를 조절하여 신체의 행동을 통제하는 기능은 외계의 변화에도 불구하고 내적 환경을 일정한 상태로 유지하기 위한 항상성과도 관련성이 있다.

인간마다의 정서는 유전적 요인으로 타고난 특질이기 때문에 사람마다 외적 상황에 따른 정서 대처가 다름을 인정해야 하고 이성적 노력으로 정서 태도를 바꾸기 힘듦도 이해해야 할 것이다.

32
정서 반도체란 무엇인가?

컴퓨터는 복잡한 계산을 자동으로 수행할 수 있는 기계로서 태동되었다. 컴퓨터 기술의 지속적인 발달로 인해 인간은 컴퓨터에 인공지능 기술을 도입하여 인간을 닮은 지식전문가시스템을 개발하려 심혈을 기울여 왔다. 이제는 인간의 마음을 읽고서 인간처럼 행동할 줄 아는 로봇 개발에 박차를 가하고 있다.

로봇이 인간과 상호작용을 수행할 수 있으려면 인간의 정서를 이해할 수 있어야 하고 로봇도 정서를 가질 수 있어야 한다. 정서를 경험하지 못하는 컴퓨터는 인간처럼 사고할 수 없을 것이다. 그런데 인공지능 학계에서는 컴퓨터에 정서를 담는 기술, 즉 인공정서는 어렵다고 생각하여 지각이나 문제해결 등과 같은 인지기능에 연구의 초점을 맞추어 왔다.

인공지능 학계에서 인공정서에 관심을 두지 않았던 이유는 사고는 논리적이므로 이해하기 쉬운 것이라고 전제한 반면에, 정서는 비논리적이고 사고보다는 정성적인 특징이 많아서 프로그램화하기가 훨씬 어렵거나 아예 불가능한 것으로 생각하였기 때문이다.

그러나 실제로는 정서에 관해서는 많은 것을 알고 있지만 사고에 대해서는 모르는 것이 오히려 더 많다. 뇌가 신경정보를 처리하는 기제를 잘 이해하지 못하고 있기 때문에 뇌가 사고기능을 수행하는 방법은 아직까지도 풀리지 않는 수수께끼로 남아 있다. 반면에 정서는 뇌의 고정된 신경회로에 의하여 발생되는 생리적 현상임이 밝혀짐에 따라 정서반응이 뇌에 의해 조절되는 기제를 정보처리 측면에서 이해할 수 있게 되었다.

정서가 발생되는 뇌의 신경회로, 정서반응과 관련된 생화학적 변화, 정서의 정보처리 특성 등 세 가지 측면에서 정서가 충분히 설명될 수 있게 되었다. 정서 반도체는 뇌의 변연계에서 정서가 발생되는 방식을 전자회로로 구현한 반도체 소자를 의미한다. 이러한 정서 반도체를 컴퓨터에 사용한다면 그 컴퓨터는 정보처리 방식에 의해 정서를 경험하게 될 것이다.

그러나 시시각각으로 변하는 인간의 정서를 흉내 낼 수 있는 정서 반도체를 디지털 하드웨어로 구현하는 일이 쉽지만은 않을 것이다.

33
정서 반도체의 기능은 무엇인가?

컴퓨터에서는 외부와의 인터페이스 기능이라고 해도 메모리에 저장된 프로그램의 순서에 따라 진행되는 소프트웨어로 구현된다. 그러나 인간의 뇌 동작은 중앙 집중 방식이 아니라 분산 방식으로 수행된다. 뇌의 정서회로는 각각의 정서를 담당하는 뇌기관들이 서로 독립적으로 동작하여 이를 종합하는 형태로 구성되어 있다.

정서 반도체를 구현하기 위해서는 행복, 슬픔, 노여움, 두려움, 혐오감 등과 같이 인간의 정서를 명확하게 구분지은 후에 각각의 정서에 독립된 반도체 회로를 개발하여 이들 반도체끼리 서로 연결 구성함으로써 인공정서들끼리의 상호작용을 실현할 수 있어야 한다.

정서 반도체는 외부상황을 모니터할 수 있어야 하는데 이러한 외부상황에는 사람과 동물의 움직임, 행동의사, 상대의 기분상태, 분위기 등과 함께 온도, 습도, 기압, 오염도 등과 같은 환경조

건도 포함되어야 한다.

또한 정서 반도체는 컴퓨터 내부의 상황도 모니터가 가능해야 한다. 인간의 정서회로가 배고픔, 통증, 숨 막힘, 수면욕, 갈증 등 뿐만 아니라 몸에 이상이 발생할 경우에 이를 모니터할 수 있듯이 정서 반도체에서도 컴퓨터의 내부 상황을 기능별로 모니터할 수 있어야 한다.

정서 반도체 동작을 위해서는 기억 메모리에 정서 경험이 함께 저장될 필요가 있다. 예를 들어서 코끼리와 서울대공원의 연관 기억 안에는 서울대공원에서 코끼리를 봤을 때의 정서경험이 기록되어 있어야 하고 정서 반도체는 이러한 과거 정서 경험을 현재의 정서 판단에 활용할 수 있어야 한다. 각각의 정서 반도체 출력은 정서 종합 반도체에 입력이 되어서 최종적으로 정서를 결정하게 된다.

컴퓨터의 내부 및 외부 상황을 센싱하고 과거의 정서경험 데이터를 바탕으로 현재의 정서를 인공적으로 만들어내는 정서 반도체 구현이 이론적으로는 가능할 것이지만 실질적으로는 많은 어려움이 발생할 것으로 판단된다. 수많은 시행착오를 겪으면서 개발하다 보면 언젠가 정서 반도체 시대도 다가올 수 있을 것이다.

34
컴퓨터가 정서를 가지면
어떠한 변화가 있을까?

1985년에 영국의 시몬즈는 컴퓨터가 정서를 가지면 자율성이 향상되고, 그에 따른 새로운 기능이 다양하게 출현하게 될 것이라고 말했다. 인공정서에 의해 컴퓨터의 자율성이 향상될 것으로 기대하는 이유는 정서가 동기(motive)와 매우 밀접한 관계를 가지고 있기 때문이다. 동기는 사람을 움직여서 목표 지향적인 행동을 하도록 하는 조건들, 예를 들어서 충동, 감정, 욕망 등을 총칭한다.

동기에는 생리적 동기와, 심리적 요구에 따른 개인적 동기의 두 종류가 있는데 동기가 있는 행동에는 정서가 수반된다. 동기와 정서의 관계에서 미루어볼 때에 기계가 정서를 가지게 되면 컴퓨터의 행동이 동기화될 수 있기 때문에 컴퓨터가 목표 지향적인 행동을 할 수 있게 될 것이고 자율성이 크게 향상되어 인간과 효과적으로 상호작용을 할 수 있게 될 것이다.

또한 컴퓨터가 정서를 가지게 되면 윤리적 감각과 심미적 감각의 두 기능이 새로이 추가될 것으로 보인다. 인공정서를 가진 컴퓨터는 인간처럼 목표 지향적인 의사결정을 하는 과정에서 자신의 목표에 이로운 것과 해로운 것의 가치를 판단하는 능력을 형성하게 됨에 따라 윤리적 감각을 지니게 될 것이다. 컴퓨터의 이러한 윤리적 감각은 인간의 가치체계와 유사하여 대부분 이해가 가능하겠지만 컴퓨터 자신만이 이해할 수 있는 감각도 있을 수 있다.

수학자들은 우아한 수학적 구조를 창출하기 위하여 노력하는 예술가로도 볼 수 있다. 인간의 지능적 활동 중에서 가장 논리적인 분야의 하나인 수학이 정서기능과 관련되어 있다는 것이다. 인간은 먹고, 마시거나, 성적 접촉을 통하여 생리적 요구가 충족된다고 할지라도 음악을 듣고 그림을 보면서 다양한 형태의 감각적인 자극을 얻게 되는데 이러한 자극이 정서반응을 일으킨다.

따라서 정서회로에 의해 심미적 감수성을 가질 수 있는데 심미적 컴퓨터가 인간과 똑같은 심미적 기능을 가질 것으로는 보이지 않는다. 정서회로를 가진 컴퓨터와 인간 사이에는 윤리적 감각과 심미적 감각에서 서로가 이해할 수 없는 부분이 생겨날 수 있는 것이다.

35
어떻게 하면 기억력이 좋아질까?

인간의 기억은 뇌의 대뇌피질에서 담당한다. 대뇌피질은 신피질과 구피질로 니누이지는데 원시적인 구피실은 대뇌의 한편에 자리하고 있다고 하여 대뇌변연계라고 불린다. 대뇌변연계의 뇌 부위들 중의 하나인 해마가 기억조절을 담당한다. 해마라는 이름은 바닷물고기 해마(sea horse)가 꼬리를 말고 있는 형상과 비슷하다고 하여 붙여졌다고 한다.

해마는 독자적으로 뇌에 기억을 입력시키는 데 필요한 부위로 알려져 있다. 간질 환자를 치료하는 과정에서 해마를 수술로 제거하였더니 이 환자는 새로운 것을 기억할 수 없었다고 한다. 이 환자는 의사와 대화하는 데에 전혀 문제가 없었고 지능지수도 수술 전보다 높아졌는데도 자신을 진찰하는 의사를 볼 때마다 '처음 뵙겠습니다'라고 말했다고 한다. 이를 통해 해마는 기억을 만드는 중요한 부위라는 사실이 밝혀졌다.

해마는 기억을 만들기는 하지만 저장하지는 않는다. 해마가 기억을 만들면 대뇌피질에서 이 기억을 저장하는 것으로 알려져 있다. 컴퓨터에서도 외부로부터 데이터를 입력받으면 직접적으로 메모리에 저장되는 것이 아니라 CPU나 혹은 주변장치의 레지스터에 임시로 저장되어 있다가 메모리에 저장된다. 해마는 컴퓨터에서 레지스터 기능과 유사한 것 같다.

뇌세포가 매일 10만 개씩 죽는다는 주장이 제기되면서부터 나이가 들면 머리가 둔해진다는 사실이 당연하게 받아들여졌다. 뇌세포는 신경세포와 교질세포로 이루어져 있는데 뇌세포가 손상되더라도 신경세포는 증가할 수 있다고 한다. 특히 해마의 신경세포가 증식된다는 사실이 밝혀졌으며 새로 생겨난 신경세포는 입력된 기억이 뇌에 머물러 있는 동안에는 계속 살아 있다고 한다.

해마의 신경세포를 보다 활발하게 증식시킬 수 있는 방법으로는 집단생활, 운동, 학습 등이 있다고 한다. 나이 들어서도 기억력을 유지하기 위해서는 사회활동을 적극적으로 해야 할 필요가 있고, 또한 적당한 운동이 필요하며 무엇보다도 지속적인 학습활동이 해마의 신경세포 증식에 도움이 된다고 한다.

36
어떤 사람이 스트레스에 강한가?

스트레스는 뇌의 정신적 활동뿐만 아니라 인체계의 각 기관에도 나쁜 영향을 미친다고 한다. 사람은 새로운 환경, 새로운 업무, 새로운 인간관계에 놓이면 스트레스를 더 쉽게 받는다.

이케가야 유지는 그의 저서 『착각하는 뇌』에서 다른 논문들을 인용하면서 기억력을 높이면 스트레스를 덜 받는다고 했다. 기억력이 높은 사람일수록 위기 상황에서 스트레스를 적게 받는다는 것이다. 반대로 과도한 스트레스를 받으면 기억력에 문제가 생길 수도 있다고 한다.

그런데 스트레스는 오히려 기억력이 좋은 사람이 더 받는 것은 아닌지 의문이 간다. 새로운 환경에 적응을 잘 못해서 생기는 스트레스는 기억력과 크게 상관이 없겠지만 과거의 공포에 대한 뚜렷한 기억력 때문에 스트레스가 더 강화되고 있는 듯하다. 기억력이 전혀 없는 사람도 스트레스를 가질 수 있는 것일까?

어린아이들이 스트레스를 덜 받는 것은 과거의 나쁜 기억들이 많지 않기 때문일 것이다. 비록 지난날에 공포 체험이나 불안 경험이 있다고 해도 그러한 사실을 기억하지 못한다면 스트레스 받을 일은 없을 것 같다.

그러나 인간이라면 지난날에 안 좋았던 경험을 잊어버리는 사람은 거의 없다. 일반적으로 자라 보고 놀란 사람은 솥뚜껑 보고도 놀랄 수 있는 것이다. 스트레스를 없앤다고 기억을 지울 수는 없으나 기억의 내용을 바꾸는 것은 가능할 것이다. 이를 위해서는 스트레스 받는 상황을 자주 경험함으로써 익숙해져서 그 상황에는 스트레스를 느끼지 않는다는 기억으로 바꿀 필요가 있다.

결국 스트레스에 강해지기 위해서는 자신의 뇌를 강화시켜야 한다. 환경변화에 손쉽게 적응하기 위해서는 기억력을 강화시켜야 하는데 이는 해마의 기능을 활성화시킴을 뜻한다. 공포 기억도 해마와 관련성이 있는 것으로 보아 스트레스를 극복함으로써 해마가 발달되고 그 결과 다음의 새로운 스트레스를 극복할 수 있게 된다.

타고날 때부터 해마가 발달되어 스트레스를 잘 극복하는 사람도 있겠지만 일반적으로 스트레스에 익숙해지는 과정을 통하여 점차 강한 스트레스에도 적응할 수 있게 되는 것이다.

37
사람의 뇌는 왜
선입관을 갖는 것일까?

인간의 뇌 동작은 컴퓨터와 달리 속도가 느리기 때문에 모든 데이터 처리를 정확하게 수행하기 곤란하다. 예를 들어서 숟가락으로 밥을 먹을 때마다 밥인지 아닌지를 면밀히 조사하고 몸에 나쁜 이물질은 없는지를 항상 체크한 후에 정상일 때에만 한 숟가락의 밥 먹기를 허락한다면 정상적인 일상생활에 지장을 초래할 수 있다.

외부상황을 판단할 때에 지금까지 경험했던 데이터를 꺼내어서 추측해야 뇌 동작이 빠르게 전개되므로 인간의 뇌는 선입관을 가질 수밖에 없다. 중요한 작업에 몰두하는 데 도움이 되기 위해서 단순한 작업에는 깊이 생각하지 않게 된다. 그러나 신속하게 정보처리를 수행하려다 보면 매너리즘에 빠질 우려도 크다.

인간의 뇌는 단맛보다 쓴맛, 쾌락보다 공포에 더 민감하게 반응한다. 특히 하등동물일수록 공포감에 훨씬 민감하기 마련인데 이는 공포감이 생명을 유지하는 데 그만큼 중요하다는 사실을 반증한다. 공포심이 중요한 이유는 위험한 상황에 처했을 때에 재빨리 몸을 보호해야 하고, 또다시 위험한 상황에 빠지지 않도록 뚜렷이 기억해둘 필요가 있기 때문이다.

어느 실험에서 맛있는 요리를 맛없다고 소개하면서 요리를 맛보게 하면 정말로 맛이 없어 하고, 반대로 맛없는 요리를 맛있다면서 제시하면 맛이 있다고 대답했다고 한다. 이는 잘못된 선입관으로 인해 본래의 맛을 제대로 평가하지 못한다는 것을 보여주는 것이다. 요리는 맛뿐만 아니라 모양이나 주변 분위기까지 고려하는 종합예술이라고 하는데, 이는 뇌 과학적 측면에서도 틀린 말은 아니다.

선입관은 뇌가 가지고 있는 정보의 왜곡현상이다. 공포심을 갖는 것이 생명유지에 중요하다고는 하지만 이 또한 뇌가 갖는 정보의 왜곡현상에 해당한다. 왜곡현상 중에서 선입관은 새로운 발상 혹은 남들과 다른 개성을 무시할 우려를 낳기도 한다.

인간관계에서도 상대방과의 과거경험을 참조하는 일은 중요하겠지만 선입관에 얽매여서 그 사람의 가치를 제대로 파악하지 못하는 실례를 범하지 않도록 늘 주의할 필요가 있다 하겠다.

38
어떻게 하면 동기부여를
강화시킬 수 있을까?

동기부여는 어떤 사람으로 하여금 왜 그 일을 하게 만드는 것일까와 그 일을 어떻게 저리도 열심히 할 수 있을까에 관한 원인에 해당한다. 이러한 동기는 크게 내재적 동기와 외재적 동기로 구분된다. 내재적 동기는 심리적 욕구, 개인적 호기심 및 성장을 위한 선천적 노력을 통하여 자발적으로 행동하게 하는 마음이다.

그러나 인간은 흥미 있는 일만을 하고 살 수는 없기 때문에 내재적 동기만으로는 정상적인 사회생활을 영위하기가 곤란한 경우가 많이 발생한다. 이에 반해 외재적 동기는 보상심리를 통하여 행동하게 하는 마음을 의미한다.

동물에게는 외재적 동기부여를 위한 보상 없이는 학습이 불가능하다고 한다. 사람에게도 어떤 행동을 계속적으로 이어가게 하기 위해서는 외재적 동기부여 방법이 효과적이라고 한다. 학교성적이 올라간 만큼 용돈을 올려주겠다든가 혹은 영업실적이 좋으면 월급을 올려주겠다는 것도 외재적 동기부여 방식에 속한다.

외재적 동기부여에는 어떤 목표를 달성했을 때의 성취감도 포함될 수 있다. 목표를 설정할 때에는 높게 잡는 것보다 달성 가능성이 있는 목표들로 세분화하여 잡는 것이 보상을 받을 기회가 많기 때문에 그만큼 동기부여가 강화될 수 있다.

외재적 동기부여로는 칭찬도 있다. 물질적 보상은 아니지만 칭찬을 들으면 기분이 좋아지게 되고 이는 뇌에 쾌감을 주는 효과를 갖는다. 뇌에 쾌감을 주는 것은 어떤 일에 몰입할 수 있는 계기를 만들어준다.

쾌감을 느끼는 뇌 부위를 '복측피개'라고 부른다. 뇌가 쾌감을 강하게 느끼면 맹목성이 생겨나게 되고 강한 집착을 보이게 된다. 각성제나 니코틴처럼 쾌락을 주는 약물도 복측피개 영역을 활성화시키는데 이러한 쾌락은 약물중독의 문제점을 발생시킨다.

약물로써가 아니라 스스로 뇌에 쾌감을 줄 수 있는 맹목성에 빠지는 것이 바람직하다. 취미에 빠져드는 맹목성, 연애하는 맹목성, 꿈을 향해 나아가는 맹목성, 예술에 도취하는 맹목성 등이야말로 새로운 분야에 도전할 수 있는 강한 동기부여가 될 것이다.

39
술이 스트레스
해소에 도움이 될까?

 이케가야 유지는 그의 저서 『착각하는 뇌』에서 스트레스에는
두 종류, 즉 우리 몸이 느끼는 스트레스와 주관적으로 느끼는 스
트레스 등이 있다고 한다. 스트레스에 대한 몸의 반응은 시상하
부, 뇌하수체, 부신피질 등의 조직들이 부신피질자극호르몬
(ACTH)과 글루코코르티코이드(glucocorticoid) 등을 내보낸다고 한
다. 또한 이들 호르몬의 혈중량을 측정하면 몸이 얼마나 스트레
스를 받는지 객관적으로 확인할 수 있다는 것이다.

 위궤양 치료에 사용되는 '펜타가스트린'이라는 약물을 다량으
로 주입하면 스트레스 호르몬의 양이 증가하는데 환자에게 스트
레스를 느낄 때에 옆에 있는 버튼을 누르면 중단된다고 말해주
면 그 환자는 스트레스를 느끼지 않는다고 한다.

 운동이나 음악으로도 스트레스를 푸는 사람이 있지만 이러한
스트레스 해소법 자체보다는 해소법을 알고 있다는 생각으로 인

해 스트레스가 줄어드는 것이다. 스트레스를 두려워하기보다 당당히 받아들이려는 마음가짐과 언제든 해소시킬 수 있다는 믿음이 스트레스를 이기는 데 있어서 필요하다.

뇌의 스트레스를 측정하는 기준으로 스트레스 호르몬 대신에 'zif-268'이라는 유전자의 활동성을 사용하기도 한다. 술을 마시면 대뇌피질의 zif-268은 활동하지 않지만 시상하부의 zif-268은 여전히 활동한다. 이는 술을 마시면 대뇌피질의 이성적 판단으로는 스트레스가 풀리는 느낌이 들지만, 몸은 여전히 스트레스를 느끼고 있는 것이다. 결국 술을 마시면 대뇌피질을 마비시키는 일종의 마약 역할은 할 수 있지만 스트레스를 푸는 데에는 별다른 도움이 되지 않는다.

술에 취하면 잘 웃거나 잘 우는데 이는 대뇌피질의 이성을 억제하기 때문이다. 술이 몸에 나쁘다고 하여 술 마실 때에 늘 긴장하면서 마신다면 이는 육체적으로는 물론 정신적으로도 해를 미칠 수 있다.

비록 이론적으로는 술이 스트레스를 푸는 데에 도움이 안 된다고 해도 술 마시면서 이루어지는 이런저런 대화 속에서 스트레스가 해소될 수 있고 무엇보다도 술을 마심으로써 스트레스를 해소시킬 수 있다는 스스로의 믿음이 중요하다 하겠다.

40
건망증이란 무엇인가?

건망증과 치매는 기억력 저하라는 점에서는 비슷하지만 건망증은 뇌의 일시적인 검색 및 회상 능력에 장애가 생기는 것이고, 치매는 인지기능 전체가 손상되는 것이다. 예를 들어서 대화 시에 자주 사용하는 사람 이름이나 단어가 생각나지 않는 경우는 건망증이고, 엉뚱한 단어를 사용하여 문장 자체가 이해되지 않는 말을 하는 것은 치매로 간주한다.

잊고 있던 기억을 되살리는 계기를 프라이밍(priming)이라고 하는데 일반적으로 깜빡 잊기 직전과 비슷한 상황을 만드는 것이 최적의 프라이밍이다. 가령 일이 있어서 방에 들어갔는데 무슨 일 때문에 들어갔는지 잊어버렸을 때에는 방에서 나와서 원래의 자리에서 주변상황을 둘러보면 기억이 비교적 잘 떠오른다.

어른이 아이보다 훨씬 더 많은 기억을 저장하고 있기 때문에 아이처럼 금방 떠올리지 못하는 것은 당연하다는 말이 있는데 이는 건망증의 부정적 견해에 대한 위로의 수단이라고 생각된다.

컴퓨터에서는 원하는 정보를 추출하기 위해 키워드로 구분된 구역의 맨 위부터 맨 밑까지 정보 하나씩 검색을 해야 하기 때문에 저장된 정보량이 많으면 많을수록 검색 속도가 늦어지고 검색 에러가 발생할 수 있다.

그러나 사람의 뇌에서는 일일이 정보를 검색해 나아가는 방식이 아니라 찾고자 하는 정보와 연관이 있는 단어들을 활용하여 스텝 바이 스텝 방식으로 검색해 나아가기 때문에 기억된 정보의 양이 많다고 하여 건망증 발생 확률이 높아지는 것은 아니다. 결국 건망증은 뇌의 기능이 하드웨어적으로 떨어져 있음을 나타내는 것이다.

건망증을 극복하기 위해서는 무엇보다도 스트레스 요인을 제거하는 것이 중요하다고 한다. 전화기나 열쇠 둔 곳을 자주 잊어버릴 경우에는 눈에 보이는 곳에 비치해두는 것이 좋다. 꼭 기억해야 할 정보는 두 서너 개의 연관어와 함께 기억해둠으로써 건망증을 쉽게 극복할 수 있다. 정보를 기억해낸다는 것은 그 정보를 꺼내어서 다시 저장하는 과정이므로 자주 기억해내는 습관도 건망증 극복에 도움이 될 것이다.

41
뇌의 항상성이란 무엇인가?

인간의 몸은 생명력을 유지하기 위해 항상성 기능을 가진다. 항상성이란 말 그대로 자신을 늘 일정한 수준으로 유지하려는 특성이다. 체온이 올라가면 땀을 흘리게 함으로써 체온을 낮추고, 체액의 농도가 높으면 갈증을 나게 함으로써 물을 마시게 하는 것도 일종의 항상성으로부터 기인된다.

그런데 인간의 뇌에서도 이러한 항상성 때문에 여자 친구의 헤어스타일이 바뀌었는데도 알아채지 못한다는 것이다. 인간의 뇌는 본능적으로 변화에 대해 둔감하며, 스스로 변화하려 하지 않는다.

어느 실험에서 피험자가 마음에 든다고 선택한 사진을 피험자 모르게 재빨리 다른 사람 사진으로 바꾼 후에 피험자에게 선택한 이유를 물어보면, 원래 자신이 선택한 사진의 인물과 전혀 다른데도 이를 알아차리지 못한 채 나중 사진의 모습을 보아가면서 선택 이유를 만들어낸다고 한다. 이와 같이 자신의 선택을 합

리화할 이유를 찾아내는 심리현상을 인지부조화라고 부른다.

회의 석상에서 어떤 의견을 발표했는데 누군가가 반대의견을 낼 경우 자기변호를 통해 자신의 의견이 낫다고 확신하는 경향이 있는데 이는 허세나 고집 같은 표면적인 심리 때문이 아니라 자신을 유지하려는 본능 때문이다. 프랑스 철학자 조셉 주베르는 '자신의 의견을 굽히지 않는 자는 진리보다 자기 자신을 사랑한다'라는 명언을 남겼는데 특히 논쟁을 즐기는 사람은 자신의 의견을 쉽사리 굽히지 못해 불필요한 논쟁을 벌이곤 한다.

컴퓨터에서는 카메라로 입력된 사람의 얼굴 모습이 예전과 달라지면 다른 사람으로 오인할 수 있다. 컴퓨터는 과거의 경험을 현재의 판단에 활용하지 않는다. 인간의 뇌가 항상성을 갖는 것은 인지의 속도를 높이려는 데에서 나온 것이 아닌가 싶다.

인간은 컴퓨터처럼 일일이 데이터를 서로 비교하기보다는 자신의 예측과 판단을 우선적으로 설정한 후에 데이터를 인지하기 때문에 사실과 왜곡되는 수가 있는 것이다. 자기변호가 강한 것은 뇌의 항상성 본능 때문임을 기억하면서 그러한 사람을 이해하도록 노력하면 좋을 듯싶다.

42
뇌의 기억력은 타고나는 것일까?

뇌의 기억력도 인간의 다른 능력과 마찬가지로 유전인자와 환경인자로 결정된다. 2006년 3월 미국과학아카데미가 발표한 논문에서는 인간의 기억력과 연관성이 깊은 유전자 일곱 가지를 발견했다고 한다. 그 유전자를 지닌 사람은 기억력이 좋고, 지니지 않은 사람은 기억력이 낮았다고 한다.

그런데 이러한 유전자가 사람의 능력을 어느 정도 결정하는지는 정확하게 알 수 없다고 한다. 기억력과 관련된 유전자는 앞의 일곱 가지 이외에도 수십 가지가 더 있을 것이라고 한다.

만일 기억력을 높여주는 유전자가 모두 발견된다고 하면 아기의 DNA 검사를 통해 그 아이가 성장해서 어느 정도의 기억력을 가질지를 미리 예측할 수 있게 됨을 의미한다. 이렇게 되면 아이를 키우는 부모는 아이의 DNA를 조사하여 그 아이에게 과외를 시킬지 말지를 결정해야 하는 때가 올지도 모를 일이다. 그러나 아직도 유전인자가 몇 % 정도로 뇌의 기억력을 좌우하는지는 밝혀지고 있지 않다.

뇌의 기억력을 높여주는 유전인자를 지녔다고 해도 환경인자가 받쳐주지 못하면 뇌의 능력을 제대로 발휘할 수 없는 것은 당연한 이치이다. 예를 들어서 아무리 언어능력의 유전자를 가지고 태어난 사람도 외국어 학습에 열중하지 않는다면 외국어를 한마디도 구사하지 못할 것이다.

뇌의 기억력을 결정하는 데 중요한 역할을 담당하는 해마의 신경세포는 낯선 장소를 방문할 때에 더욱 활발하게 움직인다고 한다. 그렇게 기억된 정보는 다시 떠올리기가 쉽다고 한다. 이는 뇌의 능력을 끌어올리기 위해서는 호기심, 주의력, 집중력으로 낯선 환경을 자주 만들 필요가 있음을 반영한다.

이 세상의 모든 정보를 무조건 기억할 필요는 없다. 자신이 꼭 필요한 정보만을 오래도록 기억하고 쉽게 회상할 수 있는 것이 중요한 것이다. 뇌의 기억력을 높여주는 유전인자가 없는 사람이라도 흥미를 갖고 집중력을 높여서 기억하려 노력한다면 타고난 기억력의 소유자가 아니더라도 뛰어난 기억 능력을 발휘할 수 있을 것이다.

43
색깔에 따라 뇌의 심리가 다른가?

태양빛을 프리즘으로 통과시키면 파장별로 여러 가지 색깔이 구별된다. 빨간 사과가 빨갛게 보이는 것은 태양빛 속에 포함되어 있는 수많은 색깔 중에 다른 색들은 모두 흡수되어 버리고 오직 빨간색만이 반사되기 때문이다. 수많은 색깔 띠로 구성되어 있는 무지개는 나라마다 일곱 가지 색으로 혹은 다섯 가지 색으로 인식되고 있다.

인간의 망막에는 빛의 밝고 어두움을 구별할 수 있는 간상체 세포와 빛의 색깔을 구별할 수 있는 추상체 세포로 구성되어 있다. 추상체 세포는 적색, 녹색, 청색 등을 각각 구별하기 위한 적추상체, 녹추상체, 청추상체 세포들로 이루어져 있는데 색맹은 바로 이들 세포의 기능에 이상이 생겨서도 발생할 수 있다. 인간의 눈은 적색, 녹색, 청색 등의 세 가지 색깔만 구별할 수 있지만 시신경을 통해 뇌에 전달되면 세 가지 색의 조합 비율로 다른 색깔들을 인지할 수 있게 된다.

그런데 인간의 뇌에서 인지된 색깔이 인간의 심리에도 뚜렷이 영향을 미친다고 한다. 예를 들어서 빨간색으로는 열정, 에너지, 힘, 생명력 등의 긍정적 감정이, 파란색으로는 시원함, 냉철함, 정직, 편안함, 자유 등의 감정이 가져진다고 한다. 또한 빨간색은 두려움, 공포, 분노, 긴장 등의 감정을 갖게 하고, 파란색은 냉담, 상실, 우울, 슬픔 등의 부정적 감정이 포함된다고 한다. 이와 같이 인간이 색깔을 어떻게 받아들이고 어떠한 느낌을 가지며 이를 통해 인간의 행동(반응)이 어떻게 달라지는지에 대해 연구되어 오고 있는데 이 분야가 바로 색채 심리학이다.

인간이 색깔에 따라 서로 다른 심리를 가지는 것이 선천적 유전인자로 태어나는 것인지 아니면 후천적 환경인자로 결정되는지에 대해 연구할 필요가 있다. 빨간색의 열정과 공포가 불과 피의 색깔과 연관성이 있지 않을까 싶다. 이론적으로는 빨간색 유니폼이 승률이 높다고 하는데 우리나라 축구국가대표팀이 빨간색과 흰색 유니폼 중에 어느 색깔 유니폼을 입을 때가 실제로 승률이 높았는지 궁금하기도 하다.

44
사람은 기대치에 맞게 선택할까?

사람이 주식을 매매하거나 자신의 사업 아이템을 선택할 때에는 모두 기대치를 고려하여 결단하게 된다. 기대치라는 것은 말 그대로 자신에게 돌아올 수 있는 평균적 값어치를 의미한다. 당첨금이 1억 원일 때에 당첨확률이 1퍼센트이면 기대치는 100만 원이 되는 것이다.

그런데 일반적으로 사람이 어떤 일을 선택할 때에 확률적으로 정확하게 계산한 기대치만으로 판단하지 않는다. 컴퓨터는 로또 복권을 사지 않을 것 같다. 컴퓨터는 자신의 투자금보다 기대치가 낮으면 투자를 시도하지 않을 것이다. 사람은 컴퓨터와 달리 객관적 기대치보다 주관적인 가치판단으로 선택하는 경향이 있다.

1,000원짜리 상품을 990원에 파는 가게에서 사람들은 그 상품을 사고 싶어 하는데 겨우 10원의 차이이지만 상품 가격의 자릿수가 다르기 때문에 심리적으로 느끼는 차이는 상당히 커진다. 사람의 이러한 주관적 가치판단을 활용하여 복권 사업이 인기를

끌고 있다. 동일한 기대치라고 해도 사람들은 당첨 확률이 낮지만 당첨 금액이 높은 복권 사기를 더 선호하게 된다.

복권과 반대되는 개념이 바로 보험이다. 당첨되기를 바라면서 복권을 구매하지만 사망하기를 바라면서 사망 보험에 가입하지는 않는다. 아마도 사망 보험에서도 보험 납입금과 비교하여 기대치는 훨씬 낮을 것이다. 이렇게 기대치가 낮아도 사람들은 보험에 가입하는데 이는 불안한 미래에 대해 편안한 삶을 살고 싶어 하는 사람의 정서에서 비롯된 것이다.

컴퓨터는 인간과 달리 정서가 없기 때문에 객관적인 기대치만으로 투자할는지 모르지만 인간은 확률에 관하여 추상적 개념만을 가지고 있지 않나 싶다. 인간은 주관적 선입관으로 미래에 대해서 부푼 기대감 혹은 깊은 불안감을 가진다. 아주 적은 확률이라고 해도 당첨되기를 희망하며 복권을 사기도 하고, 사망률이 낮은 병에 걸려 있다면 주관적 판단으로 실제보다 훨씬 더 불안해한다. 불안한 요소를 떨쳐버리고 행복해지고 싶어 하는 인간 뇌의 항상성 때문에 이러한 경향이 나타나는 것이다.

45
사람 속은 정말로
알 수 없는 것일까?

열 길 물속은 알아도 한 길 사람 속은 모른다는 속담이 있다. 이는 사람은 겉으로 나타내는 행동만으로는 그 사람의 참 생각을 알 수 없다는 뜻도 포함된다. 그런데 자신도 자신의 마음을 모를 때가 종종 생긴다. 가령 동전을 던져서 앞면인지 뒷면인지를 알아맞히는 게임에서 왜 그쪽을 선택했느냐고 물으면 그냥 '직관'이라고 대답할 뿐 특별한 이유가 있는 것은 아니다.

그러나 이러한 무작위 선택은 뇌의 '동요' 현상과 관련이 있다고 한다. 공중에서 떠다니며 동요하는 바람과 같이 신경세포막에는 명확한 이유 없이 전기가 많이 모여 있을 때와 그렇지 않을 때가 있는데 이러한 현상을 뇌의 '동요'라고 한다. 인간 뇌의 어떤 신경세포가 동요하여 행동의 선택에 영향을 주는지 밝혀지지 않았지만 두 가지 중의 하나를 선택하는 인간의 행동은 우발적인 동요가 반복되면서 결정된 결과이다.

단어 외우기 게임에서도 동요 현상이 발생한다. 사람이 단어를 암기하여 단어를 기억해내려 할 때에 뇌가 어떤 특정한 상태로 동요되어 있으면 정확하게 기억하지만 그렇지 않을 경우에는 기억하지 못한다. 이와 같이 사람은 어떤 근거로 행동하는 것 같지만 사실은 자신도 모르게 행동을 결정하는 일이 많다.

자신의 의지로 행동을 선택할 때에도 자신이 의식하기 전에 뇌가 먼저 움직인다고 한다. 타인을 때리고 싶은 충동이 생겨나면 뇌는 이미 그 사람을 때릴 준비를 하고 있고 그 후에 때려야겠다는 의식이 생겨난다. 그런데 의식이 생겨나고서 실제로 행동을 옮기는 데에는 0.2~0.3초의 시간이 걸리는데 이 기간에 참지 못하면 그 사람을 때리게 되는 것이다. 겉으로 행동을 표출하지 않아도 뇌 속에서는 그러한 의지가 생겨나기 전에 이미 '동요'가 발생한다.

기능성 자기공명영상(fMRI)을 이용하면 뇌파를 측정하여 뇌의 동요를 알아낼 수 있으므로 이 시스템을 이용하면 사람 속을 정확히 알아맞힐 수 있다. 사람의 범죄 유무를 뇌파 측정으로 결정한다면 죄를 안 진 사람은 아무도 없을 것이다.

46
잠자는 동안에
뇌는 무슨 일을 하나?

　수면은 얕은 잠인 렘수면(REM Sleep)과 깊은 잠인 넌렘수면 (Non-REM Sleep)으로 구분된다. 뇌가 몸의 일부이기는 하지만 수면 상태에서 뇌와 몸은 시소 관계에 놓여 있다. 즉, 뇌가 효율적으로 활동할 때에는 몸이 휴식하고, 몸이 활동하는 시간에는 뇌의 활동이 둔화된다.

　얕은 잠을 자는 렘수면 기간에 꿈을 자주 꾸고 또한 뇌가 활발하게 움직이는데 몸은 마치 죽은 것처럼 꿈쩍도 하지 않는다. 꿈속에서 팔과 다리가 마음대로 움직이지 않는 것은 이 수면기간에 몸의 활동이 둔화되어 있기 때문이다.

　수면의 주기는 90분이라고 한다. 처음에 얕은 잠에서 점차 깊은 잠으로 바뀌었다가 다시 얕은 잠이 들 때까지 걸리는 시간이 대개 90분이라는 것이다. 깊은 잠을 잘 때 잠에서 깨면 머리가 멍하거나 기분이 개운하지 않지만 얕은 잠에서 깨어나면 상쾌한 기분으로 눈을 뜨게 된다. 따라서 자신의 수면 주기를 파악하여 그 시간에 맞춰 일어나는 것이 좋다고 한다.

수면은 기억 활동에 도움이 된다. 얕은 잠을 자는 동안에는 낮 동안에 획득한 정보를 조합하고 깊은 잠 기간 동안에 해마의 정보를 압축하여 대뇌피질에 저장한다. 얕은 잠을 자는 동안에 여러 가지 정보를 조합하는 과정에서 기이한 조합의 스토리가 만들어지기도 하는데 이런 기이한 꿈일수록 뚜렷하게 기억에 남게 된다. 기억에 남는 꿈은 예술의 원천이 되기도 하는데 비틀스의 노래 '예스터데이'도 꿈에서 힌트를 얻었다고 한다. 그러나 꿈이 자신의 미래 정보를 암시하는지는 확실하지 않다.

정보 정리 활동은 꼭 잠잘 때에만 일어나는 것이 아니다. 주변에서 입력되는 정보들을 차단함으로써 뇌로 하여금 정보를 정리할 여유를 줄 수 있다. 컴퓨터 시스템에서도 낮 동안에 사용자로부터 지시받은 여러 가지 업무를 처리하고서 밤 동안에 시스템 자체의 정보를 정리하고 주어진 자체 시스템 점검 시간을 갖게 된다.

눈을 감고 편안하게 누워 있는 것만으로도 수면과 동일한 효과가 있다고 한다. 잠이 안 올 경우에는 라디오나 텔레비전을 끄고 뇌를 외부 세계로부터 격리시킴으로써 수면을 대체하는 것도 좋을 듯하다.

47
뇌파에는 어떤 종류가 있나?

사람의 뇌는 1,000억 개의 신경세포가 서로 연결되어 있는데 이러한 연결 부분을 시냅스라고 부른다. 하나의 신경세포가 활성화되면 이와 연결된 모든 신경세포에 전달될 때에 화학적 신호와 전기적 신호가 적용된다. 화학적 신호로는 시냅스의 양측 사이에 신경전달물질이 활용되며 전기적 신호로는 시냅스의 양측 사이에 수마이크로 볼트(1마이크로 볼트는 백만 분의 1볼트를 의미한다)의 전위차가 적용된다.

뇌파는 신경세포 사이에 정보가 전달될 때에 발생하는 전기적 신호로서 '뇌의 목소리'라고 말할 수 있다. 1875년 영국의 생리학자 R. 케이튼이 처음으로 토끼, 원숭이 등의 대뇌피질에서 발생하는 미약한 전기신호를 검류계로 기록하였으며, 사람의 경우에는 1924년 독일의 정신과 의사인 한스 베르거가 처음으로 측정하였기에 뇌파를 '베르거 리듬'이라고도 부른다. 뇌파는 인간의 의식 상태에 따라 변화하고 특유의 패턴을 보인다.

뇌파는 주파수 범위에 따라 델타파(0.2Hz~4Hz), 세타파(4Hz~8Hz), 알파파(8Hz~13Hz), 베타파(13Hz~30Hz), 감마파(30Hz~50Hz) 등으로 구분된다. 델타파는 잠이 들어 있거나 무의식 상태에 발생하는데 깨어 있는 상태에도 델타파가 나온다면 뇌종양, 뇌염, 의식불명 등과 같은 질병일 수 있다.

세타파는 뇌의 해마 주변에서 나오며 지각과 꿈의 경계상태로 불린다. 세타파는 즐겁거나 졸고 있는 상태에서 발생하고 창조력, 학습능력을 결정하며 성인보다 어린아이들에게 더 많이 나온다고 한다.

알파파는 주로 대뇌피질에서 나오며 긴장이 완화되었을 때에 발생한다. 알파파는 정신을 집중하여 연구하거나 묵상 기도할 때에, 눈을 감고 골몰히 생각에 잠겨 있을 때에도 발생한다.

베타파는 우리가 이야기하고 듣고 만져보고 냄새 맡고 바라보는 다섯 가지 감각, 즉 오감으로 사물을 알아차리는 수준을 나타낸다. 감마파는 베타파보다 더욱 빠르게 진동하는 형태로서 정서적으로 더욱 초조한 상태이거나 각성 및 흥분 상태에 발생한다. 흔히 알파파가 뇌에 좋다고 알려져 있지만 상황에 맞는 최적의 뇌 활동을 만들어내는 것이 더 중요하다.

48
뇌파 게임이란 무엇인가?

사람의 뇌에서는 뇌의 활동 상황에 따라 미약한 전기신호인 뇌파가 방출된다. 뇌파는 본인이 의식하지 못하는 상태에서 나오지만 '뉴로피드백(neuro feedback)' 장치를 활용하면 어떤 종류의 뇌파가 방출되고 있는지를 측정할 수 있게 된다.

사람의 뇌파 중에서 알파파는 긴장을 풀었을 때 대뇌피질에서 발생한다. '뉴로피드백' 장치를 활용하여 알파파를 방출하도록 노력한다면 업무 스트레스나 분노로부터 뇌의 긴장을 완화시킬 수 있다.

알파파 훈련을 위해 사람의 뇌에서 알파파가 나올 때에 컴퓨터 화면에 전차가 원형 노선을 빙글빙글 도는 영상을 보여준다. 알파파를 의식하지 않고 움직이는 전차를 흥미롭게 보다 보면 알파파를 자유자재로 내보낼 수 있게 되고, 나중에는 전차가 달리는 장면을 머릿속에 떠올리기만 해도 언제든지 알파파를 내보낼 수 있게 된다.

최근에는 뇌파 헤드셋을 통해 어떤 종류의 뇌파가 방출되고 있는지를 측정할 수 있게 되었다. 특정 뇌파의 강약을 측정하여 게임으로 발전시킨 것이 뇌파 게임이다. 예를 들어서 알파파의 강도를 측정하여 축구게임을 즐길 수 있다. 뇌에서 나오는 알파파가 강할수록 공은 상대의 골문에 가까워지는데 응원자들의 열광적인 응원 속에서 당사자 두 사람은 차분하게 게임하는 묘한 광경이 연출된다.

이러한 뇌파 게임을 통해 뇌의 활동성을 증진시킬 수 있는데 예를 들어서 세타파 방출의 강약에 따른 게임을 통하여 뇌의 집중도를 향상시킬 수 있게 됨에 따라 학생의 학업 성적을 올릴 수 있다.

뇌파의 강도만을 측정하는 단계에서 발전하여 뇌-컴퓨터 인터페이스(BCI, Brain-Computer Interface) 장치 기술이 개발되고 있다. 컴퓨터의 마우스나 키보드를 동작시킬 때에 뇌의 활동 상황을 모니터함으로써 사람이 생각만 해도 컴퓨터나 다른 기계장치를 조정할 수 있게 하자는 것이다.

미래에는 사람 사이에 언어로서 서로의 생각을 주고받는 것이 아니라 뇌파 헤드셋을 끼고서 말하려는 내용을 생각만 하면 상대방의 뇌로 직접 전달되어 메시지 내용을 인식할 수 있게 될 것이다.

49
세타파는 뇌의 능력을
높여주는 뇌파인가?

알파파는 주로 대뇌피질에서 나오지만 세타파는 해마 주변에서 나온다. 해마는 뇌의 기억 기능을 담당하는 뇌 부위이다. 해마 속에는 세타파의 진동자가 있는데 아세틸콜린을 증가시키는 약품을 주입하면 세타파가 강화된다. 반대로 아세틸콜린의 활동을 억제하는 약품은 세타파를 감소시킨다. 세타파는 주위 환경에 흥미를 느끼며 행동할 때에 많이 방출된다. 또한 세타파가 많이 나올 때에 시냅스 가소성(synaptic plasticity)이 변화함으로써 학습효과가 증진된다.

나이가 든다고 해도 기억력이 떨어지는 것이 아니다. 세타파는 학습능력을 증진시킬 수 있는데 지적 호기심 같은 흥미나 주의력이 약하면 세타파가 나오지 않게 된다. 결국 뇌 장치의 기능보다는 장치를 사용하는 사람이 문제의 중심에 서 있는 것이다.

타성에 젖으면 세타파가 나오지 않는다. 나이가 들면 매사를 귀찮게 생각하고 어떤 일에도 흥미를 느끼지 못하며 모든 것을 당연하게 여기는 매너리즘에 빠지기 쉬우므로 학습 능력이 저하될 수밖에 없는 것이다. 아이들은 언뜻 기억력이 뛰어난 것처럼 보이지만 전반적으로 호기심이 강하다는 점이 크게 작용한다. 삶에 익숙해진 어른과는 달리 아이들은 보고 듣는 모든 것을 신기하게 느낀다.

사실 매너리즘도 뇌에 필요하다. 처음으로 보고 느낄 때에는 흥미를 갖고서 탐색하지만 그다음부터는 당연하게 받아들이고 다른 일들에 전념해야 할 필요가 있다. 외부로부터 입력되는 동일한 일들에 대해 매번 호기심을 갖게 된다면 일상생활 하기가 힘들어진다. 그러나 매너리즘은 해마를 충분히 활용하지 못하게 억제하는 단점도 있다. 결국 매너리즘의 정도를 적당히 조정하면서 활용하는 것이 중요하다.

세타파는 약품뿐만 아니라 뇌 자극을 통해서 활성화시킬 수 있다고 한다. 뇌 자극을 통해 세타파를 활성화시켜서 인위적으로 운동신경을 강화시킨다고 했을 때에 도핑(doping) 테스트에 통과될 것이다. 이와 같이 뇌 과학은 미래의 윤리관에 커다란 영향을 미칠 것으로 내다본다.

50
기억력을 향상시키려면
어떻게 해야 하나?

기억력은 목적을 달성하려는 열정과 여러 분야에 흥미를 갖는 호기심으로 향상될 수 있다. 원시시대의 인간은 다른 동물들과 비교하여 육체적 능력이 많이 뒤떨어졌기에 생명의 위협으로부터 자신을 지키기 위해서는 무엇보다도 그러한 위협으로부터 벗어날 수 있는 길을 정확히 기억해야 했었다. 인간은 그러한 특성이 남아 있어서 위기감을 느끼면 집중력과 기억력이 좋아지는 경향이 있다.

날씨가 추워지면 음식 구하기가 어려웠기 때문에 머리가 차가워야 업무효율이 높은 것이다. 사람의 위장이 비어 있을 때에 '그렐린'이라고 하는 소화관 호르몬이 방출되는데 이 호르몬이 혈관을 따라 위장에서 뇌로 전달되고 뇌의 시상하부에 전달되어 식욕을 증진시키게 된다. 이 '그렐린'이 해마에 도달하면 뇌의 활동이 활발해진다고 하니 공복 시에 뇌 기능의 효율성이 증진된다고 말할 수 있다.

배가 고플 때에 기억력이 좋아지는 것은 동물적 기능이지만 지식욕은 인간만이 가지고 있는 특성이다. 또한 고차원적인 사고력을 표현하기 위한 언어는 인간만이 가지고 있다. 동물들의 음성신호는 추상적으로 사고하는 내적 언어의 기능으로 이어지지 않는다.

인간은 신호 전달뿐만 아니라 사고하기 위한 도구로서 언어를 사용한다. 언어는 인간의 외적 현상과 내적 현상을 표현하기 위한 일종의 코드에 해당한다. 자신이 느끼는 것과 상대방이 느끼는 것에는 많은 차이점이 있을 수 있다. 상대방의 뇌와 직접 연결되지 않는 한 타인의 통증을 그대로 실감할 수는 없다.

인간이 지닌 광색소 유전자에 따라 빨간색이라고 느끼는 파장이 미묘한 차이를 보인다고 한다. 이렇게 서로 다른 현상을 공통으로 묶어줄 수 있는 도구가 바로 언어이다. 서로 다른 감성을 지닌다고 해도 공통분모인 언어 코드로 변환함으로써 대화뿐만 아니라 기억 체계에도 많은 도움이 되고 있다. 기억력을 향상시키려면 뇌의 집중력을 높이려는 노력과 함께 다양한 사람들의 언어 코드를 접해보는 활동도 중요할 것으로 보인다.

51
잊고 싶은 기억을
지울 수 있을까?

　사람은 잊어버리면 안 될 중요한 기억은 곧잘 잊어버리면서 괴로운 기억은 잊으려 해도 잊히지 않는다. 기억이 사라지지 않아서 괴로워하는 대표적인 환자가 PTSD(Post Traumatic Stress Disorder)를 앓는 사람이다. PTSD는 충격적인 사건에 대한 기억이 트라우마가 되어 공포감이나 무력감 등의 증상으로 나타나는 현상이다.

　대중가요에 자주 등장하는 이별의 아픔도 잊고 싶어 하는 추억이다. 잊으려고 해도 잊지 못하는 아픔을 달래보려고 술을 마시지만 떠올리기 싫은 기억을 떠올리면서 술을 마시면 그 기억이 더욱 강화된다고 한다. 잊으려고 마음을 먹었다면 술의 도움을 빌릴 것이 아니라 아무런 생각 없이 시간이 지나가기를 기다리는 수밖에는 없을 것 같다.

　뇌의 기억은 획득, 고정, 재생이라는 세 단계로 이루어진다. 그런데 재생 단계에서는 동시에 재고정화 단계로 들어간다. 재생에서 잘못된 정보를 꺼내게 되면 재고정화 단계에서 결국 틀린 정보로 고정된다.

방선균에서 추출한 항생물질인 아니소마이신(anisomycin)이라는 약물을 투여하여 약효가 지속되는 동안에는 사물을 기억하지 못한다고 한다. 아니소마이신은 주로 뇌의 해마에 작용하므로 아니소마이신은 기억 과정의 획득, 고정, 재생 가운데 획득 과정만 방해한다. 그러나 재생 과정은 재고정화 단계로 이어지므로 아니소마이신은 기억한 정보는 떠올릴 수 있지만, 그 이후에는 그 기억을 떠올릴 수 없게 된다. 아니소마이신의 약효가 떨어진 뒤에는 다시 기억을 떠올릴 수 있다고 한다.

컴퓨터에서는 한 번 저장된 정보는 고장이 발생하지 않는 한 오랫동안 기억된다. 또한 저장된 정보를 마음대로 수정하고 지울 수 있다. 그러나 인간의 기억은 오랫동안 기억하기도 어려울 뿐만 아니라 기억된 정보를 잊기도 참으로 어렵다.

컴퓨터에서 어떤 기억만을 지우려면 일단 그 정보를 재생해야 하는 것처럼 인간도 잊으려 하는 기억을 재생한 후에 그 단계에서 지울 수 있는 방안이 개발될 수 있을 것으로 본다.

52
불확실성이 뇌 활동에 더 도움이 되나?

　영국 케임브리지 대학의 월프람 슐츠 박사는 뇌 안쪽의 중뇌에서 활동하는 '도파민 뉴런'이라는 신경세포를 발견했다. 도파민 뉴런은 쾌락을 만들어내는 신경세포인데 집중력이나 의욕을 유지하는 데 중요한 작용을 한다. 그런데 늘 새롭고 신선한 기분을 느끼지 않으면 도파민 뉴런 신경세포의 반응이 활발하지 않다고 한다. 결국 매너리즘에 빠져 있으면 뇌 활동이 떨어질 뿐만 아니라 즐거움도 느끼지 못하는 것이다.

　아무리 즐거운 일이라고 해도 100퍼센트의 발생 확률이라고 하면 도파민 뉴런이 활성화되지 못한다. 오히려 즐거운 일이 50퍼센트의 확률로 발생될 때에 도파민 뉴런이 최대로 활성화된다. 즉, 불확실한 상태가 이어질 때에 사람들은 가장 큰 쾌락을 느낀다는 것이다.

　사람들이 스포츠나 게임을 즐기는 이유도 승부를 알 수 없기 때문이다. 영화나 소설도 미리 결말을 알면 재미가 없게 된다. 미래의 불확실성으로 인해 초래되는 불안은 뇌에 있어서 커다란 활력을 불어넣어 주는 주요 요소로 작용하는 셈이다.

불안은 주로 편도체에서 만들어지지만 대뇌피질의 전두엽 우측의 일부가 파괴되면 고민이 사라져버리는 장애가 발생한다. 고민은 과거의 경험을 기억하여 미래를 예측하기 때문에 생겨난다. 아무것도 고민하지 않는 데서 생겨난 단순한 명랑함과 고민 끝에 파생된 진취적인 명랑함은 엄연히 다르다. 고민하지 않는 사람은 기억력도 감퇴한다. 기억은 미래를 계획하기 위한 기초 자료이다. 미래를 설계하지 않는 사람은 고민할 필요도 없고 또한 기억의 의미도 없게 된다.

인생은 불확실성 때문에 삶의 묘미가 있는 것이다. 모든 일이 아무런 수고 없이 생각대로 움직인다면 뇌는 타성에 젖게 되고 사람은 쾌락도 없어지며 또한 감사의 마음도 생겨나지 않게 된다.

매일 대하는 동료, 연일 반복되는 단조로운 업무, 항상 일정한 출퇴근길 등으로 익숙해진 뇌는 활성화되지 않는다. 비록 불확실성의 미래라고 해도 우리 뇌의 건강을 위해서는 강한 집중력을 발휘하여 끊임없는 도전에 임할 필요성이 있다 하겠다.

53
우울증 치료에
플라세보가 효과적인가?

우울증은 '마음의 감기'라고 불릴 정도로 흔한 질병이며 누구나 한 번쯤은 걸릴 수도 있다. 우울증에 걸린 사람은 정신적으로 나약하다고 보는 것은 옳지 않다. 새로운 환경에 적응하지 못하여 스트레스를 받거나 목적이나 희망을 상실하는 것도 우울증 원인 중의 하나이다.

그런데 우울증 치료제로서 플라세보(placebo)가 효과적이라고 한다. 플라세보는 '가짜 약'을 말한다. 플라세보 효과를 실험하기 위해 피험자의 손목에 자극을 주고 뇌가 통증을 느낄 때의 활동 상태를 fMRI 장치로 관찰했는데 뇌의 시상하부와 대뇌피질의 일부로 이루어진 통각 경로가 활성화되지 않았다고 한다. 이는 플라세보를 처방함으로써 통증을 느끼지 않았음을 의미한다.

우울증에 플라세보 효과가 높다는 것은 마음을 어떻게 먹느냐가 중요하다는 것이다. 플라세보를 활용하지 않고서도 마음속으로 '이 일이 내게는 스트레스가 아니야. 나는 마음이 편안해'라고 생각하면 실제로 마음의 고통을 덜 느끼게 된다.

플라세보는 우울증과 같은 마음의 병뿐만 아니라 통증에도 효과적이다. 통증은 뇌의 중간경로에 영향을 받지 않고 '1차 체성감각 영역'에서 처리된다. 그런데 플라세보를 사용하면 '1차 체성감각 영역'의 정보가 뇌에 전달되지 않기 때문에 통증을 느끼지 못하게 된다. 진통제인 모르핀은 통증 정보가 뇌로 전달되기 전에 경로 중간에서 차단되기 때문에 진통효과가 좋다.

우울증은 세로토닌(serotonin)이 부족하여도 발생한다. 세로토닌이 줄어들기 시작할 때에 약물 등을 투여하여 우울증 환자를 치료할 수 있다. 그런데 우울증 치료제를 투여하면 해마의 신경세포가 증가한다고 한다. 해마는 아세틸콜린, 노르아드레날린, 도파민 등과 같은 신경전달물질을 생성한다. 결국 우울증 치료제는 세로토닌 물질을 증가시키고 이러한 세로토닌이 해마의 신경세포를 활성화시켜서 우울증이 치료되는 것으로 보는 주장도 있다. 그러나 우울증 치료에 플라세보가 효과적이라는 사실로부터 편안한 마음 자세로 우울증을 치료할 수 있다는 믿음이 더 중요하다는 것을 알 수 있다.

54
기억의 간섭 현상은 무엇인가?

우리는 비슷한 패턴을 연속적으로 기억하려 하면 각각의 패턴을 뚜렷이 구별 못하고 헷갈리게 된다. 한 가지 패턴을 기억한 후에 이것과 거의 비슷한 다른 패턴을 기억시키고자 하면 처음의 기억이 희미해지는데 이와 같은 현상을 '기억의 간섭'이라고 한다. 실제로 비슷한 얼굴이나 유사한 이름을 구별하여 기억하기가 쉽지 않다.

기억이 간섭을 받게 되면 마지막에 기억한 정보만 수면 중에 강화된다고 한다. 영어 단어를 알파벳 순서대로 외운다면 잠자고 일어난 그다음 날에는 맨 마지막 단어 하나만 기억될 수 있다는 것이다. 그런데 이와 같은 기억의 간섭을 피하기 위해서는 유사한 정보를 기억하기 위한 학습 시간대를 6시간 이상 떨어져 있게 하여 수면을 통해 그 기억들을 균등하게 강화시켜야 한다.

수면은 기억을 강화시켜 준다. 전날에 떠오르지 않았던 기억이 하룻밤을 자고 나면 문득 떠오르게 되는데 이것을 '레미니선스 효과(reminiscence effect)'라고 부른다. 레미니선스 효과에 관한 실험에 의하면 전날 밤에 문제를 보여주고 수면을 충분하게 취한 사람, 밤을 새운 사람, 아침에 문제를 보여주고 계속 깨어 있게 한 뒤에 저녁에 문제를 푸는 사람 등의 3부류 중에 잠을 충분히 잔 사람이 세 배 가까운 정답률을 보였다고 한다.

기억의 간섭이 일어나는 것은 꿈속에서 뇌가 여러 가지 정보를 서로 연결하거나 떼어내 기억을 재현하는 과정에서 유사한 정보가 서로 뒤섞이기 때문이라는 설도 있다. 이러한 기억의 간섭을 줄이기 위해서는 학습 시간대를 6시간 이상 떨어뜨려야 할 필요가 있다. 수험생들은 공부할 시간을 늘리기 위해 수면시간을 줄이려고 부단히 노력하고 있다. 그러나 레미니선스 효과에서도 알 수 있듯이 기억력을 증가시키기 위해서는 무엇보다도 잠을 충분히 자야 한다.

기억의 간섭을 고려하여 학습의 효과를 증진하는 방법으로는 논리적 사고를 필요로 하는 수학은 단번에 습득하는 편이 좋고, 암기를 필요로 하는 영어 과목은 매일 조금씩 공부하는 편이 바람직할 것이다.

55
비만이 뇌와 관계가 있나?

비만은 소모하는 칼로리에 비해 섭취하는 칼로리가 많은 현상에서 발생한다. 그런데 몸에 지방이 많이 쌓이면 '렙틴(leptin)'이라는 단백질이 혈류를 타고 뇌에 도달하여 시상하부를 자극함으로써 "더 이상 먹지 말라"고 뇌에 신호를 보낸다고 한다. 비만한 사람에게 렙틴을 투여하면 식욕 억제 효과를 가져와서 더 이상 먹지 않게 되어 비만을 치료할 수 있지 않을까라는 생각이 들 수 있다.

그러나 정상인보다 렙틴을 많이 가지고 있어도 잘못된 생활습관이나 식생활로 인한 비만에는 아무런 효과가 없었다고 한다. 체내의 지방세포가 렙틴을 다량으로 합성한 후 뇌에 지방과잉이라는 경고를 보내도 뇌는 아무것도 느끼지 못하는 것이다.

한편 뇌 속에는 식욕을 자극하여 과식을 유발할 뿐만 아니라 몸의 세포에도 작용하여 지방 축적을 촉진하는 '엔도카나비노이드'라는 뇌 호르몬이 있다. 엔도카나비노이드의 작용을 억제하는 치료약을 복용하면 비만 해소 효과가 있다는 보고서가 발표되었다. 그러나 아직 임상 수준에 머물러 있고 약물로써 비만을 해소시켜 줄 수 있는 방안은 제시되고 있지 않다.

비만은 혈관 질환을 유발할 수 있는데 혈액순환이 멈추면 뇌와 심장에 경색이 일어나게 되어 생명이 위태로워진다. 혈액이 제대로 순환하지 못하는 이유는 대개 콜레스테롤이나 중성지방과 같은 지방분이 혈관을 막고 있기 때문이다. 그런데 맛있는 음식에는 대개 지방이 다량 포함되어 있다고 하니 살을 빼려면 맛있는 음식을 피해야 하는 것이다.

뇌가 맛있는 음식을 섭취하라 해놓고서 비만을 유발하여 뇌경색으로 빠지게 된다는 것이 참으로 아이러니하다. 컴퓨터 시스템에서는 뇌경색에 해당하는 고장이 컴퓨터 칩의 고열로 인한 오동작이라고 생각한다. 일반적으로 컴퓨터 칩의 고열을 막기 위해 공기냉각을 위한 팬을 부착한다. 공기냉각 방식처럼 사람에게도 비만을 약물로써 치료할 수 있게 될 것이다. 비만 치료제가 나오게 되면 비만 환자뿐만 아니라 맛있는 음식을 마음껏 먹고 싶거나 혹은 운동을 하지 않고 손쉽게 살을 빼려는 사람들에게 인기가 많을 것이다.

56
뇌는 기능적으로
어떻게 구성되어 있나?

뇌는 크게 두 개의 부위, 즉 뇌간과 전뇌로 이루어져 있다. 뇌간은 척수와 연결되어 있는 줄기모양으로 뇌의 가장 아랫부분에 위치하며 호흡, 혈압, 체온, 섭식 등의 중추를 가지고 있어서 생명을 유지하는 데 필수적 기능을 담당한다. 전뇌는 두 개의 대뇌 반구로 이루어져 있는데 지각, 기억, 인지, 행동 등과 같이 뇌의 고급기능을 담당한다.

뇌간은 척수에 연결된 부위에 연수가 있고, 그 위로 교뇌가 있으며 교뇌 뒤로 소뇌가 매달려 있다. 교뇌 위에는 뇌간의 꼭대기로서 중뇌가 있다. 중뇌 위로는 간뇌가 있는데 간뇌에는 두 가지의 주요 부분, 즉 시상과 시상하부가 있다.

시상의 주요 기능은 후각 이외의 모든 수용기로부터 대뇌피질에 전달되는 감각신호를 중계하는 기능을 담당하고 운동기능에도 관여하며 감정의 발현 기능을 수행한다. 시상 밑에 위치하는 시상하부는 뇌하수체와 연결되어 있으며 자율신경계와 내분비계를 통제하고 생존과 관련된 행동들을 조직화한다.

전뇌는 두 대뇌반구, 즉 좌뇌반구와 우뇌반구로 이루어져 있는데 뇌량은 두 대뇌반구를 서로 연결시키는 백색질의 다리이다. 각각의 대뇌반구는 네 개의 엽, 즉 머리 뒤에는 후두엽, 중앙에 두정엽, 두정엽의 밑과 앞쪽인 관자놀이에 측두엽, 나머지의 커다란 부위인 머리 앞쪽에 전두엽 등으로 구성되어 있다. 이런 엽들 사이에 파묻혀 있는 부위로 도엽이 있다.

대뇌반구의 안쪽에는 전뇌의 핵들이 놓여 있는데 가운데 안쪽으로 운동통제 기능의 기저핵이 자리하고 기저핵 밑으로 아몬드 모양의 편도핵이 있다. 기저핵에 가깝고 전두엽의 밑에 기저부 전뇌핵이 있다.

전뇌 안쪽으로 변연계가 있는데 여기에서는 감정과 기억 기능을 주로 담당한다. 변연계의 핵심에는 시상하부가 있고 그 위로 시상이 있다. 긴 활 모양의 유수섬유 집합체인 뇌궁은 해마를 유두체라고 불리는 작은 핵에 연결시킨다. 이 외에도 전대상회와 중격 등도 변연계에 포함되고 있다. 독립된 부품으로 구성된 컴퓨터와는 달리 뇌는 아직도 정확한 기능들에 대해 알지 못하는 부분이 너무 많이 존재한다.

57
뇌의 기능에는
어떠한 것들이 있나?

　뇌의 주된 기능은 인간의 내부환경과 외부환경 사이를 중재하는 일이다. 신체 내부환경의 신경계는 심장박동과 호흡, 소화, 체온 등을 조절함으로써 신체의 생명을 유지하는 임무를 맡으며 신체는 이를 수행하기 위해 신체 외부환경으로부터 음식, 물, 산소 등을 공급받고 있다.

　뇌는 외부환경으로부터 정보를 받아들이고 그에 적합한 행동을 표출하도록 제어한다. 외부환경의 정보에는 오감, 즉 시각, 청각, 촉각, 미각, 후각 등을 말하는데 감각수용기(눈, 귀, 피부 및 관절, 혀, 코) 등으로부터 전달되는 각각의 정보는 서로 다른 일차 감각피질에서 지각된다.

　시각정보는 시상의 일부를 통해 후두엽의 뒷부분으로 전달되고 청각 정보는 시상의 다른 부분을 통해 측두엽의 위쪽 표면으로 전달된다. 신체감각(촉각, 통증 등등)은 신체의 표면과 관절로부터 두정엽의 앞쪽 부분으로 전달된다. 맛은 도엽의 피질에서 지각되고 냄새는 측두엽에 있는 일련의 구조들에 연결된다.

일차 시각피질, 일차 청각피질, 일차 체성감각피질 등에서 일 차적으로 지각된 감각들은 후부연합피질에서 통합되고 인지되 며 또한 기억된다. 시각, 청각, 촉각 등의 정보를 기본으로 하여 한 마리의 '개'를 인식할 수 있게 되는 것이다.

뇌의 행동은 전두엽에서 맡고 있는데 전전두엽의 전두연합피 질에서는 행동계획을 통합하고 팔다리와 몸통과 머리의 근육들 에 대한 일차 개시체계는 전두엽의 맨 끝 부분에 자리하고 있다. 행동의 단계에서는 지각 기능과 협조하여 자기-모니터링 기능을 수반한다.

내부환경 정보들은 자율신경계의 통제기관인 시상하부에 전 달되고 시상하부는 이 정보들을 변연계와 뇌의 나머지 부분에 중계해준다. 내부환경의 지각은 자율신경계를 통해 분비물 방출 과 혈관운동 등의 내장 운동과, 본능적인 행동과 감정의 표현인 외부적 운동 등의 두 가지 운동 요소를 가져온다.

전전두엽은 내부적 지각정보와 외부적 지각정보를 총괄하여 우리의 행동을 지배한다. 전전두엽이 손상되면 자신의 정체성이 바뀌어버려 완전히 다른 사람으로 보이게 된다.

58
마음은 뇌에 존재하는가?

    옛날 사람들은 마음이 가슴에서 나온다고 생각했으나 뇌를 다친 환자들의 관찰로 인해 마음은 뇌에서 출발한다고 인식되어 왔다. 마음은 뇌 속의 신경세포 네트워크에 불과하다는 유물론과 우리가 보고 만지고 듣는 물질은 실제로 우리의 정신과정의 산물에 지나지 않는다는 관념론이 제시되었으나 오늘날의 인지과학에서는 유물론이 대세를 이루고 있다.

    의학에서는 임상-해부학적 방법으로 인간의 정신기능과 뇌의 영역 사이에 상관관계를 만들어냈다. 특수한 정신기능과 연관된 뇌의 다양한 영역들의 위치를 정하려는 이러한 탐구를 정위론(localizationism)이라고 부른다.

    정위론에 반대하여 등력론(equipotentialism)이 등장하였는데 이는 뇌에는 각 정신기능에 해당하는 영역이 별도로 정해져 있는 것이 아니라 일정하게 분포되어 있어서 뇌가 많이 손상될수록 마음도 더 많이 잃어버린다고 주장하였다.

정위론과 등력론에 반대하여 기능 시스템(function system)이 등장하였는데 마음의 심리적 기능들에 해당하는 신경해부학적 중추들이 따로 존재하지 않고 정신기능을 만들어내기 위해 상호작용하는 여러 가지 복잡한 시스템의 구성요소들이 존재한다는 것이다. 전체적인 정신이 가상이듯이 각각의 정신기능도 가상적인 실체라는 것이다.

그러나 정신기능이 뇌의 어느 영역과 상관관계가 있는지를 알아내는 것은 단순히 생리학적 과정에 불과하다. 뇌가 이러한 생리학적 과정을 어떻게 감정으로 바꾸는지에 대해서는 지금까지 철학적인 문제로 인식되어 왔으나 이제는 하나의 과학적인 문제로 접근되고 있다.

철학자인 랠런 스트로슨은 마음이 의식과 동의어라 주장하였지만 프로이드는 의식적으로 알지 못하는 기억들도 밖으로 나타내기 때문에 마음은 무의식적인 것이며 의식이 마음의 과정들을 지각한다고 제시하였다.

현대에 와서는 마음 그 자체는 무의식적인 것이지만 우리는 안으로 들여다봄으로써 그것을 의식적으로 지각하게 된다는 주장이 대세이다. 결국 마음은 신체적인 과정이 아니라 나 자신이 관찰자로서 지각하게 되는 감각의 집합체이다.

59
무의식이란 무엇인가?

100여 년 전에 프로이트는 우리 정신생활의 대부분은 무의식으로 작동되며 의식은 단지 마음의 한 부분의 특성이라고 주장했다고 한다. 이후 1999년도에 과학적 증거를 살펴보았더니 우리 행동의 95%가 무의식적으로 결정되고 의식적 행동은 단지 5%에 불과하다는 것이다.

무의식은 의식이 없는 상태를 의미하지는 않는다. 교통사고를 당하여 혼수상태에 빠지거나 전신마취의 경우에는 무의식이라고 말하는 것 대신에 의식불명이라는 말이 적합하다. 결국 의식을 '마음에 붙들어놓은 상태'로 정의할 때에 나머지 모든 것은 무의식으로 간주하게 된다. 우리가 글을 읽을 때에나 상대방과 대화를 할 때에 시각 언어적 의식과 청각 언어적 의식은 수 개의 단어로 제한적이라고 한다.

컴퓨터에 대응시켜 보면 바탕화면에 여러 개의 작업창을 띄워놓고 있을 때에 현재 작업창 위에 몇 개의 글자를 입력하는 프로그램 부분만이 의식 상태이고, 다른 창의 프로그램뿐만 아니라 보조기억장치 등에 저장되어 있는 모든 프로그램은 무의식 상태에 놓여 있다고 말할 수 있다. 만일 이러하다면 컴퓨터는 켜져 있는 동안에 99.99%가 무의식 상태라고 말할 수 있겠다. 물론 실제로는 컴퓨터가 자기 신체 인식 기능이 없으므로 의식 상태가 존재한다고 말할 수는 없다.

의식은 크게 두 가지, 즉 신체적 의식과 지각적 의식으로 구분된다. 신체적 의식은 깨어 있고 깨닫고 빈틈없는 전반적인 상태를 나타내는데 이는 뇌간의 여러 신경핵이 담당한다. 전신마취는 뇌간의 출력을 변경시키는 작업일 뿐이다. 뇌간의 신경핵들은 신경전달물질과 호르몬을 통하여 우리의 내장 상태의 조절과 통제에 관여한다.

지각적 의식은 다시 '핵심적인 의식'과 '확장된 의식'으로 이루어진다. '핵심적 의식'은 신체적인 자기-모니터링을 통해 우리 주위세계의 현재 상태와 결합시키는 것을 의미한다. '핵심적인 의식'을 바탕으로 광범위한 상위 인지과정이 '확장된 의식'에 해당한다. 이와 같은 모든 의식을 다 합쳐서도 우리 행동의 5%뿐이라는 주장에 의문이 많이 생긴다.

60
감정이란 무엇인가?

시각이나 청각은 외부세계에 대한 감각이지만 감정은 내부지향적 감각으로서 우리 자신의 주관적인 반응이다. 따라서 동일한 사건으로 어떤 사람은 공포를 느끼는데 다른 사람들은 그렇지 않을 수 있다. 감정의 지각은 신체 내부 인식과 신체 외부 인식으로 구분된다. 신체 내부 인식은 뇌의 심층구조들에 의해 모니터되고 있으며 혈당, 체온, 산소의 수준, 기타 등등이 적절하게 유지되고 있음을 보증해준다. 신체 외부 인식(예, 통증)은 근골격 계통에 연결되어 있고 전뇌의 피질표면에 투사된다. 이들 두 인식은 상부뇌간의 중뇌덮개와 배측피개에서 하나로 묶인다.

내적 및 외적으로 지각하여 경험되는 감정은 운동배출의 형태로 표현되는데 이와 같은 운동배출은 내부지향적 배출과정과 외부지향적 배출과정 양쪽 모두와 관련이 있다. 내부지향적 배출에는 호르몬의 분비, 호흡과 심장박동의 변화, 혈관확장과 혈관수축, 국부적인 혈액공급의 변화, 기타 등등이 동반된다. 외부지향적 배출은 얼굴표정의 변화, 이빨 드러내기, 울음, 얼굴 붉히기, 기타 등등을 통해서 나타내지고 또한 고함치기, 도망치기, 때려 눕히기 등과 같은 복합된 행동들로도 표현된다.

사람들은 누구나 비슷한 정서반응을 나타내기 마련인데 이러한 보편적인 정서반응들을 기본감정이라고 부른다. 인간의 기본감정 명령계통에는 추구계통, 분노계통, 공포계통, 공황계통 등이 있다.

추구계통은 인간의 욕구 및 갈망들과 관련성이 있으며 도파민 신경전달물질이 활용된다. 분노계통은 목표 지향적인 행동들이 저지당할 때인 좌절상태에 활성화된다. 공포계통은 분노계통과 같이 편도체와 그의 연결에 집중되어 있으며 불안 심리를 야기한다. 공황계통은 공황불안뿐만 아니라 상실과 슬픔, 우울정동 등으로 연결된다.

인간의 오랜 역사로 감정 발생을 차단할 수는 없지만 인간은 다른 동물과 달리 전두엽, 특히 복내측 전두영역과 안와 전두영역의 기능을 통해 감정을 통제할 수 있는 능력이 있다고 한다. 전두엽을 강화시켜서 다양한 감정을 조절할 수 있다면 평안한 삶을 영위할 수 있을 것이다.

61
로봇의 원래 뜻이 무엇인가?

축구선수 차두리가 진짜로 로봇일지 모른다는 이야기가 재미나게 퍼져 나가고 있다. 로봇이 일반 대중들에게 제일 먼저 다가온 방식은 만화영화로 시작되었다. <마징가 Z>, <아톰>, <마린보이>, <태권 V> 등의 만화영화에서 등장했던 로봇은 인간의 힘과 기술을 초월하는 거대한 기계장치로 묘사되었다. 그렇다면 로봇이라는 말은 어디에서 시작되었을까?

로봇이라는 말은 체코의 어느 극작가가 그의 대본에서 체코어로 '일'이라는 뜻의 'robota'라는 용어를 사용한 것이 그 시초가 되었다고 한다. 만화영화에서는 로봇이 한 명의 유명한 박사로부터 손쉽게 만들어지는 것으로 그려지고 있지만 사실 로봇 기술을 이해하기 위해서는 전기공학, 기계공학, 산업공학, 컴퓨터공학, 경제학, 수학 등의 전문 지식이 필요하다.

로봇은 인류역사 속에서 인간이 자동기계를 만들려고 노력할 때부터 이미 시작되었다고 해도 과언이 아닐 것이다. 초창기의 로봇 형태는 1700년대에 시작되었는데 이때 살아 있는 듯한 기계오리를 만들기 위해 태엽장치를 사용하였다고 한다. 1745년에는 천을 짜는 패턴을 기억시키기 위해 천공카드를 사용한 기계적인 직조장치가 개발되었는데 이는 또한 컴퓨터 기술의 시작으로 여겨지고 있다.

결국 로봇이나 컴퓨터는 인간이 자동기계를 만들고자 하는 노력에서부터 출발하였는데 로봇은 자동생산 기계장치로 발전되어 왔고 컴퓨터는 계산장치로 발전되어 왔으나, 최근에는 단순한 기계장치였던 로봇에 컴퓨터 기술이 융합되어 지능형 로봇으로 발전을 꾀하고 있다.

1970년경부터 조립 공정에서 작은 부품들을 다루기 위해 로봇이 개발되어 생산품을 증가시키고 에러율을 낮추면서 자동차 산업에 혁명을 일으켰다. 초기에는 이와 같은 산업용 로봇이 중점적으로 시장을 형성했지만 최근에는 서비스 로봇의 종류인 엔터테인먼트 로봇, 인간형 로봇 등 여러 개발품이 발표되고 있다.

인간의 삶의 질을 향상시킨다는 목적으로 출발한 IT 기술은 머지않아 지능형 로봇 기술의 핵심기술로 부각될 것인바 IT 기술 발전은 인간의 삶과 함께 진행되어 갈 것이다.

62
오프라인 기반의 사이버대학교가
순수 사이버대학교보다 더 좋은가?

사이버대학교가 우리나라에 설립된 지 올해로 10년이 되었다. 우리나라가 초고속인터넷망을 다른 나라보다 일찍 구축한데다가 김대중 대통령의 대선 공약 사항으로 사이버대학교가 태동하게 되었다. IT에서는 인터넷을 통한 대학교육 방식을 원격대학이라는 용어로 표현하였는데 그 당시의 정부 방침에 따라 사이버대학교라는 공식 이름을 사용하게 되었다.

언제, 어디서나 대학교육을 수강할 수 있다는 장점 때문에 사이버대학교의 인지도는 해를 거듭할수록 높아지고 있으며 최근에는 오프라인 대학교에서도 온라인 강의에 높은 관심도를 보이고 있다. 심지어 기존의 오프라인 대학교가 자체적으로 사이버대학교를 설립하려 한다는 정보도 흘려지고 있는 실정이다.

그런데 오프라인 기반의 사이버대학교가 순수 사이버대학교보다 더 좋은 대학일까? 오프라인 기반의 사이버대학교는 오프라인 대학교명의 인지도 때문에 아무래도 일반인들에게 친숙함이 더할 것이다. 또한 오프라인 대학교의 경험을 바탕으로 사이버대학교를 운영하면 일반인들에게 안정감과 함께 신뢰감을 줄 수 있음은 사실이다.

그렇다면 오프라인 기반 사이버대학교의 단점은 없는 것일까? 오프라인 기반의 사이버대학교가 비록 대학교명이 동일하다고 해도 학교 내부적으로는 학사 시스템, 교과과정, 동문회 조직 등이 다르고 외부의 일반인들은 모대학으로부터 차별대우를 받을 것으로 여기고 있다.

오프라인 대학교 기반의 사이버대학교이건 순수 사이버대학교이건 오늘날까지 인식되어 온 과거 이력보다 앞으로 어떻게 대학교가 발전할 것인가의 미래 비전이 더욱 중요시되어야 한다.

언제까지 대학교 이름이 일반인들에게 많이 알려져 있다는 이유로 명문이라 자부할 수 있겠는가? 100년 대계인 대학교육은 지나온 과거보다 미래의 비전이 훨씬 중요시되어야 한다. 미래의 명문 대학교로 우뚝 서기 위해서는 무엇보다도 과감한 투자가 시행되어야 한다. 이런 면에서 보면 'To The World No.1'이라는 비전으로 대학교 발전에 전력투구하고 있는 서울사이버대학교의 밝은 미래가 기대될 수밖에 없다.

63
인공지능은 인간의
뇌기능을 흉내 낼 수 있나?

　기원전 10세기 고대 희랍의 시인 호머(Homer)가 쓴 서사시 『일리아드(Iliad)』에는 그리스 신들의 심부름을 도맡은 거대한 기계가 등장한다. 1921년 체코슬로바키아의 차페크는 그의 희곡에서 로봇이라는 신조어를 사용하여 인간의 얼굴을 가진 기계를 출연시킨다. 그 이후 개발자들은 인간을 닮은 기계를 만들고자 하는 꿈을 인공지능 기술로 돌파구를 열려고 하였다. 인공지능은 과연 인간의 뇌기능을 흉내 낼 수 있는 것인가?

　인공지능은 인간의 학습능력, 추론능력, 시각 및 음성 인식의 지각능력, 자연언어 이해능력 등을 컴퓨터로 실현하는 기술이다. 한마디로 인공지능의 목표는 생각하는 기계를 만들어내는 것이다. 인공지능은 1950년대에 미국에서 태동되었지만 대대적인 연구를 투자한 나라는 일본이었다. 오늘날의 컴퓨터는 1970년대의 컴퓨터와 마찬가지로 '제4세대 컴퓨터'에 속하는데 일본은 인공지능 컴퓨터를 '제5세대 컴퓨터'라고 부르며 대형 국책사업을 추진하였다. 일본의 선제공격에 당황한 미국도 1983년부터 인공지능 연구에 박차를 가했다. 그러나 생각보다 인공지능 기술이 쉽사리 구현되지 못했다.

인공지능 가운데서 가장 활발하게 응용되고 있는 분야가 바로 전문가 시스템(expert system)인데 이것은 전문가의 경험적 법칙을 컴퓨터 데이터베이스로 만들어놓고 이를 활용하는 소프트웨어이다. IBM 슈퍼컴퓨터가 세계 체스챔피언을 꺾으면서 세계적인 주목을 받았는데 이것도 일종의 전문가 시스템에 해당한다.

그러나 컴퓨터가 체스를 두는 방식은 거의 모든 경우의 수를 다 시도한 다음에 한 수를 두게 된다. 컴퓨터 속도가 인간보다 워낙 빨라서 그 많은 수를 미리 내다본 것을 알아차리지 못하는 것이다. 이에 비해 인간은 안 가봐도 되는 길은 아예 가지를 않는다. 과거의 학습경험을 바탕으로 문제를 해결하는 것이다.

결국 컴퓨터는 아직 인간처럼 학습능력을 갖추지 못하고 있기 때문에 인간을 닮은 컴퓨터 개발이 이렇게 더딘 것이다. 인공지능으로 인간의 뇌기능을 흉내 내기가 그리 녹록하지 않은 것이다.

64
인간을 닮은 지능형 로봇은 인간보다
지하철 예절을 더 잘 지킬까?

지하철역 어딘가에서 '지하철을 도서관처럼'이라는 문구를 본 기억이 난다. 참으로 좋은 글이라고 생각한다. 지하철 안에서 시끄럽게 핸드폰으로 통화를 하면 옆 사람들은 짜증이 날 것이다. 인간을 닮은 지능형 로봇은 지하철 안에서 인간보다 지하철 예절을 더 잘 지킬 수 있을까?

인간은 태어나면서부터 학습활동을 시작한다. 학습활동이라 함은 자기가 보고 듣고 느낀 모든 경험을 기억하여 후에 어떠한 판단을 내려야 할 때에 이 경험들을 활용하는 것을 의미하는데 이러한 과정을 이성적 판단이라고 한다. 예를 들어서 뜨거운 불에 손을 대본 아이는 이를 뇌 속에 기억하고서 그다음부터는 불에 손을 대지 않게 된다.

그런데 인간은 우리 먼 조상으로부터 물려받아 내려온 본성을 타고 태어난다. 인간의 본성만 보면 선한 부분보다 오히려 악한 부분이 더 많이 포함되어 있는 듯하다. 인간은 스스로의 직접경험과 간접경험 등을 통해 자신의 활동의 모든 판단을 결정하지만 본성의 노선과 상충될 때가 많이 발생한다.

지하철 안에서 시끄럽게 할 것인가 아니면 조용히 할 것인가를 판단할 때에 남을 우선적으로 배려해야 하느냐 아니면 내가 하고 싶은 대로 할 것이냐의 기로에 서 있는 것이다. 결국 인간 스스로 편하고 싶은 마음 때문에 지하철 내의 예절이 지켜지지 않는 것이다.

인간을 닮은 지능형 로봇이 만일 지하철을 탄다면 그는 지하철 내의 모든 규칙을 철저히 지킬 것이다. 지능형 로봇은 인간이 원하는 대로 따르도록 만들어져야 한다. 만일 인간에게 손해를 끼치는 로봇이 주변에 있다면 그 로봇은 어딘가에 고장이 발생한 것이다.

지하철 내에 인간과 로봇이 함께 타고 있을 때에 시끄럽게 떠드는 소리는 모두 인간으로부터 나오는 것이다. 그렇다면 지하철 내에서 예의를 잘 지키는 사람들은 모두 로봇에 가깝다는 것인가? 인간은 능동적으로 판단한 결과이고 로봇은 수동적으로 이미 그리 동작하도록 설계된 것이기에 인간과 로봇은 근본적으로 다르게 인식되어야 한다.

65
차두리 축구선수가 정말로
로봇이라면 어떤 경기를 펼칠까?

일본 혼다 회사의 아시모가 휴머노이드로서 어린아이와 비슷하게 걷는다지만 휴머노이드의 구동원은 서보모터이기 때문에 이들 모터를 유기적으로 제어하여 인간 동작과 비슷하게 만드는 일은 결코 쉬운 일이 아니다. 그러나 인간을 닮은 로봇도 언젠가 출현할 것이다. 차두리 축구선수는 다른 선수와 비교하여 투지가 넘치고 몸싸움에서도 밀리지 않아서인지 언제부터인가 로봇이란 별명을 갖게 되었다. 차두리 선수가 정말로 로봇이라면 어떤 경기를 펼칠까?

지금까지 개발되어 온 지능형 로봇은 인간을 닮았다고는 하지만 모든 기능에서 인간보다 훨씬 뒤처져 있다. 그런데 이족 보행뿐만 아니라 뛰는 동작, 손동작, 발동작 등의 모든 움직임을 인간처럼 할 수 있는 로봇이 개발된다면 그 능력은 인간의 상상을 훨씬 뛰어넘는 정도가 된다.

로봇 축구선수는 게임에 들어가기 전에 자기 팀 선수들뿐만 아니라 상대 팀 선수들의 모든 축구게임 관련 사항들, 예를 들어서 키, 몸무게, 100m 달리기 속도, 순발력, 지구력 등뿐만 아니라 패스 습관, 개인돌파 습관, 헤딩 습관, 볼 키핑 습관, 슈팅 습관 등에 관한 데이터들을 기억장치에 저장해놓을 것이다. 이러한 데이터들은 게임 중에 모든 선수를 모니터링하면서 업데이트하고 이 데이터를 바탕으로 자신의 축구 동작을 최적점으로 끌어올린다.

로봇 축구선수는 축구공이 날아오면 정확한 착지점을 찾아내고 이 공을 자기가 받을 수 있는지를 분석해낸 후에 가능할 때에만 뛰게 된다. 드리블을 할 때에도 자기를 방어하고 있는 상대방 선수에 관한 저장된 데이터를 참조하고 몸동작을 모니터링하면서 상대방보다 먼저 움직일 수 있는 동작만을 취하기 때문에 모든 동작은 분석한 대로 정확할 것이다. 슈팅할 때에도 골키퍼의 현재 위치, 골문 앞까지의 거리, 자기가 찬 볼의 속도 및 방향 등을 계산하여 골인할 수 있도록 정확하게 슈팅하기 때문에 실수가 없다.

로봇 축구선수가 낀 팀은 세계적으로 유명한 그 어떤 축구선수가 끼어 있는 팀보다 훨씬 승률이 높을 것이다. 로봇 축구선수가 우리 세대에 나타날 수 있을지는 아직 잘 모른다.

66
인간은 지능형 로봇으로부터
어떠한 서비스를 받기 원하는가?

세탁기, 냉장고, 전자레인지, 식기세척기, 청소기 등과 같은 가전제품의 등장으로 인해 주부들은 옛날과 비교하여 집안일로부터 어느 정도 해방될 수 있게 되었다. 이제는 가정주부들이 가전제품 사용마저도 대신해줄 손길을 원하고 있는 듯하다. 인간은 지능형 로봇으로부터 어떠한 서비스를 받고 싶어 할까?

인간이 지능형 로봇을 필요로 하는 것은 인간의 일을 도와줄 수 있는 도우미 역할을 기대하고 있기 때문이다. 이제 식기세척기를 사용하는 것 대신에 로봇이 직접 나서서 설거지를 해주기 바란다.

그러나 인간에게는 설거지가 그다지 어렵지 않은 일이지만 로봇 기술로 이를 구현하는 것은 보통 일이 아니다. 설거지를 하기 위해서는 우선 접시를 인식해야 하고 설거지를 완료한 접시와 아직 완료하지 않은 접시를 구분할 수 있어야 한다. 또한 접시를 떨어뜨리지 않고 적당한 힘을 줘서 잡을 수 있는 섬세함도 요구된다. 설거지를 할 수 있을 정도로 섬세한 손을 만들어내려면 현재의 기술로는 상당한 비용이 들어간다. 설거지용 로봇이 실용화되기 위해서는 핵심기술 개발과 함께 로봇의 가격이 현실화되어야 한다.

로봇은 인간의 힘든 노동을 대신해주기도 하지만 지능적 비서 역할도 수행할 수 있다. 로봇 스스로 인터넷에 연결하여 사용자가 필요로 하는 정보를 검색해준다. 또한 도둑의 침입이나 가스의 누출과 같은 사고가 발생할 때에 주인의 핸드폰이나 119로 전화를 걸어줄 수 있다. 홀로 사는 노인이 다쳤을 때에는 노인 가족에게 연락을 해줄 수 있다.

지능형 로봇은 노동 도우미와 정보 도우미 기능에 감성 도우미 기능을 갖는다. 지능형 로봇 사용자는 마치 인간과 대화하는 듯이 자연스럽게 로봇과 이런저런 대화를 나눌 수 있다. 인간의 표정 변화를 감지하여 현재 감정상태가 어떠한지를 파악한 후에 그에 맞는 감정표현과 함께 그에 맞는 대화도 이어나갈 수 있다.

지능형 로봇이 인간의 도우미로 자리를 잡기 위해서는 인간의 인지, 감성, 행동 능력을 충분히 흉내 낼 수 있어야 하고 로봇 가격도 저렴해야 할 것이다.

67
지하철 내에서 소란 피우는
아이들을 어떻게 해야 할까?

얼마 전에 지하철을 타고 가는데 자기 할머니와 함께 탄 여섯 살 정도의 쌍둥이 아이 둘이 시끄럽게 떠들어댔다. 쌍둥이 둘은 신발 신고 의자에 올라서서 손잡이를 잡고 대롱대롱 매달리기도 하고 지하철 안을 왔다 갔다 하면서 춤도 추는지라 지하철 안이 갑자기 소란스러워졌다. 쌍둥이 아이들은 귀여움을 받을 만한 씩씩한 어린아이 모습을 보여주고 있다는 듯이 당당해보였다. 그 광경을 보고서 한번 생각해보았다. 지하철 내에서 소란 피우는 아이들을 어떻게 대해야 할까 하고 말이다.

우리나라는 옛날부터 세살 적 버릇이 여든까지 간다며 아이들에게 여러 가지 예법 교육에 심혈을 기울였다. 요즘 40대 이상의 중·장년들이 어렸을 적까지만 해도 식당이나 지하철 등의 공공장소에서 소란을 피우면 안 된다고 꾸지람을 들어가며 교육을 받았다.

일본의 가정교육은 한마디로 다메, 즉 하지 말라는 제지가 대부분을 차지한다. 그런 교육의 영향인지는 몰라도 일본 사람들은 세계 다른 나라 사람들과 비교하여 남에게 피해를 주는 행동을 삼가는 국민으로 유명하다. 한번 생각해보았다. 일본의 가정교육이 오늘날 우리나라의 가정교육보다 국가 미래를 위해 더 나은 것인가 하고 말이다.

어린아이들이 소위 버릇없이 큰다는 것은 자유분방하며 자기 개성을 뚜렷이 발휘할 수 있다는 긍정적 측면도 있다. 물론 인성교육을 제대로 받지 못하여 그들이 성인이 되고 나서 사회질서를 어지럽게 할지도 모른다는 부정적 측면도 있다.

그러나 자유분방한 교육 덕택으로 각각의 분야에서 세계적인 인물이 나올 가능성도 높아진다. 그러한 인물들이 미래 우리나라의 리더들이 된다면 부정적 측면으로 인한 사회적 비용을 충분히 충당하고도 남을 세계적인 국민 생활수준의 국가를 만들 수 있을 것으로 본다.

모든 어린아이를 천편일률적인 인성교육을 시키는 일본보다 다소 버릇없을 수 있으나 자유분방하게 교육시키는 우리나라가 더 밝은 미래를 기대할 수 있을 것 같다. 이런 생각을 하고 나니 지하철 내의 쌍둥이 어린아이들의 소란스러움도 참아낼 수 있게 되었다.

68
로봇은 컴퓨터와 무엇이 다른가?

과거에는 로봇이라고 하면 우선적으로 덩치가 크고 힘이 센 만화 주인공 캐릭터나 혹은 공장에서 용접 불꽃을 피워내며 부품들을 조립하는 자동기계장치로 인식되어 왔다. 지능형 로봇이 등장하면서부터는 이제 로봇도 인간처럼 인지하고 인간과 같은 정서를 가질 수 있을 것으로 기대하고 있다. 이와 같이 로봇이 지능을 가질 수 있는 것은 최첨단 컴퓨터 기술을 로봇에 활용했기 때문이다. 로봇은 컴퓨터와 비교하여 무엇이 다를까?

로봇이 컴퓨터와 다른 가장 큰 특징은 움직인다는 것이다. 로봇의 동력원으로는 전기, 유압, 공압 등이 있으나 지능형 로봇에서는 모터의 힘을 이용한다. 독립적으로 움직일 수 있는 관절마다 모터가 하나씩 필요하므로 자유도가 높을수록 상당히 많은 수의 모터가 필요하게 된다. 여기에서 자유도는 링크의 길이를 조정하거나 두 링크 사이의 각도를 조절할 수 있는 개수를 의미한다.

모터의 크기가 커지면 로봇의 덩치가 커지고 그에 따라 다시 출력이 더 큰 모터가 필요하게 되므로 지능형 로봇에 사용되는 모터는 일반적인 모터보다 훨씬 소형이면서도 강력한 힘의 특수 모터를 사용하게 된다.

모터를 컨트롤하는 정밀도도 매우 높아야 한다. 특히 휴머노이드처럼 두 발로 걷거나 손가락으로 무엇을 잡는 것과 같은 정밀한 작업에서는 고정밀 모터 컨트롤은 필수조건이 된다. 로봇을 움직이는 힘은 대개의 경우 전기로서 배터리를 사용한다. 배터리의 용량이 크고, 사이즈와 무게는 작은 것이 선호된다. 배터리를 사용하기 때문에 로봇에 들어가는 모든 기기는 저전력이 절대적인 조건 중의 하나이다.

로봇의 두뇌부는 컴퓨터인데 일반 PC와는 몇 가지 다른 점들이 있다. 첫째로 로봇은 PC와 달리 움직이므로 로봇의 두뇌부는 그만큼 진동이나 충격에 강해야 한다. 둘째로 로봇의 두뇌부는 로봇의 몸체에 장착되어야 하므로 작고 콤팩트해야 한다. 마지막으로 로봇의 두뇌부는 저전력으로 동작해야 하고 가격이 싸야 한다. 로봇의 지능화를 위해서는 컴퓨터의 하드웨어 기술 발전과 함께 소프트웨어 기술 발전이 절실한 실정이다.

69
2018 평창동계올림픽에서
IT의 역할은 무엇인가?

    세 번의 노력 끝에 드디어 평창이 2018 동계올림픽 개최지로 선정되었다. 이제부터는 2018 평창동계올림픽의 성공 개최를 위해 우리 모두 노력해야 한다. 평창동계올림픽 성공 개최를 위해서 IT 분야는 무엇을 해야 할까?

    IT 기술의 급속한 발전 속도를 고려할 때에 IT 기술은 2018년 평창동계올림픽에서도 모든 분야에 효과적으로 접목될 수 있을 것이다. 평창동계올림픽 개최에는 인적 자원, 물적 자원, 시설 자원, 환경 자원, 정보 자원 등이 요구되며 IT 기술을 활용하여 이들 자원을 효율적으로 관리할 필요가 있다.

    인적 자원 관리 분야에는 올림픽 운영 조직원, 경기 임원 및 선수, 시설관리원, 방송 및 언론인, 자원봉사원 등을 위한 IT 서비스의 편리성 제공뿐만 아니라 경기 관람객들과 관광객들을 위한 각종 IT 서비스 업무도 포함된다. 이러한 인적 자원 관리를 위해서는 각각이 소지하고 있는 유비쿼터스 단말기와 유비쿼터스 단말기, 유비쿼터스 단말기와 서버, 서버와 서버 사이를 연결시켜 주는 유무선 네트워크의 대용량화, 고속화, 신뢰성, 보안성 등이 확보되어야 한다.

물적 자원을 위해서는 RFID 기술을 활용한 모든 자원의 DB화와 물류유통 기술을 확충해야 한다. 시설 자원 관리를 위해서는 각종 시설물의 안정성 점검을 위한 각종 센서 장착 기술이 필요하다. 환경 자원 관리를 위해서는 올림픽 경기장으로 가기 위한 각종 교통편, 경기장 주변 관광지, 식당 및 숙박시설 등에 관한 모든 정보의 효율적인 관리가 요구된다. 정보 자원을 위해서는 동계올림픽 개최에 필요한 모든 정보를 데이터베이스화하여 정보관리의 신속성, 효율성, 안정성, 보안성 등을 확보해야 한다.

2018 평창동계올림픽에서는 디지털방송 기술의 발달로 인해 고화질로 모든 중계방송을 시청할 수 있을 것이며, 특히 SNS 서비스를 통한 개인방송 서비스도 활발히 등장할 것이다. IT 기술이 2018 평창동계올림픽 성공 개최에 일익을 담당할 것을 기대해본다.

70
자가용으로 마을버스 기다리는
사람들을 태울 수 없을까?

　서울시에서는 마을버스가 주로 지하철역과 종점 사이에서 운행된다. 그런데 마을버스는 아침 출근길에 많은 사람으로 북적거려서 승차하기에 여간 불편한 것이 아니다. 이 마을버스 코스 길을 자가용도 다닌다.

　아침 출근길의 자가용은 대개가 나 홀로 운행이 많다. 복잡한 마을버스를 기다리고 있는 사람들을 위해 자기 자가용에 태워서 지하철역까지 함께 갔으면 좋을 터인데라고 생각하는 사람들이 종종 있을 것이다.

　그러나 자기 자가용에 합승시켜 주고 싶어 하는 운전자나 자가용을 타고 지하철역까지 가고 싶어 하는 사람들 사이에는 아무런 정해진 약속이 없다. 자가용으로 마을버스 기다리는 사람들을 태울 수는 없는 것일까?

　우선 자가용 어딘가에 '탑승 가능'이라는 표시를 해야 한다.

마을버스를 기다리고 있는 사람들이 '탑승 가능'이라는 스티커의 자가용이 앞에 설 때면 순서대로 자가용에 승차해서 지하철역까지 가서 내리면 된다. 그런데 요즘에는 자가용에 이런저런 스티커가 많이도 붙어 있다. 요일 표시제 스티커, 아파트 스티커, 직장 스티커, 기관 관련 스티커 등 여러 가지 스티커가 붙어 있기에 새로운 스티커를 붙일 자리가 없다.

지금까지의 자가용 스티커는 아날로그 방식이다. 이제는 디지털 스티커로 바꿀 필요성이 생긴다. 자가용에 RFID 칩을 부착하여 자동차 출입관리의 인식용으로 활용되고 있지만 RFID 칩은 기계장치에게 알려주는 디지털 정보이다.

사람에게 알릴 수 있는 스티커는 여전히 아날로그 방식인데 이를 고쳐보면 어떨까? 자동차 앞 유리 어딘가에 LCD 판을 설치하여 그 판 위에 그림이나 글자로 사람에게 전하고자 하는 메시지를 띄울 때에 이를 디지털 스티커로 이름을 붙이자. LCD 판 위에는 여러 가지 스티커를 동시에 표시할 수 있고 추가변경이 용이하기 때문에 사용의 효율성이 높아진다.

자가용 합승이 가능해진다면 마을버스도 덜 복잡하여 버스 승객이 여유롭게 승차하고 자가용 합승자도 편안하여 즐거운 출근길이 될 수 있을 것으로 기대한다.

71
어디서라도 핸드폰 전화를
받을 수 있는 것은 어떠한 원리인가?

핸드폰을 들고 다니면 언제, 어디서라도 자신에게 걸려오는 전화를 받을 수 있다. 우리가 여기저기 돌아다녀도 핸드폰으로 오는 전화를 받을 수 있는 것은 무슨 원리 때문일까?

핸드폰과 기지국 사이의 통신은 공기를 통해 신호가 전달되는 무선통신 구간이다. 기지국은 자신의 영역 내에 있는 모든 핸드폰을 제어한다. 하나의 기지국이 커버할 수 있는 영역을 셀(cell)이라고 부르는데 이 셀의 크기가 무한대로 클 수 없기 때문에 넓은 영역을 여러 개의 조그만 셀로 나누어서 그 가운데에 기지국을 설치하게 된다.

각 기지국이 동시에 서비스할 수 있는 사용자의 수가 제한적이기 때문에 사용자가 많은 도심에는 셀 크기가 작고 사용자의 수가 적은 도심 외곽지역의 셀은 상대적으로 큰 편이다.

핸드폰 가입자로 하여금 자신에게 걸려오는 전화를 받게 하기 위해서는 이동통신 네트워크가 자신의 핸드폰의 현재 위치를 파악하고 있어야 한다. 이러한 핸드폰 가입자의 위치관리를 위해 HLR(Home Location Register)과 VLR(Visitor Location Register)이 활용된다. HLR은 말 그대로 핸드폰이 어디에 있든지 모든 핸드폰의 현재 위치를 관리하는 시스템이고 VLR은 현재 자기 관할 지역에 위치해 있는 핸드폰들의 가입자 정보만을 관리한다.

핸드폰 가입자가 이동할 때마다 기지국은 이 핸드폰으로부터 오는 신호의 세기 정도를 측정하여 자신의 관할에 둘 수 있는지 아니면 바로 옆 기지국으로 넘길 것인지를 결정하게 된다.

핸드폰 가입자가 통화 중에 기지국을 옮기는 것을 핸드오프(Hand off)라고 부른다. 각 기지국은 자신의 셀 영역에 새로이 가입자가 들어오면 이를 VLR에 알리게 되고 VLR은 HLR에 이 핸드폰 가입자가 자신의 영역에 있음을 알려준다. HLR은 해당 핸드폰의 위치정보를 업데이트한 후에 이 가입자의 상세 정보를 VLR에 통보해준다.

유선전화로든 핸드폰으로든 핸드폰 가입자에게 전화를 걸 때마다 이동통신 네트워크는 이 핸드폰 가입자의 전화번호를 HLR에 알려주고 HLR로부터 이 핸드폰 가입자가 어느 기지국 밑에 위치하고 있는지를 통보받은 후에 통화연결을 수행하는 것이다.

72
컴퓨터의 통신과 인간의
소통은 어떻게 다른가?

컴퓨터끼리 데이터를 주고받는 것을 컴퓨터 통신이라고 부른다. 컴퓨터 통신은 주로 인간의 메시지, 즉 음성, 데이터, 영상 등의 멀티미디어 메시지를 전달하기 위한 것이지만 컴퓨터 시스템의 운용유지보수를 위해 자체적으로도 통신을 수행한다. 운용유지보수 메시지는 인간을 위한 메시지가 아니라 컴퓨터를 위한 메시지인 것이다. 인간의 소통은 각자 인간의 생각을 언어, 표정, 제스처 등을 통해 상대방에게 전달하기 위한 수단이다. 컴퓨터의 통신과 인간의 소통은 어떻게 다를까?

컴퓨터가 통신하기 위해서는 무엇보다도 양측의 프로토콜(protocol), 즉 통신방법에 관한 규약이 서로 일치해야 한다. 통신에는 수많은 프로토콜이 있지만 각각의 프로토콜은 세계적으로 표준화되어 있기 때문에 어느 나라에서도 양측이 서로 동일한 프로토콜을 사용한다면 통신이 가능하다. 와이파이, 블루투스,

CDMA, 랜(LAN) 등은 모두 프로토콜 이름이다.

두 사람이 서로 이야기를 나누는데 서로 다른 언어를 사용하면 대화가 불가능해진다. 그러나 동일한 통신 프로토콜 내에서의 언어는 세계 공통어인 디지털 메시지를 사용하기 때문에 세계 어느 컴퓨터와도 컴퓨터 통신이 가능한 것이다.

컴퓨터 통신은 항상 약속을 철저히 지킨다. 컴퓨터들끼리는 주기적으로 메시지를 서로 주고받고 어떠한 이벤트가 발생하면 즉시 이를 알려주는데 이는 컴퓨터의 주변상황이나 컴퓨터의 개인 사정에 상관없이 항상 프로토콜을 지켜나간다. 그러나 인간의 소통에서는 개인적인 사정이나 상대방에 대한 감정이 나빠지면 아무런 메시지를 주고받지 않는다.

컴퓨터 통신에서는 주변 상황이나 상대방의 상황이 안 좋을 때에는 메시지를 조금씩 그리고 천천히 주고받으면서 통신 링크 상태를 회복시키려 노력한다. 그러나 인간의 소통에서는 한번 틀어지면 소통 관계의 회복이 상당히 어렵게 되는 것이 사실이다.

인간의 소통에서도 컴퓨터의 통신에서와 마찬가지로 일정한 규약을 정해놓고 그 규약에 따라 메시지를 서로 주고받으면서 원활한 소통문화가 형성되기 바란다.

73
로봇은 주인을 어떻게 알아보나?

　로봇은 주인이 필요로 할 때에 자기가 알아서 찾아가 능동적인 서비스를 제공해주어야 하는데 이러한 임무를 수행하기 위해서는 당연히 상대방이 누구인지를 파악할 수 있어야 한다. 로봇은 어떻게 사람을 알아볼 수 있는 것일까?

　로봇이 사람을 알아볼 수 있도록 하기 위해서는 먼저 그 사람이 누구인지를 가르쳐줘야 하는데 이러한 과정을 사용자 등록이라고 한다. 사람 사이의 관계로 비유하면 초면 인사에 해당한다. 로봇이 사람을 구별하기 위해 사용되는 기술로는 얼굴 인식, 화자 인식, 준생체 인식 기술 등이 있다.

　얼굴 인식 방법에서는 로봇이 인식 대상이 될 여러 사람의 얼굴 정보를 기억장치에 저장하고 있다가 사람과 마주치면 그 얼굴이 기억장치에 저장된 사람 중 누구의 얼굴과 가까운가를 판단하여 인식이 이루어진다. 그러나 사람의 얼굴이 로봇의 카메라를 통해 받아들여질 때에는 동일한 사람이라도 매우 다양한 포즈로 나타나기 때문에 로봇이 사람을 구별하기란 쉽지 않은 문제이다.

또한 로봇이 카메라를 통해 받아들인 영상에는 여러 가지 잡음도 섞여 있고 얼굴 인식에 불필요한 배경 등도 포함되어 있으므로 이러한 부분들을 제거한 후에 인식에 중요한 특징을 추출하는 과정이 필요한데 이 과정이 얼굴 인식 알고리즘의 핵심기술에 해당한다.

화자 인식은 사람이 말을 할 때에 시간의 흐름에 따라 주파수 성분의 구성이 제각각 서로 다르다는 점을 이용한다. 그러나 동일한 사람의 말이라고 해도 말의 내용에 따라 주파수 영역의 신호 세기가 달라지기 때문에 목소리로 사람을 구별하는 일도 그리 간단하지 않다.

지문이나 홍채와 같은 것을 통해 사람을 구별하는 것을 생체 인식이라고 하는데 이러한 생체 인식은 사람에게 불편을 초래한다. 로봇에게는 구별 대상의 사람 수가 많지 않으므로 준생체 특징, 즉 키, 몸무게, 체형, 옷 색깔 등으로 사람을 구별하게 한다. 로봇으로 하여금 사람을 구별하게 하는 것은 아직도 쉽게 풀리지 않는 문제들 중의 하나이다.

74
우리나라 청년들은 왜
위험감수를 하지 않을까?

안철수 서울대 융합과학기술대학원장이 '싹수 있는 사회일수록 리스크 테이킹(위험 감수)을 하지만 우리는 똑똑한 사람들이 이를 피한다'라고 말했다고 한다. 어떠한 사업에서 위험이 크면 클수록 이익이 그만큼 크다는 의미로 '하이리스크-하이리턴'이라는 말이 있다. 왜 청년들은 이러한 위험 감수를 하지 않는 것일까?

사람은 무슨 일을 시작하고자 할 때에 성공 기댓값을 따져보기 마련이다. 동일한 성공 기댓값이라고 해도 성공 가능성이 너무 낮으면 그 일을 시작하기가 겁나는 것은 당연하다. 청년의 겁을 줄여주기 위해 '청년에게 실패할 자유를 허(許)하라'는 것은 정부나 기업에 부담을 주는 일이다. 정부와 기업에서는 청년들에게 '실패를 용납하는 문화'를 심어주어야 하고, 청년들은 정부와 기업에 객관적으로 성공 가능성과 함께 성공 기댓값을 제시할 수 있어야 한다.

비록 객관적인 성공 가능성과 성공 기댓값이 있다고 해도 실제 사업이 끝나는 시점에서는 전혀 예상외의 나쁜 결과를 초래할 우려가 있다. 이를 방지하기 위해서는 사업의 시작과 끝 사이를 아이디어 기획단계, 제품 개발단계, 제품 생산단계, 제품 판매단계 등으로 구분하여 객관적 예측과 평가가 수반되어야 할 필요성이 있다.

　상기의 내용은 단기적 처방이며 중장기적으로는 유망 창업자의 육성 정책이 필요하다. 정부나 기업에서는 유망 운동선수뿐만 아니라 최근에는 K팝 연예인도 중장기적으로 육성하고 있다. 이들을 육성하는 것은 국가나 기업에 크게 이로움을 줄 것이라는 기댓값이 크기 때문이다. 더군다나 이 분야는 단계별로 객관적 예측과 평가가 용이하다. 정부나 기업에서는 유망 운동선수나 유망 연예인을 미리 선발하여 육성하듯이 유망 창업자를 객관적 평가로 선발하여 창업에 필요한 테크닉과 함께 기업 룰도 가르쳐야 한다.

　유능한 창업자는 유명한 운동선수나 연예인보다 훨씬 더 많은 일자리를 창출해줄 수 있다. 유망 창업 재능 보유자를 선발하여 유소년부터 차근차근 육성해 나아가면 미래 우리나라 국가경제도 더욱 번창할 것이다.

75
왜 인터넷 전화 요금이
전화통신요금보다 싸나?

인터넷의 시초는 1960년대부터이지만 본격적으로 일반인들에게 알려진 시기는 1990년대부터이다. 인터넷은 주로 문서검색용으로 사용되다가 언제부터인가 전화통신 서비스도 제공되어 오고 있다. 인터넷 전화가 인기를 얻게 된 이유는 기존의 전화통신보다 요금이 훨씬 쌌기 때문이다. 왜 인터넷 요금은 전화 요금보다 싼 것일까?

통신요금은 각 통신회사의 요금정책에 따라 정해진다. 여기에서는 기술적으로 인터넷 전화 요금이 전화통신 요금보다 싼 이유에 대해 서술하고자 한다. 정보통신 방식에는 크게 연결형과 비연결형이 있다. 연결형 통신 방식에서는 송신 측과 수신 측 사이에 고정된 빈 채널이 존재할 때에만 통화가 가능하게 된다.

그러나 비연결형 통신 방식에서는 송신 측과 수신 측 사이에 고정된 빈 채널이 별도로 없어도 통화연결을 제공해준다. 어떻게 고정된 빈 채널이 없는데도 통화연결이 가능한 것일까? 비연결형 통신에서는 고정된 채널은 없지만 순간순간 빈 채널이 있을 때에 그 빈 채널을 점유하면서 통화 음성을 전달한다.

서울과 부산 사이에 통신채널이 100개 있다고 할 때에 연결형 통신 방식을 사용하는 전화통신에서는 동시에 최대 100명만이 통화할 수 있다. 그러나 비연결형 통신방식을 채택하고 있는 인터넷 전화의 경우에는 300명 이상도 동시에 통화가 가능해진다. 사람은 전화통화를 할 때에 발신 측과 수신 측이 서로 교대로 말을 주고받으므로 평균 1/2의 채널 사용률을 유지하는데 양측 모두 말을 안 할 때를 고려하면 평균 채널 점유율은 1/3이 된다. 따라서 100개 채널 수의 3배, 즉 300명이 동시에 통화가 가능해지므로 통신요금은 평균 1/3 수준으로 떨어뜨릴 수 있게 된다.

그러나 300명 중에서 동시에 100명 이상이 목소리를 내면 오버된 사람 수의 목소리는 부분적으로 지연되거나 혹은 순간적으로 전송되지 못하게 되어 기존의 전화통신보다 당연히 품질이 나빠지게 된다. 최근에는 트래픽제어 기술을 통해 인터넷 전화의 품질도 많이 향상되고 있다.

76
로봇이 부부싸움을
막을 수 있을까?

일반적으로 각 가정에서는 부부싸움이 일어나곤 한다. 부부싸움이야말로 싸우는 당사자들만 아는 나름대로의 비밀과 문제해결 비법이 있기 마련이다. 심각한 부부싸움을 제외하면 대부분의 부부싸움은 옆 사람이 볼 때에 문젯거리도 안 되는 것들이다.

최근에 청소 로봇이 나오면서부터 각 가정에는 앞으로 가족들에게 친밀감을 주는 다양한 서비스 로봇이 등장하려 하고 있다. 이러한 서비스 로봇이 가정의 부부싸움을 막는 데에 도움을 줄 수 있을까?

로봇이 가정에서 사랑을 받기 위해서는 모든 가족 구성원에게 친밀감을 가질 수 있어야 한다. 로봇은 인간과는 달리 친밀하면서도 냉정함을 잃지 않을 수 있다. 부부싸움이 일어날 때에 옆 사람이 말리기라도 하면 찬물을 끼얹는 대신에 기름 물을 끼얹는 결과를 초래하는 경우도 있다. 그러나 사람 대신에 로봇이 중간에 끼어들면 싸우고 있는 부부는 로봇에까지 화를 내지는 못할 것이다.

어떤 이유 하나로 부부가 싸움을 할 때면 싸움 도중에 이전에 싸웠던 이력이 나오기 마련이다. 그러다 보면 부부싸움은 과거의 일로 더욱 격렬하게 번지는 경우도 있다. 이때에 로봇이 나타나서 두 사람의 싸움 기억을 되살려줌으로써 보다 객관적인 부부싸움 자료를 제공할 수 있다.

로봇은 지난 부부싸움의 일들을 동영상으로 보여줌으로써 두 부부의 지난 일들을 기억함에 있어 보조역할을 충분히 해낼 수 있다. 과거의 부부싸움 동영상을 보면 화가 더 치오를 수도 있겠지만 같은 건을 가지고 부부싸움을 해온 것에 대해 두 사람은 반성할 기회를 가질 수 있다.

로봇은 화가 나 있는 두 사람에게 다가가서 감정을 가라앉히는 역할도 해낼 수 있다. 이를 위해서는 로봇이 평소 두 사람의 성격, 습관, 감정 등을 파악해두어야 한다. 로봇 앞에서 부부싸움을 하느니 그냥 참고 살겠다는 부부들이 많을 것이므로 로봇은 부부싸움을 충분히 막을 수 있을 것이다.

77
로봇이 간병인 일을 할 수 있을까?

간병인은 스스로 몸을 움직이기 힘들어하는 입원 환자들을 부축해주기도 하고 환자로부터의 여러 가지 요청을 친절하게 들어준다. 간병인은 육체적 노동을 주로 하지만 환자의 안정을 위해 정신적 노동도 중요한 부분을 차지하고 있다. 로봇이 이러한 간병인 일을 사람 대신에 할 수 있을까?

요즈음 사람들 가까이에 다가서고 있는 청소 로봇은 등장 초기에 지능화가 덜 되어서 청소한 영역과 하지 않은 영역을 구분하지 못하였고 주인의 지시에 대해 잘 따라 하지 못했던 것이 사실이다.

그러나 최근에는 청소 로봇에 여러 가지 센서를 부착시켜서 지능화가 가능해짐에 따라 사용자들이 안심하고 청소를 맡길 수 있는 수준이 되어 있다. 로봇이 사람과 더불어 생활하기 위해서는 상호작용이 우선적으로 가능해져야 한다. 즉, 사람이 로봇에게 명령한 내용을 로봇이 제대로 알아들을 줄 알아야 하고 로봇은 주인의 감정 상태에 따라 주인의 기분을 맞춰주어야 한다. 이러한 상호작용에는 음성과 제스처가 주를 이룬다.

간병 로봇은 청소 로봇과는 달리 환자와의 상호작용이 자주 필요하게 된다. '자신의 몸을 일으켜라', '내 몸을 부축해라', '침대를 세워라', '몸을 옆으로 뉘어라', '나를 업어라' 등 간병 로봇은 환자의 다양한 명령어를 이해해야 한다. 간병 로봇은 간병인에게 육체적인 동작을 도와주어야 할 뿐만 아니라 친밀감을 주기 위해 환자의 상태를 눈치 있게 파악하여 능동적으로 대처할 줄 알아야 한다. 간병 로봇은 의사나 간호사의 명령도 따를 줄 알아야 한다. 밤중에는 병실의 한쪽 구석에서 환자의 호출을 항시 대기하며 깨어 있어야 한다.

로봇은 인간과는 달리 수면을 취하거나 휴식을 하지 않아도 피곤함을 느끼지 않고 간병할 수 있는 장점이 있다. 또한 환자로부터 짜증스러운 일을 당해도 감정 표현을 제어할 수 있다.

그러나 초기의 간병 로봇을 사용하기에는 비용이 만만치 않을 것이므로 성능 좋고 값싼 간병 로봇이 가능하기 위해서는 부품 기술과 함께 핵심기술 확보에 심혈을 기울여야 할 것이다.

78
이사한 집에서 예전 집 전화번호를 사용할 수 있나?

전화통신에서 사용하는 번호에는 크게 두 가지, 즉 전화번호와 장치번호가 있다. 전화번호는 사람이 사용하는 번호이고 장치번호는 교환기가 사용하는 번호이다. 전화번호가 네 자리인 경우에 번호 구성이 0001번에서 차례로 할당하는 것이 아니라 가입자가 원하는 번호를 주기 때문에 0001에서 9999 사이에 번호가 듬성듬성 빠져 있게 된다.

교환기는 장치번호를 순서대로 할당하고 있다. 전화번호가 네 자리라고 해도 교환기로부터 연결되는 가입자 수는 100가입자일 수도 있는데 이때에 장치번호는 1에서 100까지 순서적으로 메겨진다. 따라서 전화번호를 장치번호로 번역해주는 기능, 즉 번호 번역 기능이 각 교환기에 구축되어 있어야 한다.

전화번호는 국가번호-지역번호-국번호-개인번호 순으로 구성된다. 각 나라에 설치되어 있는 교환기는 그 나라의 표준에 따라 번호계획이 수립된다. 우리나라의 교환기는 가입자가 0으로 시작되는 번호를 돌리면 국제전화, 시외전화, 핸드폰 통화로 알아차린다. 그다음의 두 번째 다이얼이 다시 0이면 국제전화이고 1이면 핸드폰 전화이며 이 외 번호는 시외전화임을 알게 된다. 각 교환기에서는 국제전화 통화가 들어오면 국제관문전화국으로 호를 넘기고, 핸드폰 전화이면 해당 핸드폰 통신회사로 넘기며, 시외전화이면 시외전화국으로 호를 넘기게 된다.

그리고 시내전화인 경우에는 발신가입자와 연결된 교환기가 국번호를 참조하여 그 전화국으로 마지막 네 자리인 개인번호를 넘기게 되고, 착신전화국은 네 자리 개인번호를 번호번역 하여 착신가입자 번호에 해당하는 장치번호를 가지고 착신가입자에게 벨소리를 송출함으로써 통화가 이루어지게 된다.

예전에는 교환기마다 번호번역 단위를 끝의 네 자리만 수행하였기 때문에 어느 전화국 지역의 집 전화들은 국번호가 모두 같아야만 했다. 그러나 최근에는 교환기의 컴퓨터 성능이 고속화됨에 따라 국번호까지 묶어서 번호번역이 가능해졌기 때문에 이사를 해도 전 집에서 사용하던 번호를 그대로 사용할 수 있게 되었다.

79
모든 사람이 전화를 동시에 걸면
통화가 안 되나?

 이 세상의 모든 자원은 한계성이 있다. 자원을 효율적으로 활용하기 위해서는 관리기술이 필요하게 된다. 여기에서 효율이라함은 사용자의 불편함을 해소시켜 주면서 동시에 경제성을 확보해야 한다는 의미이다.

 일반적으로 각 가정에서 집 전화로 통화하는 시간은 하루 평균한 시간 이내일 것이다. 각 가정에서 전화국의 교환기까지 전화선이 연결되어 있는데 그 전화선의 실제 사용률은 5% 이내라는 의미이다. 그렇다고 하나의 전화선으로 여러 가정이 공동으로 사용할 수는 없다. 따라서 각 가정의 전화선은 교환기로 집중되므로 교환기의 용량을 조정함으로써 통신의 효율성을 높일 수 있는 방안이 고려되어 왔다.

 교환기가 1만 가입자를 수용하고 있을 경우에 1만 가입자들중에서 동시에 통화하는 최대 가입자 수만큼만 통신자원을 확보해두면 가입자는 불만사항이 생겨나지 않게 된다. 1만 가입자의 교환기에서 1,000가입자의 통신자원을 확보한다면 교환기의 집선비를 10:1이라고 부른다. 이렇게 집선비를 사용하는 것은 교환기의 전체 가격을 낮춤으로써 경제성을 높이려는 것이다.

일반적으로 대도시의 상업지역에는 집선비를 4:1로 조정하는 것이 바람직하고 주택지는 8:1로 하며 농어촌 지역은 16:1로 구성하기도 한다. 1만 가입자의 교환기가 4:1의 집선비로 운영되고 있는 경우에 동시에 2,500명 이상이 통화를 시도하면 교환기는 그 이상의 가입자에게 통화 중 신호를 보낼 수밖에 없다. 전화기에서 들리는 뚜뚜뚜 소리는 통화 중 소리가 아니라 비지 톤(busy tone)이다. 즉, 네트워크가 통화연결에 실패했다는 의미로 받아들여야 한다.

예전에 북한에서 이웅평 소령이 비행기를 몰고 남하했을 때에 전쟁이 일어난 줄 알고 너도나도 가족들에게 전화를 하는 뜻밖의 상황이 발생했었다. 이러한 상황은 집선비로 설계된 최대 동시 통화 수가 훨씬 넘는 것이므로 당연히 통화가 되지 않게 된다. 비지 톤이 들릴 때에는 네트워크의 상황을 인식하여 새로운 통화 시도를 자제함이 바람직하다고 여겨진다.

80
홀로 살기와 더불어 살기는
무엇이 다를까?

인류 초기 시절에는 사람 수보다 자원이 많았기에 여럿이 모여서 생활해도 자원부족으로 인한 다툼은 별로 없었을 것이다. 여럿이 더불어 살면 서로 힘을 합쳐서 위험한 동물로부터 보호받을 수도 있고 수렵할 때에도 혼자보다 수월했을 것이다. 그러다가 모여 사는 사람 수가 점점 더 많아짐에 따라 사회가 이루어지고 사람 사이의 인간관계가 복잡다단해져서 엄격한 사회질서를 확립하기 위해 규율과 법이 만들어졌다.

더불어 살기는 어려울 때에 서로 돕고 힘이 부칠 때에 힘을 합침으로써 서로가 서로에게 도움을 주고받을 수 있다. 그러나 사람은 때로 이기적일 수도 있고 상대방으로부터 오해를 살 수도 있다. 이와 같이 사람들 사이에 좋지 않은 관계로 변화할 때에는 더불어 살기보다 홀로 살기가 더 편하다고들 생각한다. 원시사회에서 농촌사회를 거쳐 산업사회로 변화했을 때까지만 해도 홀로 살기란 여간 불편한 삶이 아니었다. 혼자서는 어느 것 하나 제대로 할 수 없었기 때문이다.

그러나 정보사회에 접어들면서부터는 제조업뿐만 아니라 다양한 서비스업이 발달되었고 이러한 서비스 산업의 발달은 아는 사람들끼리 가까운 곳에서 살지 않아도 되는 세상을 만들었다. 더군다나 인터넷의 발달로 인해 거리의 제약성으로부터 벗어나서 세계 어느 곳에서라도 서로 얼굴 보면서 이야기할 수 있는 시대가 되어 있다.

이제는 사람들이 홀로 살기의 불편함은 잊게 되고 더불어 살기의 단점을 생각하게 되었다. 아무리 가까운 사람이라고 해도 친할 때에야 좋지, 사이가 나빠지면 차라리 모르는 사이보다 더 불편함을 느끼게 된다. 사회 인프라가 잘 갖추어질수록 홀로 살기에 불편함이 없어진다.

우리의 가족구성도 씨족사회에서 대가족으로, 대가족에서 핵가족으로, 핵가족에서 이제 나 홀로 가족으로 변화해가는 과정 속에 있다. 그래도 나 편하다고 홀로 살기보다는 좋은 사람들과 더불어 사는 것이 사람의 따스한 정을 느낄 수 있기에 더불어 살기 세상이 다시 활성화되었으면 싶어진다.

81
산악인들은 왜 위험한
히말라야를 등반할까?

산악인 엄홍길 대장은 2000년도에 아시아 최초로 히말라야 8,000미터 14좌 완등에 성공하였다. 26세 때 처음으로 히말라야 등반에 도전한 이래 히말라야 14좌를 정복하는 데 16년이 걸렸다고 한다. 우리나라 산에 오르는 것도 위험하긴 하지만 히말라야의 위험도에 비할 수는 없다. 산악인들은 왜 위험한 히말라야를 등반하는 것일까?

사람으로 하여금 어떠한 행동을 하게 만드는 요소를 동기(motivation)라고 한다. 동기는 어떤 사람을 특정 방향으로 움직이게 만드는 내적 과정인 것이다. 동기는 바람직한 신체적·심리적 상태에 도달하고자 하는 욕구(needs)와 밀접한 관계가 있다.

인본주의 심리학자인 에이브러햄 매슬로는 인간의 욕구 우선순위를 5단계로 설명하였는데 이 중에서 맨 아래 계층에 생리적 욕구를 두었다. 사람이 어떠한 행동을 하는 데에는 제일 우선적으로 배고픔이나 목마름의 생리적 욕구를 해결하려는 동기에서 출발한다는 것이다.

그러나 히말라야는 공기량이 해수면의 1/3에 불과하고 폭풍 눈보라가 몰아치며 먹을 것도 충분하지 않고 크레바스나 눈사태 등으로 생명을 잃을 수도 있는 고위험지역이다. 인간 본능이 해결되지 않는데도 산악인은 위험을 무릅쓰고 히말라야를 오른다. 이는 성취감 욕구가 본능적 욕구를 앞지를 수 있음을 의미한다. 스스로에 대한 존중감, 유능감, 타인으로부터 인정과 존중을 받고자 하는 욕구 등이 산악인들로 하여금 위험한 히말라야를 등반하게 만들고 있는 것이다.

히말라야에 오르고 싶은 동기가 강한 산악인이라고 하여 엄홍길 대장처럼 성공할 수 있는 것은 아니다. 그는 히말라야 등반에는 등반 기술, 체력, 등반 경비 충당뿐만 아니라 등반 팀이 하나가 될 수 있는 희생정신이 필요하다고 한다. 거기에다 무엇보다도 꼭 성공하고 말겠다는 투철한 도전정신이 요구된다는 것이다.

남들로부터 인정과 존중을 받기 위해서는 생리적 욕구나 안전·안정 욕구를 자제하고 자기 존중 욕구를 확장하여 끝없는 도전정신을 발휘해야 할 것이다.

82
사람들은 왜 중도에서 포기를 할까?

사람들이 행하는 행동은 크게 생산적 행동과 소비적 행동으로 구분된다. 생산적 행동이란 미래가 지금보다 나아질 것 같은 행동을 의미하고, 소비적 행동이란 그 반대의 의미로서 지금보다 나아질 것이 없을 것 같은 행동들을 말한다.

소비적 행동들 중에서는 비사회적이거나 비교육적이거나 부정적인 행동들도 포함되는데 이러한 행동들로 인해 죄책감에 빠지는 경우가 있다. 이리한 소비적 행동은 자칫하면 소위 중독이라는 위험한 방향으로 흘러가는 수도 있기 때문에 중도에 마음이 바뀌어서 그만두는 것이야말로 '이제 정신 차렸구나'라며 주위 사람들로부터 칭찬받을 만하다.

소비적 행동뿐만 아니라 생산적 행동은 사람의 욕구 충족을 위한 동기로부터 출발된다. 인본주의 심리학자 에이브러햄 매슬로는 인간의 욕구 우선순위를 맨 밑에서부터 다섯 단계, 즉 생리적 욕구, 안전·안정 욕구, 소속감과 애정에 대한 욕구, 자기 존중 욕구, 자기실현 욕구 등으로 구분하였다.

자신이 만족스럽고 남으로부터도 인정받을 수 있는 목표를 세우고 이를 달성하는 데에는 시간, 공간, 개인 능력, 개인 상황, 경제력 등의 자원을 필요로 한다. 사람이 어떠한 목표를 향하여 전진할 때에 상황이 처음과 달라질 수도 있고 설사 상황이 더 나아진다고 해도 자신의 투자에 비해 그에 따른 자기 존중이 작다고 느껴질 때부터 그만둘까라고 하는 또 다른 자신이 나타나게 된다.

편안해지고 싶다는 생리적 욕구, 생각보다 위험할 것 같은 두려움, 반복적 행동에 따른 지루함, 실패할 것 같은 염려 등을 감안할 때에 그 결과가 만족스럽지 못할 것이라는 판단이 점점 더 강해지면 스스로의 명분을 찾게 되어 중도에 포기하게 되는 것이다.

사람이 중도에 포기하는 것은 인지적 행동과 어우러진 정서로부터 기인되므로 포기하고 싶은 마음을 달래주어야 한다. 어떠한 목표를 설정하여 일을 추진하고자 할 때에 정서적으로 어려운 상황이 전개될 경우에 어떻게 풀어 나아가야겠다는 정서 달래기 계획도 함께 세워야 할 것이다.

83
Pusan과 Busan은 어떻게 다른가?

지하철 내에 지하철 노선도가 붙어 있다. 지하철 노선도에 표시되어 있는 역명은 한글과 함께 작은 글씨의 알파벳 역명도 보인다. 알파벳 역명을 읽을 때마다 언뜻 눈에 들어오지 않는다. 이는 한글을 영문으로 표기하기가 쉽지 않음을 의미한다. 한글이 우수 문자라고 하여 이 세상 모든 발음을 표기할 수 있는 것은 아니다. 각 나라의 말에 없는 발음은 그 나라의 글자에도 없을 수밖에 없다. 또한 그 나라의 글자에 없는 발음은 그 나라의 말에도 없게 된다.

한글에는 'ㅂ'과 'ㅍ'이 있고, 'ㄷ'과 'ㅌ'이 있다. 우리나라 사람들이 언뜻 생각하기에 'ㅂ'은 알파벳 'B'에, 'ㅍ'은 'P'에 맞을 것 같지만 외국 사람들의 귀에는 'ㅂ'도 'P'로 들린다는 것이다. 우리말의 어두에 위치하는 자음은 유성음이 아니라 무성음이다. 그래서 우리나라 사람들이 영어나 일본어를 배울 때에 무성음과 유성음을 차별 있게 발음하기 어렵다. 심지어 'golf'와 'guitar'가

'꼴프'와 '키타'로 변형되어 사용되고 있다.

일본어를 배울 때에 '오사카'가 맞는지 '오사까'가 맞는지 의문을 가진 적이 있다. 일본 사람들은 이들 두 단어의 차이를 못 느끼는데 이는 일본 문자에는 '카'와 '까'를 구별할 수 있는 문자가 없기 때문이다. 반대로 우리나라 사람들은 일본어의 유성음인 '탁음'을 구별하기 어렵다. 일본어를 발음할 때에 '니고리'가 있는지 없는지에 헷갈리게 된다.

언제부터인가 '부산'을 'Pusan'에서 'Busan'으로, '대구'를 'Taegu'에서 'Daegu'로 표기하고 있다. 한글을 알파벳으로 표기할 때에 자음도 자음이지만 모음은 천차만별에 가깝다. '삼성'을 알파벳으로 표기해보라면 'SAMSUNG'이라고 제대로 표기할 수 있을까? 회사 이름은 고유명사이니 어쩔 수 없는 것일까? 만일 개인 이름일 경우에는 사람마다 다를 것인데 어떻게 같은 발음이 알파벳으로는 다른 것인가에 대해 생각해보아야 한다.

한글의 표준어 철자법 못지않게 한글의 영어 표기법에 관한 표준화도 확립되어 일반 국민에게 널리 알려야 할 필요성이 있다 하겠다.

84
로봇이 인간을
해칠 수 있지 않을까?

만화나 영화에서만 등장했던 로봇이 이제 우리 주변에서 자주 보이게 되었다. 로봇 월드컵 축구게임도 있고 각 가정에는 로봇 청소기도 있어서 우리 생활을 편하게 해주고 있다. 로봇은 로봇 기술자가 구축해놓은 프로그램에 의해서만 동작하게 되어 있다. 로봇의 모든 동작은 컴퓨터와 마찬가지로 프로그램 실행으로 수행되는 것인데 해당 프로그램이 없는 행동은 로봇 스스로 동작할 수 없게 되어 있다.

그러나 인간과 함께 생활하면서 인간과 친밀감을 갖기 위해서는 로봇에게도 자율성이 주어져야 한다. 여기에서 자율성이라 함은 사사건건 로봇 사용자로부터 명령을 받는 것이 아니라 로봇 스스로가 눈치 있게 판단하여 자신을 보호하고 사용자에게 편안함을 줄 수 있는 특성을 말한다.

아직까지는 로봇에게 이러한 자율성을 심어주기 위한 기술 개발이 여간 어렵지 않지만 로봇 기술이 점점 발달해감에 따라 인간의 지능에 버금갈 정도로 지능화된 로봇도 개발될 수 있을 것이다. 이렇게 지능화된 로봇이라면 인간의 명령을 듣는 것이 아니라 오히려 인간에게 해를 끼칠 수도 있지 않을까?

'로봇의 대부'라고 불리는 아이작 아시모프는 20세 때인 1940년도에 로봇을 소재로 한 단편을 구상하면서 '로봇의 3대 원칙'을 만들었다. 제1조로는 '로봇은 인간을 다치게 하거나, 태만하여 인간에게 상처를 입혀서는 안 된다'이고 제2조로는 '로봇은 인간의 명령에 따라야만 한다. 단, 인간의 명령이 제1조에 해당될 경우는 제외한다'이며 제3조로는 '로봇은 스스로를 지켜야만 한다. 단, 제1조와 제2조에 해당할 경우는 제외한다'로 명기하였다. 로봇의 3대 원칙은 로봇을 통제하기 위한 완전한 구조를 갖추고 있지만 각각의 원칙은 해석하기에 따라 다르게 받아들여지거나 서로 충돌할 수 있다.

로봇의 3대 원칙보다도 로봇에게 명령하는 로봇 사용자들의 마음보가 더 큰 문제이다. 자기 로봇을 이용하여 별의별 나쁜 짓을 꾸미려는 인간이 없을 수 있을까? 착한 로봇을 구입하여 악한 일만 저지르는 로봇으로 개조시키려는 장본인도 바로 인간일 것이다.

85
1등이 많이 나온 로또 판매소에서 복권을 사면 더 유리할까?

최근에 연금복권이 나오면서 다시 복권 열기가 뜨거워지고 있는 것 같다. 지금까지 여러 종류의 복권들이 나왔었는데 '로또'라고 하면 뭔가 행운을 의미하는 것 같은 단어로 들린다. 로또 복권판매소에서는 과거의 로또 당첨 경력을 내세우며 손님 유치에 열을 올린다. 과연 로또는 과거에 잘 나오는 곳에서 앞으로도 계속 잘 나오게 되는 것일까?

로또 초기에 우연히 1등 당첨자가 나온 로또 판매소는 이를 자랑하게 되었고 이를 본 로또 손님들은 너도나도 그곳에서 복권을 사게 되니 자연히 상대적으로 다른 판매소보다 1등 당첨 확률이 높아지게 된 것이다. 로또 추첨에서 그 로또 판매소의 복권 매수가 많으니 확률이 높아지는 것은 당연하지만 그렇다고 하여 개개인이 산 복권까지 1등 확률이 높아지는 것은 아니다.

대통령 선거나 국회의원 선거가 있을 때에 선거 당일 오전까지 전체 투표자 분포를 조사한다고 하자. 투표 완료자 중에서 수도권 투표자가 거의 반에 육박한다고 하여 수도권 주민들이 투표권을 잘 행사한다고 말할 수는 없다. 수도권 인구가 다른 지역보다 많기 때문에 당연히 상대적으로 투표자도 많을 수밖에 없다.

1등 당첨자를 낸 로또 판매소의 일시적 당첨 확률은 1등 당첨자가 나올 때까지 판매된 복권 매수의 역수가 된다. 그 값이 다른 판매소보다 높다고 하여 실질 당첨 확률이 높은 것은 결코 아니다. 어떤 사람이 복권 10권을 샀는데 그중에서 1등이 당첨되었다고 하여 그 사람의 1등 당첨 확률이 1/10인 것은 아니다.

1등 당첨 확률은 어느 판매소나 누구나 동일하다. 단지 운이 좋아서 그 확률이 일찍 터진 것뿐이다. 만일 이러한 확률이 다르다고 하면 로또 시스템에 어떠한 부정이 있다는 것이다. 확률을 실제로 측정하여 잘못됨을 증명하기가 어려운 것이 성공 횟수가 많이 나올 정도로 실제로 시도를 해봐야 하기 때문이다. 로또 1등 당첨 확률이 대략 800만 분의 1이니 8억 장을 사봐야 실제 확률이 맞는지 알 수 있을 것이다.

86
수해는 천재일까?

장맛비가 그치고서도 중부지방에 집중호우가 쏟아졌다. 산사태가 일어나고 곳곳에 도로가 침수되어 엄청난 수해를 입었다. 산사태는 폭우가 쏟아질 때에 위험 지역 조사를 통해 미리 짐작할 수 있다. 분명히 산사태가 일어나기 전에 어떠한 형태라도 신호가 있었을 것이지 멀쩡한 지역에서 갑자기 산사태가 발생한 것은 아닐 것이다.

도로 침수는 하수구의 용량보다 많은 비가 쏟아지면 생길 수밖에 없다. 하수구의 용량은 하수구의 원통 크기와 물의 속도로 표현될 수 있다. 서울 지역에는 수많은 하수구가 설치되어 있고 이들은 한강을 따라 서로 연결되어 있다. 각 하수구가 수용할 수 있는 단위 시간당 물의 양이 계산되면 그 하수구가 맡고 있는 지역에 최대 어느 정도 강수량까지 커버할 수 있는지를 예측할 수 있게 된다.

강수량은 시간당 내리는 비의 양으로 표기된다. 한 시간 동안

1,000mm의 비라고 해도 10분 동안에 800mm 내리고 나머지 시간에 200mm 올 수도 있다. 각 하수구가 시간당 평균 강수량에 대한 수용 능력만으로 설치된다면 단시간의 집중 호우에 대한 계산이 잘못되어 있는 것이다. 1,000mm 강수량에 대비하기 위해서는 1,200mm 이상을 수용할 수 있는 하수구가 요구된다.

서울시의 모든 하수구에 대해 최대 용량을 계산할 수 있다고 본다. 정확한 계산이 어려우면 컴퓨터 시뮬레이션으로도 각 하수구의 최대 용량을 구할 수 있다. 이렇게 얻은 이론치에 대해 모형 하수구 시스템을 구축하여 실제로 시험해봄으로써 서울시의 모든 하수구의 문제점을 도출해낼 수 있다.

수해는 천재가 아니라 인재에 가깝다. 지나온 수해 데이터를 근거로 보면 서울 지역에서 수해발생 확률이 적기 때문에 많은 예산을 들여서 수해방지를 준비할 필요성이 없다고 판단했을 것이다. 이제부터라도 서울시 전 지역에 걸쳐서 각 하수구의 최대 강수량 수용 용량을 보수적으로 계산하여 수해 예방에 만전을 기해야 할 것이다.

87
지하철 안내방송 소리가
시끄러울 때에는 어떻게 해야 하나?

지하철을 타고 다니다 보면 정차 역 안내방송이 나오고 가끔은 실시간 안내방송이 흐를 때가 있다. 실시간 안내방송은 앞차와의 차간거리가 좁아서 천천히 서행하니 양해 바란다는 등의 내용이 포함된다.

그런데 이 안내방송이 귀가 아플 정도로 소리가 커서 짜증이 날 때가 있었다. 스피커 소리가 그리도 큰데 지하철 내에 있는 사람들의 반응은 아무렇지도 않다는 듯이 조용하기만 했다. 스피커 소리를 줄여달라고 이야기를 해야겠는데 어찌해야 할지 몰라서 답답하기만 했다. 잠깐 내려서 지하철 앞쪽으로 뛰어가 지하철 기관사에게 이야기할 수도 없는 노릇이었다.

쌍방 대화가 아닌 방송에서 이러한 문제가 발생한다. 사람의 소통에서는 상대방의 말소리가 너무 작아 잘 안 들린다든지 혹은 너무 커서 방해된다든지 자신의 의사를 피드백(feedback)시킬 수가 있는데 방송은 일방적이기 때문에 그렇게 하지 못한다. 방송이 피드백에 약하다고 하지만 이는 실시간 응답이 곤란한 것이지 어느 정도 시간을 두면 얼마든지 피드백을 받을 수 있다.

그런데 방송하는 측이 듣는 사람으로부터 아무런 응답이 없다고 하여 방송내용이 제대로 잘 전달되었다고 판단하는 것은 잘못된 일이다. 또한 방송 전달에 잘못이 있을 경우에는 듣는 사람도 방송 측에 지적해줌이 바람직하다고 본다. 안내 방송이 시끄러울 때에는 다른 사람들을 위해서라도 방송 측에 피드백을 시켜주는 것이 좋을 것 같다.

4호선 지하철 내에서 시끄러운 방송을 듣고서 어떻게 할까 생각하다가 문득 서울 다산콜센터가 생각났다. 다산콜센터로부터 서울지하철 전화번호 1577-1234번을 알 수 있게 되었다. 서울지하철 상담센터에 전화를 걸어서 안내방송의 스피커 음이 너무 높다고 말하니 시정 조치하겠다는 대답을 해주었다.

지하철이 출발지에서 나올 때에 차량점검을 마친 후에 운행되는 것으로 알고 있다. 차량점검의 중요한 사항은 물론 차량 고장 발생 여부를 판단하는 일이겠지만 지하철의 쾌적함을 위한 안내방송의 음질도 체크할 수 있기 바란다.

88
컴퓨터 바이러스란 무엇인가?

컴퓨터 바이러스는 워드프로세서나 게임 프로그램 등과 같이 컴퓨터에서 실행되는 프로그램의 일종이다. 그러나 이 프로그램은 다른 유용한 프로그램들과 달리 자기 복제하며 컴퓨터 시스템을 파괴하거나 작업을 지연 또는 방해하는 악성 프로그램이다. 컴퓨터 바이러스에 '바이러스'란 이름이 붙은 것은 컴퓨터 바이러스가 생물학적 바이러스와 같은 특성인 자기 복제 능력이 있기 때문이다.

컴퓨터 바이러스가 발생하게 된 경위는 여러 가지 설이 있다. 어느 프로그래머가 자신의 능력을 과시하기 위하여 만들었다는 설, 파키스탄의 두 형제가 불법복제를 막기 위하여 만들었다는 설, 소프트웨어의 유통경로를 알아보기 위하여 유포시켰다는 설, 경쟁자 또는 경쟁사에게 타격을 주기 위하여 감염시켰다는 설 등이 있다. 그러나 은밀하게 유포되고 있기 때문에 확실한 경위는 밝혀지지 않고 다만 복합적인 원인으로 추정된다.

생물학적 바이러스는 살아 있는 세포 내에서 증식하여 항원 단백질을 만들며 이들이 집합되어 새로운 바이러스를 완성해서 세포 밖으로 방출된 후에 정상적인 세포를 변형시키거나 세포를 죽이는 병원성을 지닌다.

컴퓨터 바이러스는 컴퓨터 내에 저장되는 프로그램에 덧붙여서 들어와서 자신의 프로그램이 실행되기를 기다리다가 실행되면 자기 복제를 하고 정상적인 프로그램을 파괴시킨다. 생물학적 바이러스는 세포에 기생하는 데 반해 컴퓨터 바이러스는 뇌 기능에 기생하는 이치와 비슷하다.

컴퓨터의 모든 동작은 프로그램의 명령어를 순서대로 실행함으로써 이루어진다. 컴퓨터는 동일한 동작을 수백만 번 실행시켜도 그대로 실행한다. 인간과 달리 컴퓨터는 잘못된 명령인지를 판단할 수 있는 능력이 없다.

인간의 세포가 바이러스인 줄 모르고 함께 생활하는 것과 비슷한 이치일지도 모르겠으나 컴퓨터는 스스로 바이러스를 판단하고 물리칠 수 있는 능력이 없다. 따라서 바이러스 퇴치도 인간이 작성한 백신 프로그램에 의존할 수밖에 없는 것이다.

89
꿈의 실체는 무엇인가?

수면 중에는 마치 깨어 있는 것과 비슷한 수준의 활동 상태인 렘(REM: Rapid Eye Movement) 상태와 비활동 상태인 비렘 상태가 반복된다. 종전까지는 꿈을 렘 상태에서 꾸는 것으로 알려졌으나 이제는 꿈꾸는 비율이 렘 상태 8에 비렘 상태 2의 비율로 인식되고 있다.

대부분의 렘 꿈들과 비렘 꿈들이 공통으로 갖고 있는 특성은 각성이다. 깨어 있는 것과 비슷한 활동 상태 중에 꿈을 꾸게 된다는 의미이다. 종전에는 렘수면이 원시적 뇌인 뇌교의 뇌간에서 기인되는 것으로 알려졌으나 이제는 꿈들이 전뇌의 기전에 의해 생성될 수 있음이 밝혀지고 있다. 감정과 기억을 생성하는 전뇌의 변연계도 꿈을 촉발시키는 구조의 한 부분으로 작용한다는 것이다.

꿈의 정보 흐름은 눈을 뜨고 사물을 볼 때의 정보 흐름과 유사하다. 시각정보는 망막에서 구역 1(뇌의 후두엽 뒷부분에 자리하고 있는 일차 시각영역)로 전달되고 구역 2에서 시각처리가 수행된 후에 시각계통의 가장 높은 수준인 구역 3(후두-측두-두정엽 접합부위)에서 처리된다. 시각 정보 흐름에서는 뇌의 구역 1에 손상을 입으면 시각경험이 중단되고, 구역 2의 손상은 색깔과 움직임을 지각할 수 없게 하며 구역 3의 손상은 시지각 자체의 침범이 아니라 추상적인 장애를 가져오게 된다.

그러나 꿈꾸기에서는 시각 정보 흐름과 반대로 구역 1의 손상은 꿈꾸기에 전혀 영향을 주지 않으며 구역 2의 손상은 체성감각과 청각 속에서는 꿈을 꿀 수 있지만 꿈 이미지의 손상을 가져오는데 구역 3의 손실은 꿈을 꿀 수 없게 된다고 한다.

뇌의 구역 3은 전두엽에 속하는데 전두엽은 감각, 지각, 인지 등의 최종 출력단계인 행동 단계를 관여한다. 그런데 꿈 기간 동안에는 활성화된다고 하지만 깨어 있을 때의 활동 임계치에는 못 미치므로 전두엽의 능력이 부족하여 주관적인 경험은 기괴해지고 망상적이며 환각적으로 되어간다. 결국 꿈은 정신분열증과 유사한 형태로서 앞뒤가 맞지 않는 이야기로 흘러가게 된다는 것이다.

90
꿈은 렘수면에서만 꾸는 것인가?

　수면은 크게 렘(REM: Rapid-Eye-Movement)수면과 비렘수면으로 구분된다. 렘수면은 대략 90분마다 나타나게 되는데 전체 수면시간의 약 25%를 렘 상태로 보내게 된다. 종전에는 꿈이 렘수면에서만 발생한다고 믿어졌었다. 그 이유는 꿈 상태가 무의식적인 수면에서 의식적인 정신활동인 것처럼 렘 상태도 조용한 수면 상태에서 생리적인 각성 기간에 해당하기 때문이었다. 그러나 꿈은 렘 상태에서만 꾸어지는 것은 아니라고 한다.

　렘수면 동안에 찍은 뇌파를 분석해보면 비록 잠들어 있지만 뇌는 완전한 각성 상태와 비슷하게 활동성의 상태에 있다고 한다. 렘수면 동안에 활동적인 것은 눈만이 아니다. 숨쉬기가 빨라지고 심장박동도 증가하며 인체 기관들이 활성화되지만 안구운동을 조절하는 근육 이외의 모든 골격근은 긴장도가 극도로 떨어지는데 이러한 현상이 꿈꾸는 동안에 사람을 마비시켜서 행동하지 못하도록 막아준다.

렘 상태 중에 꿈을 꾼다는 가설을 검증하는 방법으로 잠자는 사람을 렘수면과 비렘수면 동안에 깨워서 꿈을 꾸었는지를 물어보는 방법이 있다. 이러한 실험의 결과에 의하면 렘수면에서 깨웠을 때의 90~95%가 꿈을 꾸었다고 보고하고, 비렘수면에서는 5~10%만이 꿈을 꾸었다고 보고하였다. 그러나 꿈에 대한 기억이 정확하지 않은 인간 기억의 오류성을 감안할 때에 이러한 실험은 과학적이라고 말할 수는 없다.

고양이의 뇌가 사람의 뇌와 매우 유사하기 때문에 고양이 뇌 실험을 통해 원시적인 뇌간의 중앙부위에 있는 뇌교를 절단하면 렘수면을 완전히 제거할 수 있다는 사실을 알게 되었다. 전뇌가 고등 정신기능을 주관하는 것에 반해 뇌간은 원시적 기능을 담당하므로 렘수면의 꿈꾸기는 완전히 무심한 활동이라는 결론을 내릴 수 있다.

아세틸콜린은 렘 상태의 스위치를 켜고 비렘 상태의 스위치를 끄며, 세로토닌과 노르에피네프린은 비렘 상태의 스위치를 켜고 렘 상태의 스위치를 끈다고 한다. 렘 상태와 비렘 상태의 꿈에 대한 과학적 규명은 아직 모호한 상태이며 언젠가 꿈의 실체가 밝혀질 때가 도래할 것이다.

91
유전자 치료는 무엇인가?

인간은 누구나 약 2만 2,000개의 유전자를 가지고 있는데 유전자 변이로 발생하는 유전성 질환은 선천성 질병을 야기한다. 유전성 질환 환자의 체내에 정상 유전자를 삽입하여 치료하는 방식이 유전자 치료이다. 유전공학은 1972년에 시작되었다.

유전자 치료를 위해서는 정상 유전자를 세포 내에 침투시켜야 하는데 이러한 유전자 운반체로 바이러스가 이용된다. 바이러스는 동식물이나 세균의 세포와는 달리 자기 증식을 할 수 없다. 증식을 하려면 세포에 기생하여 유전자를 심고 이것이 바이러스 단백질을 하나하나 합성해야 한다. 바이러스 유전자 대신에 삽입하고자 하는 유전자로 바꾸어 넣으면 바이러스의 세포 기생 활동으로 정상적인 유전자를 증식시킬 수 있게 된다. 1980년대 후반에 이러한 유전자 변이 방법으로 냉해에도 얼어 죽지 않는 토마토, 살충제가 닿아도 시들지 않는 옥수수 등이 만들어졌다.

유전자 치료는 골수 이식과 비슷하지만 골수 이식과 달리 거부

반응이 일어나지 않는다는 장점이 있다. 이는 원래의 세포에 유전자만을 교체하기 때문에 모든 세포증식은 정상적으로 동작될 수밖에 없다.

빈혈증 치료에도 유전자 치료법이 활용된다. 혈관의 적혈구는 산소를 운반하고 이산화탄소를 배출하는 역할을 수행한다. 빈혈증은 이러한 적혈구 부족으로 발생하는데 적혈구를 많이 생산할 수 있는 유전자를 투입시켜서 빈혈증 치료에 성공하였다. 약물 치료는 일주일에 약 세 번씩 투약을 해야 하지만 유전자 치료는 2~3개월에 한 번이면 되고 경우에 따라서는 평생 효과를 볼 수도 있다.

유전자 치료에는 '삽입 벡터'와 '비삽입 벡터'가 있다. 삽입 벡터는 세포핵을 뚫고 운반한 유전자들을 염색체에 접합시키지만 비삽입 벡터는 세포핵 밖의 세포 내에서 둥둥 떠다니게 된다. 비삽입 벡터의 경우, 세포는 유전자 정보를 읽고 단백질을 합성하지만 유전자 복제는 일어나지 않는다. 유효기간은 약물, 비삽입 벡터, 삽입 벡터 순으로 길어지는 것이다. 유전자 치료는 이제 치료를 넘어 능력 향상에 활용될 전망이다.

92
유전자 치료로
운동능력을 높일 수 있나?

1988년 서울올림픽에서 육상선수 벤 존슨은 운동능력을 키우는 약물 검사에서 양성 반응이 나와 금메달을 박탈당했다. 산소공급의 적혈구 수를 늘이기 위해 EPO 주사를 맞으면 지구력이 증강된다. 그런데 이러한 약물 복용은 심장병과 고혈압, 신장 기능 장애 등의 부작용이 유발될 수 있다.

운동선수가 EPO 유전자 치료를 받으면 검사에서 적발될 위험이 매우 낮아진다. 게놈에 유전자를 삽입할 수 있는 벡터 주사라면 한 번의 주사로 적혈구 수가 늘고, 산소 운반 능력이 커지며, 결과적으로 평생 동안 체력이나 지구력이 높아지게 된다.

EPO 유전자 치료에서 적혈구 수를 극도로 늘리면 혈액이 진해져서 심장마비를 일으킬 위험도 있다. 이를 방지하기 위해 유전자 조절 기능인 '프로모터'를 활용한다. 프로모터는 유전자 기능이 언제 활성화되어야 하는지를 제어하는 기능을 수행한다.

루게릭병은 근육을 통제하는 신경세포가 죽기 때문에 근육에 대한 통제력을 잃게 된다. 생쥐 실험을 통해 근력을 회복할 수 있는 유전자 치료법을 개발하고 있다. 심장마비의 위험성이 있는 지구력 증강의 유전자 치료보다 근육량을 늘리는 유전자 치료법이 더 안전하다. 유전자 치료를 통해 노인도 젊은이들과 비슷한 수준의 근력을 유지할 수 있게 될 것이다.

유전자 치료는 미용에도 적극 활용될 것이다. 힘들게 헬스를 하지 않고서도 근육 증강 유전자 치료를 통해 근육 맨으로 변화될 수 있다. 유전자 치료는 또한 비만 치료에도 적용된다. 유전자 치료는 당뇨병과 비만도 해결할 수 있을 것이다. 또한 유전자 치료는 피부색을 바꿀 수도 있다.

유전자 치료에는 위험성도 존재한다. 유전자 치료를 위해 투입된 바이러스가 인간의 몸속에서 면역체계를 무너뜨릴 위험이 있다. 외래 유전자가 게놈 중에서 매우 중요한 유전자 위치에 삽입될 경우 암이 유발될 위험도 존재한다. 다행스러운 것은 면역 반응과 부정확한 삽입이라는 두 가지 문제를 모두 피할 수 있는 방법이 연구되고 있다. 유전자 치료는 인간의 수명을 대폭 늘릴 수 있을 것이다.

93
유전자 치료로 알츠하이머병을
치료할 수 있나?

65세 이상의 노인들 중에서 10명 중 1명이 알츠하이머병을 앓는다고 한다. 알츠하이머병 환자는 기억력과 사고력이 흐려짐에 따라 배우자나, 자녀, 간병인 등에게 점점 더 기댈 수밖에 없다. 2001년 4월에 샌디에이고 캘리포니아 대학교 연구팀은 60세의 알츠하이머 환자의 뇌에 NGF(Nerve Growth Factor)라는 신경 성장인자 유전자가 추가된 신경세포를 이식하는 데에 성공했다.

NGF는 뉴런의 성장을 촉진하는 화학물질인데 노화에 의한 신경돌기의 수축을 막아주고 노화된 뇌의 뉴런(신경세포)의 크기와 형태 그리고 활동력을 젊었을 때의 수준으로 회복시켜 준다.

NGF 유전자 치료법은 알츠하이머병을 낫게 하지는 못하지만 발병률을 3분의 1로 낮춘다는 사실이 밝혀졌다. 생쥐 실험을 통해 뇌에 추가된 NGF는 단순히 상실된 뇌 기능을 복원할 뿐만 아니라 정상적인 쥐의 학습능력과 기억력을 향상시킨다고 한다.

사람의 뇌에는 약 1,000억 개의 뉴런이 있고 각각의 뉴런은 평균 1,000개의 다른 뉴런들과 연결되어 있다. 이를 합치면 뇌 전체에는 100조에 달하는 뉴런과 뉴런의 접합부, 즉 시냅스가 존재한다. 한 뉴런에서 다른 뉴런으로 시냅스를 통하여 정보가 전달되는 매체는 신경전달물질이다. 시냅스 전 뉴런에서 방출된 신경전달물질이 시냅스 후 뉴런의 수용체에 전달될 때에 신경 정보가 전달되는 것이다.

　해마의 뉴런에서는 2개의 뉴런이 동시에 신경 정보를 방출할 경우 둘 사이의 연결부가 강화되어서 신경 정보가 더욱 강력해진다. 그런데 나이가 들수록 뉴런 사이의 연결부가 약해져서 장기기억 능력이 저하된다. 미국 프린스턴 대학교의 첸 박사는 정상 생쥐에 유전자 조작으로 신경신호를 증강시키면 보통 쥐보다 학습과 기억의 속도가 빨라진다는 사실을 밝혀냈다

　그러나 이와 같은 유전자 치료를 통한 빠른 학습력과 좋은 기억력 향상 방법은 약물 중독성이나 심방마비가 발생할 위험성이 존재한다. 부작용을 없앨 수 있는 유전자 치료라면 건강한 정신의 노후생활이 보장될 수 있을 것이다.

94
스마트 약품은 무엇인가?

　어떤 사물에 스마트라는 단어가 붙여지면 그 사물이 지능화됨을 나타낸다. 스마트 약품은 약품이 지능화되는 것이 아니라 그 약품을 복용하는 사람의 기억력이나 주의력이 좋아짐을 의미한다. 우리가 평소에 접하고 있는 카페인이나 니코틴도 기억력이나 주의력을 증강시켜 준다. 최근에 니코틴 사용량은 크게 주는 대신에 인지 능력 강화제들이 사회에 퍼져 나가고 있다.

　'주의력결핍과잉행동장애(ADHD)' 치료제인 애더럴이나 리탈린 같은 약물을 복용하면 누구나 주의력과 기억력이 증강된다고 한다. 프로비질이라는 이름으로 널리 알려진 모다피닐은 수면발작 치료약으로 개발되었는데 이 약을 정상인이 복용하면 며칠 연속하여 잠 한숨 안 자고도 견딜 수 있게 된다.

　우울증 치료제인 '프로작'은 복용자의 정신 상태를 좀 더 정상적인 상태로 회복시켜 놓기 위한 목적인데 정상인이 이를 복용하면 공동 작업할 때에 타인에게 더욱 협조적이고 호의적으로 변한다고 한다. 그러나 ADHD 치료제나 항울제는 신경과민, 두통, 초조감, 고혈압, 무기력 등의 부작용을 낳을 뿐만 아니라 중독성의 위험이 있다.

ADHD나 우울증을 부작용 없이 치료하기 위해 의사들은 유전자 치료법을 연구하고 있다. 유전자 치료를 적용한 분야들 중 하나로 통증 관리가 있다. 모르핀은 통증을 억제하는 데에 가장 효과적이지만 탈수 현상을 일으키고 중독증에 빠져드는 부작용이 있다. 유전자 치료법을 적용하면 마약 계통의 약물에서 나타나는 부작용을 없앨 수 있다. 유전자 치료를 통해 대인관계, 개인적 기호, 신앙생활, 모험심 등의 사람 성격을 변화시킬 수 있을 것으로 예상한다.

한 나라 국민의 평균 지능지수와 그 나라 국내총생산 사이의 상관관계는 0.76이나 된다고 한다. 스마트 약품이나 스마트 유전자로 국민 평균 지능지수를 높일 수 있다면 국가를 부강하게 할 수 있게 된다. 세계는 지적 능력 강화제나 기술을 금지하는 나라와 수용하는 나라로 나누어질 것이다. 스마트 약품이나 유전자를 택하는 개인의 정체성 문제도 한번 생각해보아야 할 것이다.

95
스마트 약품에 따른 양극화
현상이 발생할까?

유전자 치료나 스마트 약품은 선천성 질병 치료를 목적으로 출발하였으나 미래에는 인간능력을 강화시키는 기술로도 활용될 것이다. 학습 능력을 두 배로 높여주는 약이나 노화 속도를 절반으로 줄여주는 약이 개발된다면 제약회사는 약값을 엄청 비싼 값으로 정하려 할 것이다. 이와 같은 능력강화 기술이 등장하면 돈 있는 부자들만이 이들 기술을 적용받기에 부유층과 빈곤층 사이의 양극화는 천문학적으로 벌어지지 않을까 염려스러운 일이다.

약국에서 지불하는 약값은 정제나 알약의 원자재 값이 아니라 그 약을 개발하는 데에 들어갔던 연구비가 제일 큰 포션을 차지한다. 신약을 개발하는 데에는 대단히 많은 개발비가 소요되기에 세계에서는 특허권으로 이를 보상해주고 있다. 20년 유효기간의 특허권을 지닌 회사는 소비자가 감당할 수 있을 정도의 가장 비싼 가격을 매길 수 있다. 특허기간이 지난 약품은 '제네릭 의약품'으로 분류되어 일반 회사에서도 제조 판매할 수 있게 된다.

라식 수술도 처음에는 높은 가격이었으나 라식 수술의 수요가 증가하면서 최근에는 일반인들도 수술받기에 충분한 가격으로 떨어져 있는 상태이다. 능력 강화를 목적으로 하는 유전자 치료나 스마트 약품도 이러한 '역수요공급 법칙'을 따를 것으로 전망한다. 즉, 능력강화 수요가 많아지면 단기적으로는 가격이 올라가지만 수요가 많음에 따라 더 많은 공급자가 참여하므로 장기적으로는 가격이 하락하기 마련이다.

생명공학 기술을 통한 능력 강화 기술에 대한 가격은 '수확체감의 법칙'을 따를 것이다. 즉, 능력 강화에 10배의 돈을 들이지만 결과는 10배보다 더 적을 것이다. 부유층들이 지능강화에 돈을 많이 투자해도 가난한 사람과의 차이는 크게 벌어지지 않음을 알 수 있다.

그러나 능력강화 초기에는 양극화 현상이 발생할 것은 자명하다. 부유층들이 먼저 능력강화제의 혜택을 본다면 빈곤층은 그들의 능력을 따라갈 수 없게 될 수도 있다. 이러한 불평등을 없애기 위해서는 정부가 능력 강화 가격 조절에 개입하여 양극화 현상을 줄이도록 노력해야 할 것이다.

96
인간의 수명을 연장시킬 수 있을까?

　세계 전체적으로 2000년에 태어난 아이들의 평균 수명이 66세로서 1,000년 전에 태어난 아이보다 3배나 더 오래 사는 셈이지만 노화를 막기 위한 노력의 성과가 아니라 젊은 나이에 일찍 죽지 않도록 각종 위험 요소를 제거했기 때문이다.

　70세를 기준으로 하면 미국의 평균 수명은 100년 동안에 불과 3년 길어진 데 그쳤다. 늙어 가면서 몸이 약해지는 것은 '곰페르츠의 법칙'을 따르기 때문인데 이 법칙에 따르면 어느 생물에서도 연령이 높아짐에 따라 사망 확률은 기하급수적으로 높아진다고 한다.

　최근에 평균 수명이 늘어났다고는 하지만 건강하게 오래 살지 못하고 값비싼 의료 장비에 의존하여 간신히 생명을 유지하는 경우가 많이 존재하는데 이러한 경비는 결국 젊은 세대가 부담하게 된다. 선진국에서는 노령화 현상으로 연금 시스템이 불안해지고, 의료비는 팽창하며, 그 비용을 감당할 젊은 세대의 인구 비중은

점차 낮아지고 있다.

1990년도 미국 콜로라도 대학교에서 선충의 유전자를 한 개만 바꿔도 수명이 두 배 늘어날 수 있음을 발견했다. 그 후로 과학자들은 다양한 종류의 생물에서 수명을 연장시키는 유전자를 많이 찾아내고 있다. 수명을 연장시키는 유전자는 인슐린을 조절하는 기능을 가지고 있는데 이러한 유전자는 세포가 활성 산소에 파괴되는 것을 막아주는 기능을 가지고 있다. 유전자 변이를 통해 선충의 수명을 연장시킴과 더불어 여러 가지 스트레스에 대한 내성이 강해짐이 밝혀짐에 따라 인간에게도 단 한 번의 유전자 처치로 젊음을 계속 유지하면서 각종 스트레스에 강해질 수 있는 길이 있을 것으로 전망되고 있다.

인슐린 외에도 수명을 늘려주는 유전자 그룹으로서 '프리 라디칼'로부터 세포를 보호해주는 유전자들이 있다. 비타민 C는 항산화제로서 프리 라디칼을 안정화시키는 화학물질인데 프리 라디칼을 무력화시켜서 수명을 연장시킬 수 있는 유전자 처치법이 연구되고 있다. 앞으로 10년 내에 인간의 수명을 연장시키는 유전자 처치법이 임상 시험 단계에 들어갈 수 있을 것으로 기대하고 있다.

97
칼로리 제한(CR)은 무엇인가?

칼로리 제한(CR: Caloric Restriction)은 비타민과 필수 영양소들을 충분히 섭취하면서 음식을 덜 먹는 소식(小食)을 의미한다. CR은 아무런 약품이나 특별한 유전자 치료 없이도 간단하고 확실하게 수명을 연장시킬 수 있는 방법으로 알려져 있다.

동물 실험에서는 어릴 때 CR을 시작할 경우에 수명이 30~40% 길어지는 것으로 나타났다. 만일 사람에게도 이러한 사실이 적용된다고 하면 평균 수명이 77세일 경우 107세로 길어지고, 최장 수명은 120세에서 170세로 늘어남을 뜻하는 것이다.

그러나 CR은 다이어트보다 훨씬 더 엄격하다. 평생 동안 햄버거 대신에 샐러드를 선택해야 하고, 군침 도는 디저트는 아예 생각도 하지 말아야 한다. CR을 연구하는 과학자들은 대부분의 사람이 먹는 것을 즐기기에 CR을 실천할 수 없다는 것을 잘 알고 있다. 그래서 과학자들은 CR과 비슷한 효과를 내는 약품, 즉 평소 양껏 먹으면서도 CR 효과를 거둘 수 있는 약품 개발을 연구하고 있다.

CR이 왜 효과가 있는지는 명확하게 밝혀지고 있지 않지만 에너지 공급이 적음에 따라 세포에 손상을 일으키는 노폐물이 적어지기 때문은 아닌가라는 생각에 이르고 있다. CR은 나이에 따른 정신기능의 쇠퇴도 막아준다. CR이 뇌 속의 뉴런의 사멸 속도를 늦춤으로써 기억력과 정신적 기능 쇠퇴를 지연시키는 효과를 나타내게 되는 것이다.

CR은 암, 심장 질환, 당뇨 등을 비롯하여 생명을 위협하는 거의 모든 만성 질환에 걸릴 위험을 낮춰주며 또한 스트레스에 대한 저항력도 강화시켜 준다. CR의 단점으로는 체지방이 적음에 따라 추위에 약하고 체구가 작으며 근육량도 적게 된다.

이러한 CR의 단점을 해소시키면서 건강하고 오래 살 수 있는 방안으로 CR의 효과를 얻을 수 있는 약품을 개발해야 한다. 노화는 불변의 현상이 아니라 유전자와 관련한 문제이며 이를 해결할 수 있다고 믿는 과학자들의 연구 결과로 육체적으로 젊음을 유지하고, 정신적으로도 젊은 시절의 유연함을 지킬 수 있는 시대가 오기를 기대해본다.

98
유전자 조작으로 인간의 형질을
선택할 수 있나?

2000년도에 해독된 인간 게놈은 약 30억 개의 염기쌍으로 이루어져 있지만 사람마다 다른 부분은 300만 곳이기 때문에 이러한 점을 이용하면 유전자 선별 작업을 훨씬 간단히 끝마칠 수 있게 된다.

게놈 해석 기술이 발달되면 심장병, 암, 기타 질병 등에 어떤 유전자가 어떻게 관여하는지 종합적으로 분석할 수 있다. 또한 비용이 싸지게 되면 게놈 해석이 질병 규명에만 국한되어 사용되지 않고 키, 얼굴, 근육, 눈, 피부, 머리카락 색깔 등의 신체적 특징에 영향을 주는 유전자를 찾아낼 수 있다.

체외수정을 하고 이를 통해 몇 개의 배아에 대해 PGD(착상 전 유전자 진단)로 유전자를 해석하면 태어날 아기가 16세가 될 때의 사진을 미리 볼 수 있고 중대한 유전자 질환이나 심장병, 암 등과 같은 복합적 질병 등에 걸릴 위험성도 알아볼 수 있게 된다.

또한 예상되는 성격까지도 알 수 있으므로 부모는 태어날 아이의 미래를 선택해야 하는데 태어날 아이에 대해서 장점들만 있는 것이 아니라 단점도 반드시 있을 것이므로 부모로서의 고민이 막중하게 될 것은 당연하다.

배아를 선택하는 일에서 넘어 유전자를 조작하면 아이가 특정한 형질을 지니게 될 확률을 바꿀 수 있다. 눈동자 색깔처럼 거의 유전적으로 정해지는 형질이 있기도 하지만 유전자에 많은 영향을 받으면서도 환경의 영향을 함께 받는 것들도 있다. 예를들어서 키에는 유전자와 더불어 영양 섭취의 환경 요인도 관계가 있다. 유전자와 환경은 어느 쪽이든 하나만으로는 영향을 주지 못하고 두 조건이 동시에 충족될 때에 비로소 사람의 행동에 영향을 주게 된다.

유전자의 대부분은 복수의 역할을 하고 있기 때문에 높은 지능을 지닐 수 있다는 가능성과 신경쇠약과 같은 정신 장애에 걸릴 위험성이 동시에 존재한다는 것이다. 유전자 조작으로 자신의 아이의 형질을 선택하는 부모로서는 자신의 아이에 대한 미래의 장단점을 미리 알고 있기 때문에 이만저만한 고민이 아닐 수 없을 것이다. 그러나 그 아이가 성인이 되면 자신의 몸과 마음을 조절할 수 있게 하는 최첨단 기술이 개발될 것이다.

99
뇌 내 임플란트는 무엇인가?

　뇌졸중 환자나 루게릭병 환자는 스스로의 힘으로 자기 몸을 자유롭게 움직이지 못한다. 목에서부터 발끝까지 마비된 환자는 마음대로 먹지도, 마시지도, 말하지도 못한 채 세상을 지켜볼 뿐 세상과 소통하지 못한다. 이러한 마비 환자의 뇌에 전극을 심어서 뇌 신호를 컴퓨터로 받아 컴퓨터의 명령으로 외부 세계와 커뮤니케이션을 할 수 있도록 도와주는 기술이 '뇌 내 임플란트'이다.

　인간의 뇌에는 운동 제어에 관련된 뉴런이 수억 또는 수십억 개에 달하는 것으로 알려져 있다. 이들 중 몇 개의 뉴런 신호를 전기 신호로 바꾸어 이 전기 신호가 전극을 통해 무선방식으로 컴퓨터에 연결되면 마비 환자가 컴퓨터 키보드 입력을 수행할 수 있게 된다.

　마비 환자는 컴퓨터 모니터 화면 위의 키보드를 보면서 자기 왼손을 움직이겠다고 생각하면 이러한 뉴런 신호가 전극을 통해 컴퓨터로 전달되어 커서가 움직이고 키보드 입력이 가능하게 되는 것이다. 인간이 생각하는 것만으로도 컴퓨터가 그에 반응하도록 만들 수 있는 기술이 바로 뇌 내 임플란트이다.

과학자들은 전극과 두뇌 칩을 사용하여 인간의 감각 중 시각, 청각, 촉각에 대한 뇌의 부호화에 대한 연구를 진행하고 있는데 뇌 기능의 암호를 해독할 수 있다면 시각장애인, 청각장애인, 근력 움직임 환자, 뇌 기능 손상자 등을 도울 수 있게 된다. 환자는 반복적인 연습을 통해 뇌-컴퓨터 인터페이스 방법에 익숙할 수 있게 되는데 뇌 내 임플란트의 전극 개수가 많으면 많을수록 보다 빨리, 더 쉽게 배울 수 있게 된다.

뇌 내 임플란트 기술이 일반 대중에게 널리 알려지면 질병 치료뿐만 아니라 자신의 신체 능력을 강화하기 위해 활용될 것이다. 비행기 조종사에게 고도의 첨단 뇌 내 임플란트를 이식한다면 두 팔과 두 다리로 조종하는 것보다 한꺼번에 훨씬 많은 조작을 할 수 있게 된다.

뇌 내 임플란트를 장착한 두 사람은 음성이나 제스처 대신에 자신의 생각인 뉴런 코드를 무선통신 방식으로 상대방에게 직접 전달함으로써 신속한 대화가 가능해질 것이다.

100
뇌-컴퓨터 인터페이스의
전망은 어떠한가?

　뇌-컴퓨터 인터페이스는 뇌의 뉴런 신호를 전기신호로 변환하여 이들 신호를 컴퓨터가 처리할 수 있도록 해주는 기술이다. 인간의 감각(시각, 청각, 미각, 후각, 촉각), 언어, 감정, 행동 등은 뇌 속에서 뉴런들 사이의 신호전달로 이루어지는데 이러한 뉴런 활동을 상대방에게 직접 전달할 수 있다면 사람들은 생각만으로 자신의 의사와 감정을 전달할 수 있으며 또한 자신의 팔다리를 움직이지 않고서도 컴퓨터를 통해 외부 물체에 힘을 가할 수 있게 된다.

　이러한 뇌 내 임플란트를 활용하기 위해서는 먼저 임플란트 트레이닝을 시작해야 한다. 예를 들어서 스크린의 영상을 보면 뇌 내 임플란트는 시각겉질이나 뉴런의 움직임을 모니터하여 어떤 뉴런이 반응하고 흥분하는지를 기록한다. 그런 다음에 스크린 이미지가 동작되는 순간부터 눈을 감으면 스크린 이미지와 똑같은 그림이 머릿속에 떠오르게 되는데 원래 보았던 이미지와 다른 점이 발견되면 뇌 임플란트에 상이점을 알려줌으로써 임플란트 사용법을 익히게 된다.

언어의 경우에도 생각하는 내용을 임플란트에 타이핑하듯이 한 글자씩 익힌 후에 생각하는 것과 동일한 속도로 임플란트에 지시를 보낼 수 있게 된다. 임플란트에 익숙하게 되면 감정이나 추상적 사고까지 보낼 수 있게 되며 대화를 하면서 언어나 이미지, 소리, 감각 등을 서로 주고받을 수 있게 된다.

그러나 뇌－컴퓨터 인터페이스에는 해결해야 할 문제점이 있다. 첫 번째로는 접속할 수 있는 뉴런의 수가 적기 때문에 정보의 흐름이 제한된다는 점이다. 두 번째로는 두개골을 절개하여 뇌 내부에 이물질을 삽입하는 데는 매우 큰 위험이 따른다는 점이다. 이를 해결하기 위한 방안으로 뉴런과 전극 사이에 물리적 접속 없이 머리 외부 표면에 부착할 수 있는 비침투성 인터페이스 기술을 연구하고 있다.

뇌파, 자기공명영상법(fMRI), 뉴런에서 발생하는 자장 검출법, 뇌혈관 내 탄소나노튜브 와이어링 등의 비침투성 인터페이스 기술을 개발하여 안전한 신경 인터페이스 기술이 개발되기를 기대해본다.

101
전자투표의 전망은 어떠한가?

투표는 민주주의 국가에서 국민의 대표를 선출하기 위한 국민 권리이지만 선거가 거듭될수록 유권자들은 현재의 투표 시스템에 회의를 느끼고 있으며 이는 전체적인 투표율 감소로 이어지고 있다. 투표율 하락을 막기 위해서 정보통신기술과 정보보호기술을 도입하여 편리성, 안전성, 접근성 등을 목적으로 하는 전자투표가 전 세계적으로 시도되고 있다.

전자투표 기술은 정보통신 및 정보보호 기술들을 활용하여 투표행위나 집계 등 투표업무를 신속하고 안전하게 처리하는 제반 기술들을 의미한다. 이러한 전자투표에서는 정당한 유권자가 전자투표 시에 투표/집계 기능이 공격자의 다양한 공격 형태에 대비하여 완벽히 수행될 수 있는 완결성, 남녀노소 누구나 쉽게 투표할 수 있는 편리성, 유권자에 대한 정보의 익명성, 투표 비용의 효율성, 투표 장소의 제약이 없는 이동성 등이 보장되어야 한다. 또한 어느 누구에게도 중간 투표 결과 값이 알려질 수 없는 공정성, 부정행위 불가능성, 투표매매 방지 기술 등이 확보되어야 한다.

전자투표 방식으로는 지정된 장소 투표 방식, 키오스크 방식, 인터넷 투표 방식 등이 있다. 지정된 장소 투표 방식은 기존의 종이투표 방식과 거의 유사한데 단지 전자기기를 이용해 투표하고 그 집계가 자동으로 이루어진다는 점이 다르며 선거인단이 직접 관리하므로 상대적으로 안전하다.

키오스크 방식에서는 공공장소에 투표기기가 설치되며 선거인단의 오프라인 인증 절차 대신에 공개키 인증, 지문인식 등이 사용된다. 투표결과가 공공망을 통해 집계되므로 해커의 침입이 우려된다.

인터넷 투표 방식에서는 유권자 등록과정에서 발급받은 고유번호를 가지고 인터넷에 연결된 PC 혹은 전자기기를 통해 투표를 수행하는데 투표의 편리성은 높아지지만 비밀투표 보장이 약하고 투표 매매에 대한 위험성이 노출된다.

전자투표는 사회경제적 이득을 가져올 수 있지만 선거과정의 신뢰성 확보가 우선되어야 하므로 유권자 중심의 실용적인 전자투표 시스템을 설계하기 위해 각계의 노력이 절실히 요구된다.

102
악성댓글의 대응방안은 무엇인가?

    인터넷은 전 세계적으로 지식정보를 공유할 수 있고 다양한 사건 사고와 핫 이슈들을 실시간으로 접할 수 있어서 사용자들에게 편리함 및 즐거움과 함께 감동을 전해준다. 그러나 최근에는 악성댓글이 익명성을 악용한 범죄의 공간으로 변화하고 있어서 사회적 심각성을 노출하고 있다.

    2008년 10월에 허위사실 유포로 인해 탤런트 최진실 씨가 자살하면서 국회에서는 사이버 모욕죄 도입과 인터넷 실명제 확대 등에 관한 정보통신망이용촉진법 개정에 관한 논란이 일었다.

    인터넷 악성댓글이 활성화되는 이유로는 자신의 신분을 노출시키지 않는 익명성, 자신의 얼굴 등을 노출하지 않고 행동할 수 있는 비대면성, 내 것 하나 더 달아도 괜찮을 것이라 여기는 집단성, 시민의식 부족에서 기인된 개인 이기주의 등이 거론되고 있다. 악성댓글이 만연하게 되면 사실에 대한 불신적인 감정이 퍼져 나갈 것이므로 사회 전체가 병들고 황폐화되는 분위기로

치닫게 된다.

악성댓글에 대한 해결 방안으로는 기술적 접근, 제도적 접근, 선도적 접근 등이 있다. 기술적 접근으로는 인터넷 게시판 글의 문맥상 단어 의미를 파악하여 악성댓글을 자동 분류하는 방법과 함께 HTML 태그 제한, 댓글 등록을 위한 로그인, IP 블랙리스트, 일정 시간 동안 동일 ID/IP 사용자의 댓글 등록 방지, 오래된 글에 대한 댓글 작성 제한, 기존 글과 동일한 언어로만 댓글 등록 등의 방법이 있다.

제도적 접근은 제한적 실명 확인, 인터넷 실명제 등의 법률을 제정하고 인터넷 명예훼손에 관한 처벌을 강화시키는 방법이다. 선도적 접근은 적극적인 시민의식 고취, 악성댓글에 대한 무관심 등에 관한 교육적 방법을 의미한다.

인터넷 악성댓글에 대한 방지책으로 타율적 방지 방안과 자율적 방지 방안이 팽팽히 맞서고 있다. 타율적 방지책은 사생활 보호, 표현의 자유 등을 침해할 것으로 전망되며 자율적 방지책으로는 악성댓글에 대해 적극적으로 대응하지 못할 것으로 예측된다. 양측이 서로 양보하고 협조하면서 악성댓글의 대응방안이 조속히 마련되기를 기대한다.

103
세계 대학 평가기준에는
어떠한 지표들이 있나?

경쟁사회에서 평가는 벗어날 수 없는 요소들 중의 하나이다. 기업에서 생산하는 제품의 경우에는 별도의 평가가 없지만 제품 판매량으로 평가되는 셈이다. 최근에는 우리나라에서도 대학평가가 이루어짐에 따라 각 대학에서는 상위권 대학으로 도약하기 위해 부단한 노력을 기울이고 있는 실정이다.

대학은 교육을 통해 졸업생을 배출하고 연구를 통해 논문이나 특허를 발표하기 때문에 대학평가에서도 교육과 연구가 중요시 되고 있다. 교육 평가에서는 졸업생이 기업이나 사회에 얼마나 공헌하고 있느냐를 평가하게 되고 연구 분야에서는 대학에서 발표한 논문이나 특허의 연구물이 학계와 산업계에 얼마나 큰 영향을 미치는가를 평가한다.

세계 대학순위를 평가하는 기관들 중에 영국의 더 타임스에서 채택하고 있는 평가지표는 교육 품질, 연구 역량, 교육 환경, 국제화 수준 등으로 이루어진다. 교육 품질은 전 세계 저명 학자들의 설문조사와 기업의 평가 등으로 구성되고 연구 역량은 논문 수로 결정된다. 국제화 수준은 외국인 교수와 학생 비율로 평가한다.

미국의 뉴스위크지에서는 대학 평가기준으로 논문, 교수/학생, 보유 도서 등을 채택하는데 논문은 네이처, 사이언스, SCI, SSCI 게재 논문 수로 평가한다. 교수/학생 부문에서는 외국인 교수/학생 비율, 교수당 인용되는 논문 수, 교수/학생 비율 등으로 평가한다. 미국의 U.S. News에는 학생 선발 시의 SAT 점수와 동문 기부 등이 평가 항목으로 들어 있다. 미국의 포브스는 저명인사 배출, 졸업생 평균 임금, 교과과정에 대한 학생의 평가, 4년 내 졸업 비율, 장학금 수상, 졸업 시 평균 부채 등으로 대학을 평가한다.

필자는 대학교 입학생이 대학 생활을 통해 인적·지적 수준이 얼마나 향상되었는가에 대한 평가도 중요하다고 생각한다. 그러나 실제 대학평가에서는 오로지 교육과 연구의 결과물만으로 대학순위가 매겨지고 있다. 따라서 후발 대학이 전통 대학을 앞서기 위해서는 과감한 투자와 함께 대학의 모든 역량을 총체적으로 발휘해야 할 것이다.

104
생체에너지는 무엇인가?

최근에 휴대용 디지털 기기의 수요가 급증하고 있는데 이들 휴대용 기기들은 반드시 배터리가 필요하다. 인체에서는 미량이긴 하지만 지속적으로 전기가 만들어지는데 세계 선진국에서는 이러한 생체에너지를 인체 내의 나노로봇, 인공심장박동기, 휴대용 디지털기기 등에까지 활용할 수 있는 기술 개발에 박차를 가하고 있다.

생체에너지에는 포도당 생체에너지와 압전 생체에너지 등이 있다. 포도당 생체에너지는 GOx(glucose oxidase)라는 촉매제를 이용하여 포도당의 산화를 촉진시켜 전자를 얻는 방식이다. 포도당 생체에너지는 혈액 속의 포도당을 연료로 사용할 수 있는 장점이 있어서 혈관 속을 돌아다니며 병균과 싸우는 나노로봇의 전력원으로 크게 활용될 수 있다.

이와 같은 바이오 연료전지가 상용화되어 다른 전지와 경쟁력을 가지게 하기 위해서는 용량문제와 안전성과 관련된 수명시간 등이 해결되어야 한다. 용량을 증가시키는 방법으로 나노입자, 나노 구조체 혹은 다공성 물질을 이용하여 많은 양의 GOx를 전극에 고정화시키는 방법이 있다.

압전 생체에너지는 압전 소자가 압력을 받으면 내부의 분자들이 +전기와 −전기로 나누어지면서 생성되는 전기를 의미한다. 압전체에 압력, 온도, 진동 등 기계적 에너지를 가하면 전기가 생기고, 반대로 전기를 흘려주면 압력, 온도, 진동이 생겨난다.

가스레인지 손잡이를 돌려서 압력을 가하면 전기가 생성되어 불꽃이 생기는 것도 일종의 압전 에너지이다. 압전 효과를 이용하면 심장 박동 등 모든 운동을 전기 에너지로 바꿀 수 있는데 효율적으로 전기를 만들기 위해 '나노 발전기'가 개발되었다.

행군하는 군인의 전투화에 압전 소자를 설치하면 전기를 얻을 수 있다. 자동차 엔진의 진동을 전기로 바꿀 수 있는데 엔진의 진동에 버틸 수 있는 압전 소자의 내구성을 높여야 한다. 세계 선진국에서는 생체에너지를 이용한 바이오 전지 개발에 큰 활기를 띠고 있으나 우리나라는 아직 걸음마 단계이므로 시급한 정책적 개발이 요구된다.

105
스마트워크는 무엇인가?

　사무직, 전문직, 서비스업 노동자는 작업의 프로세스가 명확하지 않은 경우가 많고, 여러 업무 관계자가 복잡하게 연결되어 있으며 또한 투입 시간보다는 몰입이나 자발성 여부에 따라 일의 성과가 결정된다. 따라서 노동량보다는 결과 중심의 경영과 이를 가능하게 하는 시스템 및 업무 프로세스를 재구축해야 할 필요성이 대두되기 시작했다.

　정보통신기술의 발전과 더불어 급변하는 사업 환경에 따른 신속한 대응요구가 높아지면서 스마트워크(Smart Work)에 대한 관심도가 고조되고 있다. 스마트워크는 '똑똑하게 일한다'라는 뜻으로 불필요한 낭비요인을 제거하여 보다 효율적이고 창의적으로 업무를 수행하는 것을 의미한다. 스마트워크는 자율 출근제도, 집중 근무제도, 결재 프로세스 단순화, 회의시간 단축, 1쪽 보고서 작성 등 일반적인 경영혁신 활동 등도 포함한다.

　스마트워크는 '유연한 노동(Flexible Working)'의 일종으로서 근

무 장소의 성격에 따라 모바일 오피스, 재택근무, 스마트워크센
터 등으로 구분이 가능하다. 모바일 오피스(mobile office)는 스마
트폰, 태블릿, 노트북 등 휴대단말과 이동통신망을 이용한 작업
환경을 제공하는 것이다. 스마트워크센터는 각 지역 주거지 인근
에 구축된 전용시설을 의미하며, IT 인프라를 활용하여 사무실과
유사한 근무환경을 제공한다. 스마트워크센터는 PC방과 비슷한
성격이지만 PC방에서는 사무용 오피스 프로그램 설치가 미비하
고 또한 근무환경으로는 적합하지 않은 실정이다.

선도 기업이 스마트워크를 도입하는 이유로는 제품과 서비스
개발, 효율성, 시장 개척, 사업매출의 증대, 비즈니스 위험도 감
소, 유통채널 개발, 제품과 서비스 품질 향상 등을 목표로 한다.
각 기업은 스마트워크 도입 여부에 따라 스마트 디바이드(Smart
Divide) 현상이 발생한다는 사실을 유념해야 한다.

스마트워크를 통해 기업을 성장시키기 위해서는 보안, 경영진
과 직원들 간의 상호신뢰, 인사평가시스템, 사생활 침해, 직원 간
유대감 약화 문제 등을 우선적으로 해결해야 할 것이다.

106
기억의 종류에는
어떠한 것들이 있나?

기억은 세 종류, 즉 의미론적 기억, 절차성 기억, 삽화성 기억 등으로 구분된다. 우리가 책을 통해 공부한 모든 지식은 의미론적 기억에 해당한다. 의미론적 기억에는 언어의 문법적인 규칙, 컵은 깨지고 공은 튀어 오른다는 지식, 가을에 선선한 바람이 분다는 지식 등이 포함된다.

절차성 기억은 일종의 '신체' 기억이다. 절차성 기억은 '학습하기도 어렵고 잊기도 어렵다'라는 말이 있는데 예를 들어서 자전거 타기는 한번 기억해놓으면 평생 잊히지 않는다. 절차성 기억은 은연중에 작동되는 것이 특징이다. 습관적인 행동은 자동적으로, 즉 무의식적으로 실행된다. 절차성 기억이 의식적으로 나타나면 이는 의미론적 기억이나 삽화성 기억 형태로 번역된다. 무의식적인 공포반응과 같은 자동적인 감정행위는 절차성 기억과 무척 비슷한 형태이다.

삽화성 기억은 과거의 사건들을 기억하는 것이다. 삽화성 기억은 개인적인 경험들을 기억하는 것으로 주관적이며 의식적 형태를 띤다. 삽화성 기억이 의식적 형태를 띠는 것은 과거 경험 순간들의 재생과 관련이 있기 때문이다. 삽화성 기억은 뇌의 해마와 관련이 있는데 해마는 감정처리와 연관성이 있으므로 삽화성 기억은 의식 상태에서 감정과 함께 작동됨을 의미한다.

손에 찔린 경험을 한 사람의 해마에 병변이 생기면 신체 기억인 절차성 기억과 함께 추상적인 사실들인 의미론적 기억은 상기해내지만 실제적 경험인 삽화성 기억은 생각해낼 수 없게 된다. 해마는 태어난 후 2년 동안에는 충분히 기능하지 못하는데 이러한 이유로 유아기의 경험들이 기억되지 못하는 것이다. 상기의 기억 활동들은 기억의 암호화 단계와 저장 단계에 관계된다.

해마의 병변으로 삽화성 기억을 회상할 수 없는 것은 적절한 삽화성 형태로 암호화되지 않았기 때문이지 회상 장애가 있는 것은 아니다. 회상은 전두엽 피질과 관련이 있다. 전두엽 피질은 두 살 때까지 별로 성장하지 않는데 이러한 이유로 유아의 회상은 오락가락 이해가 되지 않으며 프로이드는 이를 '억압'이라고 개념화시켰다.

107
기억은 어떻게 처리되나?

기억은 세 단계, 즉 암호화, 저장, 회상 등으로 이루어진다. 암호화는 새로운 정보의 획득 단계를 말하고 정보를 보유하고 있는 것을 저장이라고 하며 정보를 다시 생각해내는 것이 회상이다. 정보가 저장될 때에 견고화가 일어나는데 이는 오래전에 저장된 기억일수록 잊히지 않음을 의미한다. 가장 손상받기 쉬운 기억은 최근의 기억으로서 뇌에 손상을 입기 전 몇 시간, 혹은 며칠, 몇 달, 몇 주 동안에 일어났던 사건들이 여기에 해당한다. 이러한 현상은 1880년대 리보트에 의해 발견되었기에 이를 리보트의 법칙이라고 부른다.

독자들이 지금 읽고 있는 이 글 내용은 견고해지지 않을 것이다. 그러나 며칠간 반복하여 암호화한다면 견고화가 이루어져서 몇 주, 몇 달, 몇 년 동안 잊히지 않게 될 것이다.

기억에는 단기기억과 장기기억이 있다. 단기기억은 며칠 전, 몇 시간 전, 몇 분 전이 아니라 우리가 바로 이 순간에 마음속에 붙잡고 있는 사건들의 기억이다. 즉, 의식으로부터 사라지지 않는 정보가 바로 단기기억이다. 그리고 최근의 기억과 오래된 기억 모두를 장기기억이라고 부른다. 장기기억의 정보를 기억해내어서 의식 중에 놓여 있다면 이는 단기기억에 해당하고 이러한 의식 내용을 완충지대라고 부른다.

단기기억이 가지고 있는 완충지대의 크기는 대략 7단위의 정보뿐이므로 이 범위를 넘어서는 정보는 장기기억으로 옮기든지 아니면 기억 속에서 사라져버리게 된다. 이러한 과정도 견고화에 포함되기에 견고화는 기억의 정보를 지켜내는 과정과 함께 간직하기를 원하지 않는 기억들을 제거하는 과정도 포함된다.

기억은 활동 의존적이라서 기억정보를 사용하지 않으면 상실되는 '사용 아니면 상실' 규칙이 일생동안 지켜지고 있다. 유아 시절의 사건들을 기억해내지 못하는 것은 그 기억들이 쓰이지 않았기 때문이라고 한다.

오래된 기억이 가장 튼튼하다고 한 리보트의 법칙을 비추어보면 유아기의 기억은 잊힌 것처럼 보일 뿐이지 사실은 의식적인 인식에 사용되지 않을 뿐 무의식으로는 남아 있는 것이다.

108
PC 시대는 사라질까?

　1980년대에 등장하기 시작한 PC는 사무자동화와 인터넷 발전으로 정보화시대의 정보기기로 인기를 누려오고 있다. 그러나 최근에 세계적으로 널리 퍼지고 있는 모바일과 클라우드 서비스는 PC 시장을 잠식하고 있는 상황이다. 특히 PC 기반 소프트웨어 및 라이선스 판매 모델이 중심인 마이크로소프트의 입지는 점점 약화되고 수많은 경쟁자의 강력한 도전을 촉발시키고 있는 양상이다.

　스마트폰과 태블릿 PC로 인터넷 검색이 가능해지면서 PC 하드웨어 업체의 몰락을 가져왔고 클라우드 서비스가 등장하면서부터 소프트웨어-서비스 혁명을 가져왔다. 클라우드(cloud)는 네트워크상에서 마치 구름처럼 떠 있어서 개인 PC에 별도로 여러 가지 응용프로그램이 깔려 있지 않아도 클라우드 서비스를 통해 이들 소프트웨어를 활용할 수 있는 서비스이다.

　따라서 클라우드 서비스를 사용하면 개인 사용자나 기업은 높은 사양의 PC나 고가의 서버를 별도로 구매하여 구축할 필요가 없게 되고 더군다나 언제 어디서나 모든 프로그램과 데이터를 인터넷을 통해 액세스할 수 있는 편리성도 제공된다.

애플은 아이팟, 아이폰, 아이패드 등의 모바일 단말기와 아이튠즈 소프트웨어를 중심으로 독자적 생태계 구축을 시도하고 있고, 검색과 인터넷 광고로 성장한 구글 역시 하드웨어 제조 분야까지 사업 영역을 넓히며 애플의 사업모델을 따라가고 있는 모습이다.

마이크로소프트의 '인터넷 익스플로러(IE)'의 시장 점유율이 한때 90%를 확보하면서 웹 브라우저 시장을 장악했으나 IE는 거의 매월 브라우저 점유율을 잃어가 현재 점유율이 52.71%로 감소되었다고 한다.

새로운 시장에 진출하는 IT 기업들은 PC나 노트북의 기능에 이동의 편리성과 함께 다양한 애플리케이션과 클라우드 서비스 등을 제공함으로써 컴퓨팅 시장을 지배해왔던 PC의 시장 점유율을 잠식해오고 있다. 권불십년이라는 말이 있듯이 기불십년이라는 말도 생겨날는지 모를 일이다. 세계 시장 경쟁력을 위해서는 늘 새로운 기술 개발에 심혈을 기울여야 하는 이유가 바로 여기에 있다.

109
u-City는 무엇인가?

u-City는 유비쿼터스 도시(Ubiquitous City)의 약어로서 첨단 정보통신 인프라와 유비쿼터스 정보 서비스를 도시공간에 융합하여 도시생활의 편의 증대와 삶의 질 향상, 안전보장, 신산업 창출 등 도시의 제반 기능을 혁신시킬 수 있는 차세대 정보화 도시를 의미한다. 한편 유비쿼터스는 사물, 장소 등에 컴퓨터를 장착시켜서 이들 컴퓨터끼리 서로 연결하여 주변 환경 상황을 네트워크를 통해 모니터할 수 있는 기술이다.

u-City에서는 도시의 기반 시설물을 7종류, 즉 교통시설, 공간시설, 유통공급시설, 공공문화체육시설, 방재시설, 보건위생시설, 환경기초시설 등으로 구분하여 이러한 시설물들을 보다 효율적으로 운영하고 관리하기 위해 유비쿼터스 기반의 융합기술을 통한 시설물의 지능화를 구현한다.

행정안전부는 안전하고 효율적인 유비쿼터스 사회 구현 및 저탄소 녹색성장을 선도하기 위해 오는 2012년까지 총 1,972억 원을 투입하는 유비쿼터스 기반의 공공 서비스 활성화 사업을 추진할 예정이다. 국내의 u-City가 어느 지역이나 거의 비슷한 공공 서비스 위주로 사업이 전개되고 있는 반면, 해외에서는 첨단 정보 기술을 도시의 고유한 기능과 접목하여 도시별 특성을 살리는 방향으로 서비스와 인프라가 구현되고 있다.

u-City에서 도시의 기반 시설물들을 모니터링하기 위해서는 시설물 상황을 센싱할 수 있는 센서 네트워크가 필요한데 이를 위해 USN(Ubiquitous Sensor Network)이 구축된다. USN은 모든 사물에 컴퓨팅 능력과 통신 기능을 부여하여 환경과 상황을 자동으로 인지한 후 사용자 또는 시스템 관리자에게 이를 통보할 수 있는 기술이다. 센서를 설치할 대상 시설물을 선정하는 데에는 지상 시설물과 지하 시설물 등으로 구분한다.

국내 u-City를 활성화시키기 위해서는 시민들의 서비스 요구사항에 대한 적극적인 반영은 물론 수용·평가·개발에 쉽게 참여할 수 있는 방안뿐만 아니라, 첨단 IT 기술 및 서비스 현황 파악과 함께 과학적인 분석을 통한 적극적인 대응이 필요할 것이다.

110
모바일 무제한
요금제는 폐지될까?

이동통신회사가 스마트폰과 태블릿 가입자를 유치하기 위해 경쟁적으로 무제한 요금제를 실시하였다. 무제한 요금제는 말 그대로 매달 일정 통신요금 이상을 지불하면 무선 데이터 트래픽을 무제한으로 사용할 수 있는 서비스이다. OPMD(One Person Multi Device) 요금제에서는 한 사람이 모바일 기기 5대를 무선 네트워크에 연결하여 3G 데이터 통신을 무제한으로 사용할 수 있다.

그러나 무제한 요금제로 인해 헤비 유저(Heavy User)들이 과다한 데이터 트래픽을 생산하게 되었고 이는 네트워크 품질 저하 및 접속 중단 상태를 야기할 우려가 있는 것이 사실이다. 더군다나 스마트폰과 태블릿의 확산이 진행됨에 따라 가입자 트래픽이 급증하면서 무선 네트워크의 최대용량에 근접함에 따라 이동통신회사들이 4G LTE 서비스부터 무제한 요금제를 폐지할 기미를 보이고 있다.

무선망은 유선망과 비교하여 통신대역폭 확장에 한계가 있기 마련이다. 유선망은 선로를 추가하면 할수록 통신대역폭이 증가될 수 있지만 무선망은 모든 전파가 동일한 공간을 서로 공유하기 때문에 유선망처럼 대역폭 확장이 용이하지 않다.

이동통신회사가 가입자를 유치하기 위해서는 요금제 운영이 중요시되고 있다. 공유 데이터 요금제는 개인, 가족, 기업 등 여러 유형의 고객들의 통신요금을 서로 연동하여 운용하는 방식이다. 한 개인이 서로 다른 모바일기기를 통해 사용하는 전체 트래픽이나 한 가족 전체 혹은 한 기업 전체가 사용하는 총 트래픽이 정해진 범위 이내까지는 자유롭게 사용할 수 있는 제도가 공유 데이터 요금제이다.

이동통신회사가 공유 데이터 요금제를 운용하기 위해서는 기기별, 개인별, 서비스별, 콘텐츠별로 트래픽 사용량을 기록해야 하고 이를 위해 내부 제어트래픽이 추가로 발생됨에 따라 네트워크 자원을 소모하게 되는 문제점이 생겨난다.

이동통신회사들이 경쟁적으로 가입자를 유치하기 위해 무제한 요금제를 운용해오고 있으나 무선망 자원의 한계를 극복하지 못할 것이므로 이 요금제도는 서서히 폐지될 것이다.

111
모바일 헬스케어란 무엇인가?

2009년부터 널리 보급되기 시작한 스마트폰 사용자 수의 증가로 '내 손안의 주치의'로 불리는 모바일 헬스케어 시장이 새로운 성장 동력으로 주목받고 있다. 모바일 헬스케어는 건강상태 체크 센서, 모바일 단말기기, 이동통신 네트워크, 서비스 플랫폼 기술 등을 활용하여 환자를 관리하며 또한 의료관련 각종 프로세스를 지원하는 방식을 의미한다.

모바일 헬스케어 서비스는 당뇨, 비만, 심장병 등과 같은 만성 질환 관리 시장을 상당 부분 흡수할 것으로 예상된다. 혈당 측정기에 블루투스 기능이 탑재되어 환자의 혈당치가 핸드폰으로 전달되고 이 데이터는 모바일 네트워크를 통해 헬스케어 서비스 플랫폼으로 전달되어 기록되며 담당의사에게 혈당치 정보를 알려줌으로써 언제 어디서나 편리하게 당뇨병을 관리할 수 있다.

비만 관리를 위해서는 매일 측정한 개인 체중, 매 끼니 섭취한 음식종류, 하루 운동 측정량 등을 휴대폰을 통해 전송하고 주기적으로 근육량 및 체지방 측정치를 서비스 플랫폼으로 전송함으로써 보다 체계적이고 효율적인 비만관리가 수행될 수 있다.

심장병 환자에게는 심장병 발작 센서와 GPS 기능이 부착된 휴대폰을 소지하게 하고 환자의 급박한 위험상태가 발생할 경우에 정확한 위치추적으로 최대한 빠른 시간 내에 환자를 가까운 병원으로 이송할 수 있게 해준다.

2010년 11월 미국에서 발표된 보고서에 따르면 2015년에는 스마트폰 이용자가 14억 명에 달하고, 이 중 5억 명이 모바일 헬스케어 서비스를 이용할 전망이라고 한다. 헬스케어 제공업체와 소비자 모두 스마트폰을 헬스케어 향상 도구로 수용함에 따라 헬스케어 서비스가 모바일의 킬링(killing) 애플리케이션으로 자리 잡을 것으로 예상된다.

그러나 모바일 헬스케어 산업이 더욱 발전하기 위해서는 무선 네트워크의 신뢰성과 보안성을 확보해야 할 뿐만 아니라 환자의 개인 의료정보도 보호해야 한다. 모바일 헬스케어 사업이 성공하기 위해서는 의료기관, 의료기기제조회사, 솔루션 제공자, 서비스 이용자를 아우르는 생태계 단위의 사업모델을 개발해야 할 것이다.

112

음성기반 모바일
검색은 무엇인가?

인터넷의 발달로 정보검색 시장이 급속하게 증가하였으며 구글 검색은 세계 1위 자리를 굳건히 지켜오고 있다. 오늘날에는 휴대기기의 성능이 데스크톱 PC에 버금갈 정도로 향상되었고 모바일 네트워크의 대역폭도 광대역으로 확장되었기에 모바일 검색 시장도 활발하게 증가하고 있는 추세이다.

모바일 단말기기의 창과 키보드의 크기가 유선단말에 비해 작기 때문에 이를 극복하기 위한 하나의 방안으로 음성 인식 기반의 모바일 검색 서비스가 등장하였다. 아이폰 4S의 대표적인 기능들 중의 하나가 바로 음성 인식 기반 개인비서 서비스로 명명된 '시어리(Siri)'이다. 시어리는 사람의 말뜻을 이해할 뿐만 아니라 문맥과 사용자 위치를 인식할 수 있다. 예를 들어서 "주변에 피자 맛있는 곳은?"이라고 물으면 사용자 위치를 추적하여 "주변의 여러 피자 가게를 찾았습니다"라는 답과 함께 위치기반 옐

프(Yelp) 서비스의 평점도 보여준다.

음성기반 모바일 검색을 위해서는 음성을 인식할 수 있어야 하는데 이러한 기능은 모바일 단말기기 자체가 처리하는 대신에 네트워크 중앙에 위치하는 음성 인식 서버로 질의어를 보내서 그 결과를 받기 때문에 3G나 와이파이로 인터넷 연결이 가능해 야 한다.

음성 인식 기술은 지금까지 노력해왔던 타 기술들에 비해 발 전 속도가 느렸지만 여러 사람의 음성을 각각 인식하는 것보다 한 사람의 음성 인식이 훨씬 용이하므로 모바일 단말기기 사용 자의 자연어 인식은 다양한 앱들과 함께 융합 발전할 수 있을 것 이다.

모바일 단말기기의 음성 인식 엔진에 인공지능 기능을 추가하 면 단순히 영화 상영시각, 택시예약, 식당 예약 등의 사용자 명령 어를 인식할 수 있을 뿐만 아니라 사용자가 선호하는 것을 인지 하여 그에 가장 알맞은 결과를 내놓을 수 있다. 음성기반 모바일 검색은 편리성과 친근성으로 구글의 아성을 공격할 수 있을 것 으로 예상된다. 더욱이 휴대기기에서 모바일 앱과의 연결을 위해 음성을 사용한다면 모바일 음성 인식 기술 시장은 상당한 규모 의 크기로 발전을 거듭할 것이다.

113
VRM은 무엇인가?

고객관계관리(CRM: Customer Relationship Management)는 소비자들을 자신의 고객으로 만들고자 하는 경영기법으로서 고객이 기업이나 상점에서 구매한 소비 금액, 소비 품목, 소비 취향 등을 컴퓨터에 데이터베이스화시켜 관리하는 기법이다. 제과점, 극장, 음식점 등에서 발행하는 쿠폰도 넓게 보면 CRM의 일종에 해당한다. 그러나 CRM은 고객들의 구매내역을 분석하여 숨겨진 선호도나 패턴을 분석해야 하므로 고객의 실제 요구사항을 정확히 반영하기 어려울 뿐만 아니라 고객의 프라이버시 문제를 야기할 우려가 있다.

VRM(Vender Relationship Management)은 CRM과 반대로 개인이 기업에 제공할 개인정보와 선호도를 관리하는 방법을 제공하는 기술이다. 예를 들어서 개인이 자신에게 서비스를 제공할 잠재적인 기업에 제안사항을 발급하고 기업들은 제안사항을 검토하여 적절한 가격에 입찰하는 역경매 시나리오가 가능해진다.

VRM은 기업이 보관하는 고객 데이터를 고객이 직접 관리한다는 개념에서 출발하였다. VRM은 개인정보 보호에 중점을 두고 있으며, ID 관리 기술과 흐름을 함께 수행하기 때문에 사용자 중심으로 명시적인 승인을 통한 안전한 정보 공유를 지향한다. 개인정보의 공유 채널로는 이메일이나 웹뿐만 아니라, 최근에 급격히 성장하고 있는 소셜 네트워크(트위터, 페이스북) 등도 포함된다.

VRM은 여러 참여 주체에게 상호 이익을 제공해줄 수 있는 비즈니스 모델이다. VRM은 CRM과는 달리 고객이 직접 개인정보를 관리하고 필요할 때에만 기업에 제공하므로 프라이버시 문제가 생기지 않고, 고객으로부터 직접적인 요구사항과 성향을 수집할 수 있는 장점이 있다. 기존에는 이메일, 웹사이트, 우편, TV 등을 통해 광고 및 고객 관리를 수행했지만 VRM은 솔루션을 통해 타깃팅된 고객 관리를 제공할 수 있게 된다.

VRM은 아직 세부 시나리오나 표준이 확립되어 있지 않은 상태이지만 앞으로 고객, 기업, 서드 파티 모두에 큰 이익을 줄 수 있는 비즈니스로 각광받을 것이다.

part 02
컴퓨터와 로봇

01
컴퓨터는 어떻게 기억하나?

인간의 기억은 뇌의 뉴런 세포에 저장된다. 인간 뇌 속의 정보량을 비트로 환산하면 약 100조에 해당한다고 한다. 1조 비트는 1,000G bit, 즉 1Tera bit이니 인간의 뇌 용량은 100Tera 비트를 가진 것이다. 인간은 컴퓨터와 비교하여 메모리 용량이 그다지 크지 않은데 어떻게 컴퓨터보다 우수한 기억 능력을 가지고 있는지 신기하기만 하다.

이에 반해 컴퓨터의 기억 동작 원리는 간단하다. 컴퓨터의 메모리에는 기억장소를 나타내는 기억주소라는 것이 사용된다. 메모리 사이즈가 100이라고 하면 기억주소는 1부터 100 중의 하나 숫자가 된다. 새로운 데이터를 저장하기 위해서는 비어 있는 주소들을 찾아내야 한다. 그리고 비어 있는 메모리 크기가 새로운 데이터를 저장하기에 충분한지도 판단해야 한다.

예를 들어서 메모리 사이즈가 7이 필요한 사과 그림을 저장하는 데 비어 있는 메모리가 15에서 25라고 하면 사과 그림 데이터는 메모리 주소 15에서부터 시작하여 주소 21까지 저장되는 것이다.

메모리에 데이터를 저장하는 것은 나중에 그 데이터를 꺼내 보기 위함이다. 따라서 저장하는 것도 중요하지만 저장된 데이터의 저장위치를 알아두어야 나중에 그 데이터를 신속하고 정확하게 찾아낼 수 있다. 컴퓨터에서는 색인을 만들어둔다. 색인에는 어떤 데이터의 저장 위치를 나타내기 위해 그 데이터가 저장되어 있는 시작 주소와 끝 주소를 표기한다. 색인은 알파벳 순서로 되어 있으니 종전에 저장해둔 사과 그림 데이터를 꺼내기 위해서는 색인에서 사과를 찾아서 시작 주소와 끝 주소를 통해 사과 그림 데이터를 기억해낼 수 있는 것이다.

인간의 기억 방식에도 컴퓨터처럼 색인이 있을까? 인간은 사과에 관한 추억을 떠올릴 때에 그 추억이 어디에 저장되어 있는 줄을 어떻게 아는 것일까? 인간의 기억장치는 컴퓨터처럼 순서적으로 기억되어 있지는 않다. 여기저기 기억되어 있는 데이터들을 인간의 뇌는 어떻게 모아서 과거의 기억들을 떠올리는 것인지 신비스럽기만 하다.

02
컴퓨터는 어떠한 메모리를 가지나?

인간의 기억 활동은 뇌에서 일어난다. 아직도 인간의 기억 동작 원리를 제대로 파악하고 있지 못하다. 그러나 컴퓨터의 기억 동작은 그야말로 단순하다. 컴퓨터는 메모리(memory)를 기억장치로 사용한다. 컴퓨터 메모리에는 크게 RAM(Random Access Memory)과 ROM(Read Only Memory)이 있다.

RAM이나 ROM 모두는 내부에 한 비트(bit)를 저장할 수 있는 방, 즉 셀(cell)들로 이루어져 있다. 각각의 셀에 배터리가 있어서 배터리가 충전되어 있으면 데이터 '1'을 나타내고 방전되어 있으면 데이터 '0'을 나타내게 된다. 어느 셀 안의 배터리가 방전되어 있는 경우에는 전기가 끊어져도 데이터가 그대로 '0'이지만, 충전되어 있는 배터리를 가진 셀에는 전기를 계속적으로 공급해주어야 한다. 그렇지 않으면 배터리가 방전되어 데이터 '1'이 데이터 '0'으로 바뀌는 꼴이 되기 때문이다. 그래서 컴퓨터 RAM은 전원을 끄면 전체 데이터가 없어지게 되는 것이다.

그런데 ROM은 다르다. ROM에서는 모든 셀에는 밖으로 연결되어 있는 선이 차단되어서 한 번 충전된 배터리가 방전되지 못하도록 구성되어 있다. 물론 새로이 충전도 할 수 없게 되어 있다. 따라서 ROM은 이미 저장해둔 데이터를 읽을 수 있지만 새로운 데이터를 쓸 수는 없다. PC를 켜면 제일 먼저 동작되는 부분이 ROM인데 이 ROM 안의 기억내용은 PC 공장에서 만들어지기 때문에 각 PC 버전에 따라 항상 일정하게 동작된다.

인간은 3단계의 순서, 즉 순간기억, 단기기억, 장기기억 순으로 기억한다고 한다. 순간기억은 몇 분의 1초, 단기기억은 수 초, 장기기억은 그 이상의 시간 동안 기억한다. 강한 자극을 받은 경험은 오래 기억되지만 대부분의 기억들은 3단계 순서를 따르기 때문에 반복해서 기억하도록 노력해야 장기기억에 저장될 수 있다. 컴퓨터가 메모리를 유지하기 위해 셀 내부의 데이터를 읽었다가 다시 쓰는 동작을 반복하는 것처럼 인간도 단기기억 내용을 반복하여 암기함으로써 장기기억으로 저장할 수 있는 것이다.

03
컴퓨터의 운영체제는
인간의 어디에 해당할까?

컴퓨터는 하드웨어와 소프트웨어로 구성되어 있다. 소프트웨어 프로그램은 다시 운영체제, 즉 OS(Operating System)와 응용 프로그램(스마트폰에서는 앱)들로 구분된다. 이러한 운영체제는 컴퓨터마다 제각기 다를 수 있는데 안드로이드도 스마트폰에 사용되는 운영체제 상품의 일종이다.

컴퓨터의 운영체제는 컴퓨터의 하드웨어를 제어하고 사용자로부터의 각종 컴퓨터 명령어를 처리하는 기능을 갖는다. 컴퓨터가 단순한 기계가 아니라 키보드, 마우스, 프린터, 모니터 등을 통해 사용자 명령을 수행하는 것은 바로 운영체제 프로그램이 동작되기 때문이며 응용프로그램 작성자는 운영체제의 각종 기능을 활용하여 새로운 서비스를 제작한다.

운영체제는 소프트웨어이지만 하드웨어와 밀접한 관계가 있어서 하드웨어를 바꾸면 운영체제도 수정되어야 한다. 따라서 운영체제는 컴퓨터가 출시될 때에 컴퓨터로서 기본적으로 갖추어야 할 필수 소프트웨어 장치로 인식된다. 운영체제를 바탕으로 하여 여러 가지 응용프로그램이 새롭게 올라가게 된다. 이러한 점들을 생각해보면 컴퓨터의 운영체제는 인간의 기본 뇌기능에 해당하지 않을까라고 조심스럽게 제안해본다.

인간은 동물들과 다른 인간 특유의 특성을 가지고 태어난다. 인간의 뇌는 교감신경과 부교감신경을 통하여 인간의 육체를 제어하며 시각, 청각, 미각, 후각, 촉각 등의 오감을 통해 외부환경과 상호작용을 수행한다. 이러한 기본 뇌기능을 바탕으로 하여 인간은 자신의 경험과 지적 학습을 통해 다양한 응용 행동을 원활하게 수행할 수 있게 된다. 그러니까 컴퓨터의 운영체제는 인간의 '출생 뇌'에 해당한다고 생각된다.

스마트폰의 운영체제는 그 기기의 시장성을 좌우한다. 인간의 '출생 뇌'도 그 사람 삶의 운명에 많은 영향을 끼치게 된다. 그러나 인간은 수많은 노력으로 다양한 새로운 능력을 개발할 수 있기에 부모들이 자녀교육에 신경을 쓰게 되고 인간 스스로도 자기 계발에 심혈을 기울이고 있는 것이다.

04
컴퓨터의 전원장치는
인간의 어디에 해당할까?

컴퓨터와 인간이 정보처리시스템이라는 공통점이 있다고 하여 컴퓨터와 인간의 기능을 계층 구조적 관점으로 매핑(mapping)시키는 것은 다소 무리일 수 있다. 그러나 인간과 컴퓨터를 비교해봄으로써 구조적 차이점과 함께 기능적 차이점을 분석하는 일도 의미가 있다고 생각한다.

컴퓨터의 전원장치는 에너지를 공급하는 기능을 수행한다. 인간의 에너지는 대사기능으로 공급되며 대사기능은 소화와 호흡이므로 컴퓨터의 전원장치는 인간의 소화기계와 호흡기계에 해당한다고 볼 수 있다.

컴퓨터 전원장치는 +3.3V, +5V, +12V, -5V, -12V 등 여러 가지 전원을 공급하는데 이는 컴퓨터 부품마다 사용 전압이 다르기 때문이다. 인간의 영양 에너지는 지방, 단백질, 탄수화물, 비타민 등으로 이루어지지만 인체계마다 서로 다른 영양분을 필요로 하지는 않는다.

컴퓨터는 동작하지 않을 때에 전원을 필요로 하지 않지만 인간은 잠을 잘 때에도 기초 대사의 에너지를 필요로 한다. 컴퓨터는 일정 전압 이상과 일정 전류 이상이 들어오는 것을 방지하는 기능을 가지고 있다. 인간도 한꺼번에 먹을 수 있는 음식량의 한계치는 설정되어 있긴 하지만 필요하지 않은 에너지를 계속적으로 축적해두기 때문에 과체중이 발생한다.

컴퓨터의 전원장치는 에너지를 만들 때에 환경오염이 발생하는 데에 반해서 인간은 에너지를 소모하고 나서 생기는 분뇨가 환경을 오염시킬 우려가 생긴다. 컴퓨터의 배터리 전원은 컴퓨터가 사용되지 않는 동안에 에너지를 보존할 수 있으나 인간은 생명을 유지하기 위해서 계속적인 에너지 공급이 요구된다.

컴퓨터와 달리 로봇은 인간처럼 스스로 배터리 충전을 위해 충전소를 찾아 나서야 할 것이다. 그러나 로봇은 인간과 달리 에너지를 공급받지 않는다고 하여 죽는 것은 아니다. 로봇에게는 죽음 대신에 폐기처분이 있을 뿐이다. 앞으로 인간은 자기네들의 에너지 확보뿐만 아니라 로봇 에너지 확보를 위해서도 불철주야 애를 써야만 할 것이다.

05
멀티 디바이스 OS는 무엇인가?

OS(Operating System), 즉 운영체제는 컴퓨터 시스템에서 개발자와 사용자에게 편리성을 제공하기 위한 소프트웨어의 일종이다. 개발자는 컴퓨터 시스템의 하드웨어 동작에 관하여 잘 알지 못해도 OS가 제공하는 개발용 인터페이스를 활용하여 다양한 애플리케이션을 제작할 수 있다. 또한 OS는 사용자로 하여금 컴퓨터 시스템을 편리하게 사용할 수 있도록 다양한 사용자 명령 인터페이스를 제공한다.

이러한 OS는 컴퓨터 시스템마다 각기 서로 달라서 본인이 사용하지 않는 OS의 컴퓨터 시스템을 사용하고자 할 때에는 불편함을 초래하게 된다. 특히 동일한 계열의 OS라고 해도 컴퓨터 기기마다 서로 다르게 운용되는 것이 일반적이다.

마이크로소프트에서 제공하는 데스크톱 PC의 윈도 OS와 스마트폰 OS는 구조가 서로 다르다. 정보기기마다 서로 다른 OS를 채택하고 있기 때문에 개발자와 사용자에게 복잡성을 가중시키고 있는 실정이다.

멀티 디바이스 OS는 PC와 휴대단말기기의 운영체제를 하나로 통합시키는 개념으로서 마이크로소프트가 윈도8에서 구현하였다. 윈도8의 핵심에는 메트로 스타일 플랫폼과 도구, 멀티 하드웨어 플랫폼, 클라우드 서비스 등이 포함된다. 윈도8은 데스크톱, 태블릿, 노트북, 인터넷, 스마트폰 등을 윈도 하나로 통합하려는 대담한 시도로 평가받고 있는데 성공할 경우 사용자의 기술 생태계가 복잡해지고 뒤섞이는 문제를 해결할 수 있을 것으로 기대된다.

윈도8은 기기 간의 장벽을 허물고자 모든 기기에서 동일한 인터페이스를 사용하는데 이를 위한 핵심 콘셉트가 '메트로 스타일(metro-style) 플랫폼'이다. 메트로 스타일은 전체 화면을 몇 개의 타일(tyle)로 나누어진 창을 제공하며 타일마다 앱이 할당되어 멀티태스킹을 지원할 수 있다. 멀티 디바이스 OS에서는 데스크톱 레이아웃이 태블릿에도 그대로 복제될 수 있음에 따라 상호운용의 편리성이 사용자에게 제공된다. 멀티 디바이스 OS를 지향하는 윈도8의 성공 여부는 앱 사용자는 물론 앱 개발자에게도 중요한 변수로 작용할 것이다.

06
로봇의 종류에는 어떤 것들이 있나?

로봇이라고 하면 만화나 영화에서 등장하는 캐릭터로 여겨져 왔는데 최근에는 가정에서 청소로봇이 사용되고 있다. 물론 청소로봇이 주인이 기대한 만큼 대단한 활약을 해주지 못하고 있는 것은 사실이지만 그래도 로봇이 서서히 인간생활 주변에서 인간을 도울 목적으로 나타나고 있는 것은 사실이다.

로봇은 크게 제조업용 로봇과 서비스 로봇으로 구분된다. 제조업용 로봇은 생산자동화를 위한 로봇이고, 서비스 로봇은 그 이외의 로봇, 즉 가정이나 다른 곳에서 서비스를 제공하는 로봇을 말한다.

전 세계 로봇의 대부분은 서비스 로봇이 차지하고 있지만 서비스 로봇 중에서 청소로봇을 제외하면 대부분이 움직이는 장난감 수준에 불과하다. 최근에 인기몰이를 하고 있는 휴머노이드는 로봇의 용도에 따른 분류가 아니라 로봇의 운동 방식에 의한 분류이다. 즉, 휴머노이드는 사람처럼 팔과 다리를 가지고 이족 보행을 하는 로봇을 의미한다.

로봇 기술은 미국에서 출발했지만 실제로 산업현장에 적용시키기 시작한 나라는 일본이었다. 일본은 로봇기술을 흔쾌히 받아들여서 산업용 로봇기술로 발전시켰다. 일본은 자국의 거대한 로봇 시장 덕분에 산업용 로봇의 중요한 제조업계로 떠오르게 되어 로봇기술을 개척하는 선두 국가가 되었다.

세계 로봇 시장이 계속하여 커질 것으로 예상했으나 1980년대에 들어와서는 다른 과학 산업의 발전에 비해 로봇 산업은 침울한 시기를 맛보아야만 했다. 이후 1990년대에 들어와서는 산업용 로봇의 수요가 한계점에 이르렀고 대신에 우리의 일상생활에 침투하기 시작한 서비스 로봇의 수요가 증가하게 되었다.

로봇 강국 일본은 오래전부터 국책연구사업으로 로봇관련 프로젝트를 지원해오고 있다. 또한 소니나 혼다와 같은 세계적인 대기업이 나서서 서비스 로봇의 하나인 엔터테인먼트 로봇과 인간형 로봇 등의 개발품들을 발표하고 있다. 그러나 최근의 일본 대지진에서 로봇의 활동사항이 크지 못한 것을 보면 아직도 로봇기술은 인간이 사용하기에 부족함이 많은 것이 사실이다.

07
제조업에서 사용되는
자동기계와 로봇은 무슨 차이가 있나?

인간은 원시시대부터 생활의 편리함을 도모하고자 도구를 만들어오기 시작했는데 이것이 동물과 비교하여 가장 커다란 차이점들 중의 하나일 것이다. 이러한 인간의 노력이 원시사회를 거쳐서 농경사회에 이르게 했고 증기기관의 발명으로 산업혁명을 가져왔다. 산업사회에 들어서면서부터 공장에서 여러 가지 제품을 생산할 때에 제조원가를 줄이기 위해 자동기계를 제작하기에 이르렀다. 이와 같은 자동기계는 제조업용 로봇과 어떠한 차이점이 있는 것일까?

자동기계와 로봇의 제일 큰 차이점은 그 내부에 컴퓨터의 사용 여부에 있다. 로봇에는 컴퓨터가 장착되어 있고 자동기계에는 컴퓨터가 없다. 컴퓨터 자체는 일종의 기계부품과 같은 장치에 속하지만 동작의 종류를 지정할 수 있게 하는 명령어들의 순서, 즉 소프트웨어 프로그램이 있기에 로봇이 자동기계보다 훨씬 경쟁력을 가질 수 있게 되는 것이다.

자동기계는 여러 가지 동작을 함에 있어서 링크로 힘을 전달하고 힘의 전달 주기를 톱니바퀴로 조정하기 때문에 새로운 동작으로 바꾸고자 할 때에 이들 구성부품을 교체해주어야만 한다. 그러나 로봇은 명령어 순서가 컴퓨터의 메모리에 저장되기 때문에 메모리의 내용만 교체해주면 기존과 전혀 다른 새로운 동작을 수행할 수 있게 된다.

자동기계는 아니지만 컴퓨터가 내장되어 있지 않은 태엽 인형을 생각해보자. 태엽 인형은 태엽의 힘으로 미리 정해진 일정한 규칙에 따라 움직이게 된다. 태엽 인형이 아니라 컴퓨터 인형이라면 사용자의 세팅마다 서로 다른 동작을 할 수 있게 된다.

제조업에서 사용되는 자동기계에서도 새로운 제조동작으로 바꾸려면 자동기계의 각 부품을 교체해주어야 하는 어려움이 발생하게 된다. 이러한 이유로 제조업의 복잡한 프로세싱의 변화에 대해 유연하게 대처할 수 있도록 로봇이 개발된 것이다. 컴퓨터는 전자계산기에서 출발하였으나 사무자동화를 거쳐서 유무선 통신시대에 이르렀고 미래에는 인간에 가까운 로봇 시대를 열게 해줄 것으로 예상한다.

08
로봇의 서비스 기능은
어디까지 와 있나?

'생활의 달인'이라는 TV 프로그램에 나오는 달인들의 작업동작을 볼 때마다 '어떻게 저리도 빠르고 정교하게 작업을 착착 할 수 있을까?' 하고 놀라움을 금치 못한다. 달인들의 작업동작은 오늘날의 로봇으로는 감히 흉내 낼 수 없을 정도로 세심하고 정확하다.

산업혁명 이후 인류는 대량생산 기계 활용 덕분으로 생활필수품의 생산가를 낮출 수 있었다. 컴퓨터 기술의 발전으로 기계장치에 컴퓨터 시스템을 장착시켜서 제조업용 로봇을 제작함에 따라 인간 대신에 로봇이 복잡하고 정교한 조립작업을 맡아서 해왔다. 산업용 로봇의 성장은 2000년대에 접어들면서 서비스 로봇으로 발전하게 되었다.

서비스 로봇은 개인 서비스 로봇과 전문 서비스 로봇으로 구분된다. 개인 서비스 로봇은 노인 보행지도 서비스, 가정교사 역할의 교육 서비스, 청소나 정리정돈과 같은 가사 지원 서비스 등을 지원할 수 있다. 전문 서비스 로봇에는 안내나 도우미와 같은 공공 서비스 로봇, 화재 진압이나 인명 구조의 극한 작업 로봇, 군사용 로봇 등이 있다.

일본 후지쯔의 생활지원 로봇인 에논(Enon)은 방문객을 마중해서 회의실까지 안내해줄 수 있고 장애물을 피할 수도 있다. 미쯔비시 중공업의 와카마루 로봇은 가정이나 사무실 환경에서 동작이 가능하며 다른 로봇 및 관객의 반응을 관측할 수 있다. 도요타에서는 바이올린을 연주할 수 있는 로봇을 개발하였다.

국내에는 유진로봇에서 개발한 아이로비가 있다. 아이로비는 홈 로봇으로서 홈 모니터링, 방문자 확인, 생활 스케줄링 관리, 영상 쪽지, 동화 구연 등을 수행할 수 있다. 또한 로보이드 큐보는 인터넷 기반의 정보 콘텐츠를 제공하고 음성합성 및 음성 인식 기능을 가지고 있다. 다사로봇에서 개발한 '다흰'은 건물 내 로비를 돌아다니며 방문객에게 편의를 제공하고, 교통 정보, 위치 정보, 뉴스 정보, 날씨 정보 등을 제공한다.

컴퓨터 칩 기술과 함께 로봇 제어 소프트웨어 기술이 지속적으로 발전되어 값싸고 우수한 기능의 서비스 로봇 출현을 기대해본다.

09
휴머노이드에는 어떤 것들이 있나?

휴머노이드(Humanoid)는 'Human'이란 단어와 '~와 같은 것'이라는 접미사 'oid'의 합성어이다. 휴머노이드는 말 그대로 외모가 사람과 비슷하고 두 발로 걷는 로봇이다. 만화영화에 등장하는 로봇태권브이, 기동전사 건담, 마징가제트, 철인 28호 등은 모두 두 발로 걷는 이족 보행의 휴머노이드 로봇들이다. 실제의 휴머노이드에는 어떤 것들이 있을까?

휴머노이드 중에서 제일 유명한 로봇은 아시모이다. 자동차 회사 혼다가 2000년도에 만든 아시모는 초등학생 정도의 외모를 가지며 손님 마중, 쟁반 위에 올려서 음료수 운반하기, 카트 이동 등을 수행할 수 있다.

후지쯔의 홉은 거꾸로 물구나무 서기, 앉았다 일어서기, 이름 쓰기 등을 할 수 있다. 소니의 큐리오는 넘어뜨리면 낙법 자세를 취할 수 있고 부착된 두 개의 카메라를 이용하여 상대방이 누구인지를 인식하며 일곱 개의 마이크를 통해 누구의 목소리인지도 인식 가능하다.

국내의 휴머노이드 로봇에는 우선 카이스트의 휴보가 있다. 휴보는 앞걸음과 뒷걸음이 가능하고 사람과 함께 춤을 출 수도 있다. 또한 손목에 실리는 힘을 감지하여 악수할 때에 적당한 힘으로 손을 아래위로 흔들 수 있으며 손가락 다섯 개가 따로 움직이기 때문에 가위바위보도 할 수 있다.

한국과학기술원의 마루와 아라는 세계 최초로 무선 네트워크를 적용한 휴머노이드 로봇이다. 한국생산기술연구원의 에버원은 한국 고유의 여성 얼굴과 신체적 특성을 재현하였다. 실제 여성의 모습과 같은 얇은 팔과 작은 얼굴 크기를 만들기 위해 35개의 초소형 전기모터와 제어기를 사용하였다.

휴머노이드 로봇을 보면서 사람들은 의아스럽게 생각할지도 모른다. 요즘 과학기술이 얼마나 발달되어 있는데 사람처럼 두 발로 걷는 기계 하나 제대로 만들지 못할까 하는 의구심이 생겨날 수 있다. 사람의 뼈는 206개이다. 근육 움직임을 빼고 뼈 운동만으로 인간을 흉내 내려 해도 모터를 206개 달아야 한다. 이들 모터를 인간의 뼈 운동처럼 제어하기란 보통 어려운 일이 아닐 것이라 짐작할 수 있을 것이다.

10
지능형 로봇의 I.Q.는 얼마나 될까?

제조업용 로봇은 소프트웨어 프로그램 순서대로 순차적인 작업을 수행하는 자동기계이다. 그러나 지능형 로봇은 어떤 행동을 수행할 때에 미리 결정해놓은 순서대로 수행하는 것이 아니라 새로운 상황이 발생하면 그 상황에 대처할 방법을 스스로 고안하고 계획하여 그에 따라 행동한다. 이와 같은 지능형 로봇은 인간의 지능과 비교하여 어느 수준일까?

지능형 로봇은 제조업용 로봇과는 달리 자연계의 생물체와 마찬가지로 주어진 상황의 변화에 자율적으로 대처할 능력을 갖추어야 한다. 오늘날의 지능형 로봇은 이와 같은 자율성을 갖기 위해 여러 대의 고성능 컴퓨터들을 함께 동작시킨다. 따라서 지능형 로봇도 컴퓨터 기능의 범주에서 벗어나지 못하고 있다.

컴퓨터는 인간과 비교하여 기억능력 하나는 정말로 뛰어나다. 인간과 컴퓨터에게 코끼리를 보여준 다음에 기억을 더듬어서 코끼리를 그려보라 하면 인간은 코끼리를 어설프게 그리지만 컴퓨터는 코끼리를 컬러 사진처럼 그릴 것이다. 그러나 컴퓨터에게 코끼리 다리를 보여주고서 이것이 무엇인 것 같으냐고 물으면 컴퓨터는 인간과 달리 코끼리 다리인 줄 알아차리지 못한다.

컴퓨터는 모든 기억을 메모리에 저장해두고서 그 기억들을 다시 꺼낼 때에는 저장해둔 메모리 위치로 가서 데이터를 꺼내기 때문에 틀린 기억이란 있을 수 없다. 그러나 인간의 뇌는 컴퓨터 메모리와 달리 어느 특정한 위치에 데이터 자체를 고스란히 저장해두는 것이 아니다. 수많은 뉴런에 퍼져 기억되며 어떠한 사실을 기억해낼 때에는 저장해둔 위치를 찾아 들어가서 데이터를 꺼내는 방식이 아니라 기억하고자 하는 단어로부터 연상되는 모든 데이터를 동시에 꺼내어서 이들 데이터를 짜 맞추면서 기억해내는 것이다.

컴퓨터들로 구성된 지능형 로봇은 인간의 학습능력, 추론능력, 언어능력, 운동능력 등을 갖추지 못하고 있기 때문에 인간과 같은 지능이 없는 것이다. 그러나 많은 미래학자는 앞으로 100년 이내에 인간의 능력을 뛰어넘는 로봇이 출현하리라 예상하고 있다.

11
의료 수술용인 다빈치 로봇도
지능형 로봇인가?

예전에는 사람 내부장기를 수술할 때에 사람 배를 직접 열고 수술하는 개복수술밖에 없었다. 그러다가 의료기술의 발달로 복강경 수술 방법이 등장하였다. 복강경 수술이란 복부에 0.5~1cm의 작은 구멍 서너 개를 뚫고서 수술 부위를 관찰할 수 있도록 그 안으로 작은 카메라가 달린 관을 삽입한 뒤 모니터를 통해 수술부위를 확인하면서 수술을 실행하는 방식을 말한다.

최근에는 다빈치 로봇이라고 불리는 수술용 로봇을 사용하여 수술을 실행하는 병원의사가 늘어나고 있는 추세이다. 다빈치 로봇은 지능형 로봇에 해당할까?

다빈치 로봇 수술은 가슴이나 배 등에 5~8mm 크기의 구멍을 4개 정도 뚫고 로봇 팔을 집어넣어 수술하는 방법이다. 이 수술은 복강경 수술 방식과 비슷한데 근본적으로 다른 점은 의사의 팔 대신에 로봇 팔을 이용하여 수술한다는 점이다. 의사는 수술

부위를 3차원 입체영상으로 보면서 오락기의 조이스틱처럼 생긴 조종 장치를 통하여 로봇 팔을 조정하면서 수술을 실행한다. 의사가 직접 수술도구를 사용하지 않고 로봇 팔을 조종하여 수술하기 때문에 의사가 있는 조종 장치와 로봇 팔 사이에 고품질의 데이터 네트워크가 구성된다면 의사는 환자 옆에 있지 않고 멀리 떨어져서도 수술을 집행할 수 있다.

다빈치 로봇은 의사의 조이스틱 동작을 의사의 메스 동작으로 바꿔주는 역할을 하는 셈이다. 원래는 의사가 직접 메스를 잡고서 수술해야 하지만 조이스틱 조종 장치를 붙잡고 잡아당기거나 밀거나, 혹은 원을 그리듯이 빙빙 돌리기만 해도 다빈치 로봇은 이러한 동작들을 메스 수술 동작으로 정확하게 변환시켜 주는 것이다.

다빈치 로봇의 소프트웨어에는 로봇 팔을 세심하게 동작시키는 기능이 주가 된다. 한마디로 다양한 지능을 필요로 하지는 않는다. 이런 측면에서 보면 다빈치 로봇은 말이 로봇이지 지능형 로봇이라고는 말할 수 없다. 로봇의 두뇌 대신에 의사의 두뇌를 이용하는 수술방식이 다빈치 로봇 수술방식이다.

의사가 조이스틱 조종 장치를 세밀하게 조종하지 않아도 수술이 가능한 수술용 지능형 로봇이 등장할 수 있을지 기대해본다.

12
지능형 로봇에는
어떠한 센서들이 있나?

　지능형 로봇의 중요한 특성은 자율성이다. 자율성이란 주위의 환경이나 대상을 인지하고 그에 따라 스스로 반응한다는 것이다. 로봇의 자율성을 위해서는 인간이 시각, 청각, 촉각, 후각, 미각 등과 같은 오감을 통하여 주위 환경이나 대상을 인지하듯이 로봇에게도 그러한 감각기관 역할을 수행하는 센서가 필요하다. 지능형 로봇에는 어떠한 센서들이 있을까?

　대표적인 로봇 센서로는 디지털 카메라(시각센서), 마이크(청각센서), 터치 센서, 거리 센서 등이 있다. 로봇 청소기에 달려 있는 충돌 센서는 일종의 터치 센서에 해당한다. 거리 센서는 장애물과 충돌을 미연에 방지하기 위한 목적으로 사용되며 주로 초음파와 적외선 센서를 사용한다.

　초음파 센서는 어두운 동굴 안에서도 자유롭게 움직이는 박쥐의 감각기관과 동일한 원리를 사용한다. 발신부에서 초음파를 발사하고 그 신호가 장애물에 부딪혀서 되돌아오는 시간을 측정하여 거리를 계산한다. 초음파나 적외선 등은 사람의 감지영역에서 벗어나는 소리와 빛이기 때문에 사용자는 거리를 센싱하는 로봇으로부터 방해를 받지 않게 된다. 거리 센서로 레이저를 사용할 수도 있지만 가격이 비싸다는 단점이 있다.

후각 센서에는 누출된 가스 냄새를 인지하는 센서, 화재 연기를 감지해내는 센서 등이 있다. 로봇 자신의 움직임을 측정할 수 있는 가속도 센서, 나침반처럼 지구의 자기장을 인지하여 자신의 방향을 인식하는 자기 센서, 주위 온도를 측정하는 온도 센서 등과 같이 로봇의 목적과 역할에 따라 수많은 종류의 센서들이 로봇에 사용된다.

인간의 감각기관은 눈, 귀, 촉각신경, 코, 혀 등이 있지만 감각 정보를 인지하기 위해서는 감각신경을 통해 뇌에 전달되는 감각 정보를 대뇌가 제대로 분석해야 한다. 마찬가지로 로봇에 센서가 부착되었다고 해도 로봇의 두뇌부에 해당하는 로봇 소프트웨어가 센서를 통해 입력되는 외부정보를 올바르게 인식할 수 있어야 한다.

그러나 지능형 로봇의 제일 어려운 부분이 바로 인간의 뇌를 흉내 내는 것이다. 지능형 로봇이 인간처럼 행동할 수 없는 한계가 바로 여기에 있다.

13
인간과 로봇의 운동 지능은
어떻게 다른가?

운동 지능이란 손이나 발 등을 움직일 때에 요구되는 지능을 말한다. 단순히 몸을 움직이는 것도 외부 환경변화에 대해서 뇌의 기능이 사용되므로 지능이라고 부른다. 우리가 똑바로 서 있는 동작에서도 뇌가 제대로 동작하지 못하면 금방 쓰러지게 된다.

머리의 위치가 바뀌면 평형반 내의 이석기에 작용하는 지구의 중력 방향이 달라지는데 이러한 자극이 평형반의 감각세포를 흥분시켜서 신경계의 정보신호를 통해 뇌에 전달된다. 뇌는 이러한 정보를 분석하여 방위를 인식하고 척수신경의 운동신경에 영향을 주어 몸이 쓰러지지 않도록 자세를 유지시켜 준다.

사람의 뇌는 대뇌, 소뇌, 뇌간 등으로 구분된다. 뇌간은 생명유지와 관련된 호흡, 심장운동, 혈관의 수축 및 이완 등을 책임지고, 인간의 지능적 활동은 대뇌와 소뇌에서 담당한다. 대뇌는 사고 작용과 감정적인 부분 등을 관장하고, 소뇌는 몸의 평형 유지,

운동중추, 조건반사 등과 같은 감각기관의 활동을 조정하는 역할을 수행한다.

로봇의 운동 지능은 인간의 소뇌에 해당한다. 실제로 두 발로 걷는 로봇 하나를 실시간으로 제어하기 위해서는 복잡한 동역학적 계산을 위해 5~6대의 컴퓨터가 동원된다.

로봇이 앞에 놓인 컵 하나를 집는 동작에서도 팔을 어떻게 움직여야 손이 컵의 위치에 적절하게 접근할 수 있을지를 계산하고, 자기 몸체의 다른 부분이나 장애물과 충돌이 일어나지 않도록 하기 위한 동작도 당연히 계산에 넣어야 한다.

팔이 올바르게 접근했다고 해도 손의 힘을 너무 세게 잡으면 깨져 버릴 것이며 너무 약하게 잡으면 미끄러져 버리기 때문에 어느 정도의 힘으로 들어 올려야 할지도 계산해야 한다. 손끝에 달려 있는 센서를 통해 작용과 반작용의 힘을 측정해가면서 실시간으로 가해지는 힘을 연속적으로 조절함으로써 이러한 기능이 수행된다.

복잡하고 섬세한 작업을 수행하기 위해서는 로봇의 운동 지능의 발전이 필수적이라고 말할 수 있다.

14
인간과 로봇의
상호작용이란 무엇인가?

컴퓨터는 인간으로부터 여러 가지 명령어를 입력 받으면 그 명령에 합당한 결과물을 영상화면이나 프린트로 출력하거나 혹은 네트워크를 통해 다른 컴퓨터에 이 명령어 수행을 위한 데이터를 송출한다.

컴퓨터는 오로지 외부로부터의 명령어에 따라 그에 적합한 행동을 수행한다. 그러나 로봇은 단방향성의 컴퓨터와 달리 양방향성의 특성을 가져야 한다. 즉, 로봇은 사용자의 말, 몸짓, 표정, 목소리 등을 통해 사용자의 의도를 종합적으로 판단하고, 그에 맞는 행동을 취해야 한다. 인간과 로봇의 상호작용에는 어떠한 것들이 있을까?

인간과 컴퓨터의 상호작용에는 인지적 상호작용과 감정 상호작용 등이 있다. 인지적 상호작용은 사용자의 의도를 파악하여 로봇이 사용자를 최대한으로 편하게 대해주는 상호작용을 말한다. 예를 들어서 사용자가 '목이 마르니 마실 것을 가져와라'라는 명령을 내리면 주인이 목이 마를 때에는 어떤 종류의 음료를 가져다주어야 하는지를 판단한다.

감정 상호작용은 로봇이 사용자의 감정을 인식하고 표현하는 기술이다. 그러나 사람의 감정은 본인 자신조차 자각하기 힘들 만큼 복잡하기 때문에 로봇의 감정 상호작용 기술은 더욱 어렵게 진척되고 있다.

로봇은 시각 기술과 음성 분석 기술을 통해 사용자의 감정 상태를 유추하게 된다. 시각 기술을 이용하여 로봇은 사람 얼굴의 표정을 인식하고, 음성 인식 기술을 이용하여 사람의 어조, 말의 세기 등을 총괄하여 사용자의 현재 감정 상태를 파악한다.

사용자의 감정 상태를 인식한 로봇은 사용자가 짜증이 났다고 판단하면 사람을 귀찮게 하는 질문을 삼가며 사람이 즐거운 상태일 때에는 로봇도 그 기분에 동조하면서 즐거운 표정을 지을 수 있게 된다. 로봇이 이와 같이 인간의 감정을 이해할 수 있고 그에 따라 각각 다른 행동을 나타낼 수 있을 때에 인간에게 더욱 친근한 로봇이 될 것이다.

로봇이 시각과 청각뿐만 아니라 촉각 등을 감각 채널로 활용하여 사람의 의도를 정확하게 판단하고 이러한 경험 정보를 기억하여 추후 사람의 의도 파악에 대한 오류를 최대한 줄여나간다면 우리 인간보다 훨씬 더 센스 있는 상호작용 주체로 발전할는지도 모른다.

15
로봇은 사용자
상황 인식을 어떻게 하나?

로봇이 사용자에게 서비스를 제공하기 위해서는 그 사람이 누구인가를 인식할 수 있어야 할 뿐만 아니라 그 사람이 어디에서 무엇을 하고 있는가, 즉 상황 인식도 파악할 수 있어야 한다. 로봇은 사용자의 상황 인식을 어떻게 할까?

사용자 상황 인식을 위해서는 사용자 위치 인식과 사용자 행동인식이 필요하다. 로봇이 사용자 위치인식을 위해서 영상정보, 음성정보, 지능화된 환경 등을 이용한다.

로봇으로부터 사람까지의 거리를 판단하는 방법으로는 특정한 신호를 발사해서 그 신호가 반사되어 되돌아오는 시간을 통해 각 점까지의 거리를 파악할 수 있지만 가격이 비싸다는 단점이 있다.

제일 간단한 방법으로는 평범한 2차원 카메라를 가지고 카메라 위치에 대한 사용자의 상대적 위치를 파악할 수 있다. 카메라를 기준점으로 하여 사람의 발끝과 머리를 향하는 각도를 알 수 있고 지면으로부터의 카메라 높이를 알 수 있으므로 삼각함수를 이용하여 사람의 상대적 위치와 사람의 키를 각각 구할 수 있다.

누군가가 로봇을 부르면 로봇은 소리가 난 방향을 추정해야 하는데 이와 같은 음원추적을 위해서는 마이크가 세 개 필요하다. 음원으로부터 마이크 3개로 각각 도달하는 시간의 차이로 음원의 방향을 얻게 되고 로봇이 음원의 방향으로 고개나 몸을 돌려서 카메라로 영상을 획득하여 누가 소리를 냈는지를 판단한다.

그런데 사람은 귀가 둘밖에 없는데 어떻게 소리가 앞에서, 뒤에서, 위에서, 아래에서 난 것인지를 알 수 있을까? 사람은 귀뿐만 아니라 고도의 인식 기능인 뇌를 가지고 있기 때문이다.

지능화된 환경을 통한 사용자 위치인식에는 로봇 자체에 센서를 부착하는 대신에 주변 환경에 고정적으로 장착되어 있는 카메라, 마이크, 기타 여러 센서를 이용하여 주변상황을 파악한 후 로봇에게 알려주는 방법이 있다.

로봇의 행동인식의 경우에는 인식하고자 하는 행동에 따라 적용되는 기법 등이 크게 달라지기 때문에 아직도 구체적인 기술 개발에 어려움이 있다.

16
로봇의 음성 인식 수준은
어느 정도인가?

로봇이 주인으로부터 명령받은 어떤 서비스를 제공하기 위해서는 우선적으로 주인이 나타내는 의사표현을 알아차릴 수 있어야 한다. 주인은 로봇에게 자신의 의사를 음성이나 제스처로 표현한다. 로봇이 주인의 의사를 인식하기 위해서는 음성 인식 기술과 제스처 인식 기술을 갖추고 있어야 한다. 이들 중에서 로봇의 음성 인식 수준은 어느 정도일까?

사람은 성대와 구강의 형태, 입술의 모양, 혀의 위치 등에 따라 여러 가지 음성을 만들어내는데 사람이 음성을 통해 나타내고자 하는 의도를 추정하는 과정이 이른바 음성 인식이다. 음성 인식은 로봇에 국한된 기술이 아니다. 컴퓨터에 어떠한 명령을 입력할 때에 키보드나 마우스 대신에 음성으로 명령을 입력하면 사용자의 편리성이 증대될 것이다. 그러나 로봇은 컴퓨터와 달리 로봇과 사람 사이의 거리가 멀 수 있다. 사람이 로봇과 떨어져 있는 상태에서는 말소리가 작게 들릴 뿐만 아니라 주변의 잡음도 많이 섞여 들어가게 되고 또한 로봇 자체의 소음도 있기 마련이기 때문에 음성 인식에 많은 어려움이 발생한다.

현재의 로봇에서는 음성 인식이 주로 명령형 인식에 집중되어 있다. 예를 들어서 '내게 신문을 가져와라'라는 말 대신에 짧게 '신문'이라고 명령하는데 이것을 인식하는 것도 그리 쉽지만은 않다. 물론 신문이라는 말은 로봇의 음성 인식 시스템에 사전에 등록되어 있어야만 한다.

사용자들이 로봇으로부터 서비스를 받고자 할 때에 불편한 것들 중의 하나가 바로 로봇이 주인의 말을 제대로 알아차리지 못한다는 것이다. 로봇 사용자가 여럿일 경우에는 각자의 명령 목소리를 사전에 로봇에 등록시켜 두어야 한다. 등록되어 있지 않은 목소리도 인식할 수는 있지만 인식 단어의 수가 제한적이며 인식성공률이 떨어지게 된다.

로봇 연구자들은 로봇이 받아들이는 음성신호의 질을 개선하기 위해 특정 방향의 음성신호를 강조하는 등의 방법으로 잡음의 영향을 최소화시키거나 잡음에 강인한 인식기술 개발과 더불어 사용자들이 자연스럽게 음성 명령을 내릴 수 있는 인터페이스 구축에 심혈을 기울이고 있다.

17
로봇의 제스처 인식 수준은
어느 정도인가?

    심리학자들의 말에 의하면 사람이 대화 상대에게 메시지를 전달할 때에 언어적 메시지 비중은 20%에 불과하고 나머지는 몸짓, 표정, 기타 심리적 발현 등의 신체언어로 전달된다고 한다. 따라서 로봇이 주인의 의사표현을 알아차리고 그에 따른 서비스를 주인에게 제공하기 위해서는 주인의 신체언어, 즉 제스처를 인식을 할 수 있어야 한다. 로봇의 제스처 인식 수준은 어느 정도일까?

    제스처 인식은 음성 인식의 보조적 수단에 그친다고 볼 수 없다. 로봇이 너무 멀리 떨어져 있어서 음성 인식이 제대로 작동되기 곤란한 경우에 주인은 로봇을 가까운 곳으로 불러야 한다. 이러한 경우에는 제스처 인식이 보조적이라기보다 주된 역할을 담당하게 된다. 사용자가 로봇에게 어딘가로 가라고 명령하면서 손가락을 가리킬 때에 손가락 제스처를 인식하는 일은 보조적이 아니라 필수적인 기능에 해당한다.

로봇이 사람의 제스처를 인식하기 위해서는 우선 비교적 먼 거리에서도 사람이 거기에 있다는 것을 파악할 수 있어야 한다. 또한 카메라를 통해 입력되는 사람의 영상을 분석하여 어느 부분이 얼굴인지도 알아차릴 수 있어야 한다.

로봇은 카메라를 통해 감지한 얼굴과 사전에 기억장치에 저장해둔 사용자의 얼굴을 비교하여 사용자 중 누구인지를 판별하게 된다. 로봇이 받아들인 사람의 영상 중에서 머리 위치를 중심으로 하여 바로 위 지역을 중상 영역으로 하고, 머리보다 높은 오른쪽의 위 영역을 우상 영역으로 하며 머리와 평행인 오른쪽의 아래 영역을 우하 영역으로 구분한다. 머리 왼쪽 부분도 머리 오른쪽 부분과 마찬가지 방법으로 좌상과 좌하 영역으로 구분한다.

로봇이 받아들인 사람의 영상에서 우상에 팔이 감지되면 이는 사람이 왼손을 드는 제스처임을 알 수 있고 그 영역에서 손가락의 모양을 감지함으로써 손가락의 방향을 알아차릴 수 있게 된다.

그러나 사람마다 체형이 다르고 제스처의 형태가 다르기 때문에 로봇이 사용자의 제스처를 인식하기란 여전히 어려운 상태에 놓여 있다.

18
로봇의 지능 수준은
어느 정도인가?

지능(intelligence)은 라틴어 'intellegere'에서 유래되었는데 이는 '함께 결합시키다'라는 의미를 가지고 있다. 1994년에 심리학자인 가프트레드손은 인간의 지능을 '추론, 계획, 문제해결 능력, 추상적 사고, 복잡한 아이디어 이해, 학습 등 다양한 능력을 포함하는 정신적 능력'이라고 정의하였다. 로봇의 지능 수준은 어느 정도일까?

인간은 태어나면서부터 보육자를 통해 주변의 환경을 학습하고 언어를 배우면서 지능을 성장시킨다. 그러나 로봇 개발자들은 인간이 태어나서 겪는 모든 과정을 건너뛰고 바로 어른이 되어버린 로봇을 만들려는 시도를 추진해오고 있다.

로봇에게 인간과 같은 지능을 갖게 하기 위해서 두 가지 접근방법, 즉 인공지능과 신경회로망 등이 연구되어 오고 있다. 인공지능이 소프트웨어적 접근방식이라면 신경회로망은 인간 뇌의 뉴런 동작을 흉내 내려 하는 하드웨어적 접근 방식이다. 그러나 이들 두 방식은 아직 이렇다 할 연구 성과를 내지 못하고 있는 실정이다.

인간의 기억 메커니즘은 3단계, 즉 감감 메모리, 작업 메모리, 장기 메모리 등으로 구성되어 있다. 자극에 의한 순간적인 기억은 1/4~2초 사이에 피부, 시각, 청각, 후각 세포 등에 의해 기억되는데 이러한 기억은 감각 메모리의 기억체계를 가지고 있다. 감각 메모리의 내용이 주의(attention) 과정을 통해 30초 정도의 단기기억장치인 작업 메모리 체계로 이동하게 되고, 반복과정을 거쳐서 장기기억 체계로 이동하여 저장된다.

로봇에게도 인간의 기억 메커니즘을 적용하려는 시도를 추진하고 있다. 로봇이 감지한 센서 입력 데이터를 감각 메모리에 잠시 두었다가 주의 시스템을 이용하여 관심이 있는 정보만을 작업 메모리에 저장하고 관심이 없는 정보는 바로 버리고 계속적으로 반복되어 사용되는 정보는 장기 메모리에 저장하도록 하는 것이다.

로봇이 인간과 같은 기억 메커니즘을 갖는다고 해도 수많이 저장되어 있는 기억내용을 상황에 맞게 꺼내어서 대처할 수 있게 하기에는 아직 멀고도 험한 길이라 여겨진다.

19
로봇의 감성 수준은
어느 정도인가?

인간은 애완동물을 바라보면서 슬퍼하기도 하고 기뻐하기도 하며 안아주기도 한다. 그러나 인간에게 로봇은 애완동물과는 달리 아직도 차가운 기계 덩어리로 인식되고 있다. 로봇이 인간처럼 미소 짓고, 슬픈 표정을 짓기도 하며 화를 내기도 한다면 인간은 한층 더 로봇에게 친밀감을 느낄 수 있을 것이다. 로봇의 감성 수준은 어느 정도일까?

로봇의 감성은 감성인식, 감성생성, 감성표현 기술 등으로 구분할 수 있다. 로봇 감성 기술의 모델은 심리학에서 인간을 모델링한 감성 모델을 적용하고 있으며 인지과학적인 접근 방법으로도 연구가 진행되어 오고 있다.

로봇의 감성 표현 수단으로는 주로 얼굴을 이용하고 있으며, 접촉과 같은 다양한 신체 부위를 통한 인간과의 감성 교류 및 감성 표현은 미흡한 실정이다. 로봇의 감성 수준은 아직도 감성인식 기술 개발에 집중되고 있으나 이 부분에서도 뚜렷한 결과물을 내놓지 못하고 있다.

로봇의 감성인식을 위한 센서로는 시각 센서, 청각 센서, 촉각 센서 등이 있다. 시각 센서를 통한 감성인식에서는 로봇이 인간의 얼굴 표정을 보고 인간의 감성을 인식한다. 로봇이 사용자의 감성을 인식하는 또 다른 채널로 청각 센서를 이용한 음성이 있다. 음성을 통한 감성인식을 위해서는 사용자의 감성에 따라 어떤 톤으로 말하는지를 로봇이 사전에 알고 있어야 한다.

그러나 사용자의 말은 실생활에서 상황마다 각기 다르고 또한 음성을 통한 감성 표현은 사람마다 차이가 있을 수 있기 때문에 로봇이 음성 센서를 통해서 감성을 인식하는 일이 쉽지 않다.

로봇이 사용자의 감성을 인식하는 또 다른 방법으로 촉각센서를 이용하는 방법이 있다. 로봇의 신체 전부에 감각 피부를 설치하고 이 감각 피부에 힘 센서와 열 센서를 부착함으로써 사용자가 로봇의 피부를 어떠한 감촉으로 접촉하는지를 센싱함으로써 사용자의 감성을 인식하려 하는 것이다.

로봇에게 인간과 같은 지능을 갖게 하는 기술 못지않게 감성을 갖게 하는 기술 또한 구현하기가 아직도 어려운 실정이다.

20
로봇은 어떻게 길을 찾나?

　이동이 가능한 로봇에게 어떤 일을 시키려면 작업장소를 지정해주어야 하고 또한 작업이 끝난 후에 돌아올 장소도 지정해주어야 한다. 로봇이 이러한 일을 수행할 수 있으려면 첫째로 지도(Map)가 있어야 한다.

　로봇의 지도에는 장애물의 유무, 움직일 수 있는 공간에 대한 정보 등의 간단한 내용만 포함된다. 로봇 주행에 필요한 지도로는 공간을 작은 사각형으로 나누고 해당 사각형 영역에 장애물이 있는지 없는지를 표시한 형태가 일반적이다. 둘째로 로봇 자신이 자기 위치를 인식하지 않으면 작업을 수행할 수 없을 것이다. 자기 위치 인식 방법에는 움직인 거리를 파악하기 위한 장비 사용, 자연적 랜드마크, 인공적 랜드마크, GPS 등이 있다.

　로봇이 시작지에서 목적지까지 이동하기 위해서는 적절한 이동경로를 생성한다. 경로를 만드는 데에는 두 가지 경우, 즉 전역적 경로 계획과 지역적 경로 계획이 있다. 전역적 경로 계획에서는 로봇이 시작지에서 목적지까지 로봇이 움직일 수 있는 공간을 알아내고 그중에서 가장 빠르게 갈 수 있는 경로를 찾는다. 지역적 경로 계획은 로봇이 실제로 이동할 때에 장애물 부근에서 장애물을 피하기 위해 원래 계획된 길을 벗어나서 새로운 길을 만드는 것을 말한다.

지역적 경로 계획은 장애물이 생기는 경우에 적용되는데 이러한 경우에는 두 가지가 있다. 하나는 기존에 로봇이 가지고 있는 지도 정보가 잘못되어서 장애물 표시가 빠져 있는 경우이고 다른 하나는 다른 로봇, 사람 등 움직이는 장애물이 로봇의 가는 방향에 나타나는 경우이다. 일반적으로 로봇은 물체와의 충돌을 방지하기 위해 전방이나 측, 후방에 물체와의 거리 혹은 충돌 여부를 감지할 수 있는 센서를 부착한다.

로봇이 길을 잘 찾게 하기가 그리 쉽지만은 않다. 로봇의 센서 기능은 사람의 감각기관과 비교하여 그 성능이 엄청 떨어진다. 로봇과 비교하면 사람은 너무나도 정교하고 신비할 정도로 똑똑한 존재이다.

21
로봇 내비게이션과 차량용
내비게이션은 어떻게 다른가?

로봇이 작업장소로 이동하고 작업이 끝난 후에 원래 자리로 돌아오기 위해서는 내비게이션이 필요하다. 그런데 로봇 내비게이션은 차량용 내비게이션과 비교하여 만족스럽지 못하다. 왜 로봇 내비게이션은 차량용 내비게이션과 달리 만족스럽지 못하는 것일까?

로봇 내비게이션에서는 위치인식을 위해 초음파, 적외선, 고주파 신호, 레이저 등의 신호를 사용하는데 대부분 정확성이 떨어진다. 레이저 거리 센서는 비교적 정확하지만 너무 고가라는 단점이 있다. 위치인식을 위해 인공 랜드마크를 사용하는 경우에는 기존 환경을 변화시켜야 하는데 가정에서는 이를 꺼린다. 로봇이 야외에서는 GPS를 사용할 수 있지만 실내에서는 로봇의 운용 공간에 좌표계를 설정해야 하는데 이를 구현하기가 쉽지 않다.

차량용 내비게이션은 위치인식을 위해 GPS를 사용하는데 GPS

의 오차범위는 대략 10m 정도로 큰 편이다. 로봇의 경우에는 작업하는 공간을 작은 형태의 격자로 나누어 각 격자에 장애물이 존재하는지를 구분해놓은 후에 움직일 수 있는 공간 내에서 목적지까지의 경로를 생성하고 이에 따라 움직인다. 전체 공간의 크기에 따라 격자 크기도 달라지지만 대부분 수~수십cm 이내의 크기를 가지는데 이는 로봇의 위치인식의 오차범위가 수~수십 cm 이하여야 함을 의미한다.

정확도 못지않게 중요한 사항은 누가 내비게이션을 사용하느냐 하는 것이다. 로봇 내비게이션의 사용자는 로봇인 데 반해 차량용 내비게이션은 사람이 사용한다. 사람은 우수한 감각기관을 가지고 있으므로 차량용 내비게이션이 설사 잘못된 정보를 제공하더라도 언제든지 빠르게 판단하고 이를 수정할 수 있다. 그러나 로봇은 감각기관의 능력이 떨어지고 또한 작은 오차라도 이를 보정해줄 수단이 없기 때문에 오차가 계속 쌓여서 터무니없는 결과를 낳게 되기도 한다.

로봇 센서나 정보 처리 알고리즘의 성능은 사람의 능력보다 한참 뒤떨어지기 때문에 로봇에 대한 만족도가 아직 충족되지 못하고 있는 실정이다.

22
내레이터 로봇이란 무엇인가?

　1960년대에 산업용 로봇이 개발되면서부터 로봇은 인간의 노동력을 대체할 수 있는 기계로 발전하게 되었다. 2000년대 이후부터는 인간과 상호작용이 가능한 지능형 로봇이 개발되어 오고 있다. 산업용 로봇과는 달리 지능형 로봇은 오락용, 경비용, 청소용, 교육용 등과 같이 인간의 일상생활에 침투하기 시작했다.

　내레이터 로봇은 지능형 로봇으로서 사람을 대신하여 실내·외 판촉활동을 벌이는 로봇이다. (주)쇼보는 내레이터 로봇을 개발하였는데 이 로봇은 8등신 미인의 외양을 가지고 있으며 반경 2m 이내에 사람이 들어오면 허리를 굽혀서 인사를 하고 제품 또는 매장에 대해 설명을 해준다고 한다.

　개업 식당이나 개업 대리점 앞에는 바람풍선을 띄우고 내레이터 모델을 동원하여 호객하는 모습이 눈에 띄곤 한다. 이러한 홍보활동은 지나가는 사람들에게 관심을 끌어서 음식이나 제품을 많이 팔려는 목적을 두고 있다. 지나가는 사람들의 주목을 끄는

데에는 내레이터 로봇도 큰 몫을 할 것으로 기대된다.

지능형 로봇은 인간과의 상호작용을 위해 얼굴 인식, 제스처 인식, 상황 인식, 음성 인식, 음성 합성, 위치 이동 등을 자연스럽게 수행할 수 있어야 하지만 인간처럼 모든 기능을 갖추기에는 아직 기술적인 어려움과 함께 로봇 가격이 비싸지는 단점이 존재한다.

내레이터 로봇은 반경 2m 이내의 사람을 인식하는 것으로 보아 어느 정도의 시각 인식 기능이 있다. 또한 문자로 로봇에게 알려주면 이를 음성으로 자동변환해 주는 음성 합성 기능이 있기 때문에 일일이 녹음하지 않아도 된다고 한다.

내레이터 로봇을 상대하는 사람들은 로봇에 대한 호기심으로 로봇과 간단한 대화를 하고 싶어 할 것이다. 이를 위해서는 음성 인식 기술이 요구되는데 간단한 몇 단어 정도는 충분히 해낼 수 있을 것이다.

내레이터 로봇의 등장으로 지능형 로봇의 서비스 활동 분야가 점점 더 넓어질 것으로 기대한다.

23
미래 로봇형 컴퓨터는 무엇인가?

제조업의 자동화에 공헌해왔던 로봇이 최근에는 첨단 소프트웨어를 장착하여 지능화됨으로써 사람과 인터랙션이 가능한 친근함까지 갖추게 되었다. 컴퓨터는 복잡한 계산을 간단하게 수행하였고 사무용 PC로 발전해오다가 인터넷의 발달에 힘입어 오늘날에는 모바일 기기에서 핵심 구성요소로 발전한 상태이다.

미래 로봇형 컴퓨터(FRC: Future Robotic Computer)는 로봇 기술과 컴퓨팅 기술이 융합된 미래형 컴퓨터로서 미래의 컴퓨팅 환경과 유기적인 상호작용을 수행하고 인간과의 자연스러운 인터랙션이 가능한 지능·감성을 갖춘 로봇형 컴퓨터를 의미한다.

FRC는 카메라, 마이크, 빔프로젝트, 모터, 터치센서(접촉인식), 조도센서, LED(컴퓨터 내부 상태 표현) 등을 부착하여 인지적 상호작용을 통한 사용자 및 환경에 대한 이해, 진화 학습을 통한 성장 및 자율 행동이 가능한 로봇형 PC이다. FRC는 센싱, 판단, 움직임의 모든 환경을 인식하여 미래 생활공간에서 요구되는 다양한 형태의 서비스/애플리케이션 제공이 가능하며, 자율행동을 수행하거나 사용자 요청에 의해 응용 서비스를 수행할 수 있다.

미국의 마이크로소프트는 마우스와 키보드 대신에 멀티터치와 제스처를 이용한 입력 기능, 물체인식을 통한 새로운 인터페이스 기능을 개발하였다. 조지아 공대에서는 다양한 센서들로부터 입력된 데이터를 분석하여 사용자의 신분 및 위치, 제스처, 행동 등을 인지하고 사용자의 상황정보를 관리하는 연구를 수행하고 있다.

로봇 산업과 IT 산업의 융합을 통한 미래형 로봇 컴퓨터는 기존 PC 시장을 새로운 신산업으로 재편하고 이를 통해 고부가가치의 산업 창출에 이바지할 것으로 전망되고 있다. FRC는 RT(Robot Technology)와 IT의 첨단 기술이 유기적으로 결합된 새로운 시스템 산업으로서, 선진기술을 도입함과 아울러 수요자 요구에 부합하는 FRC 특화 서비스 및 상용화 모델 개발, 디지털 홈 완성을 위한 비즈니스 생태계 구축이 우선적으로 실행되어야 할 것이다. 딱딱한 PC 기계가 아닌 지능과 감성을 갖춘 친근한 FRC 출현을 기대해본다.

24
생체신호기반 인터페이스는 무엇인가?

최근까지의 게임용 인터페이스는 화면과 소리 등의 시각과 청각에 기반을 두고 있다. 이제 체감형 인터페이스가 부각되면서 촉각(햅틱폰), 후각(향 발생기), 감성(뇌 인터페이스) 등의 다양한 생체신호를 검출하고 분석하기 위한 기술들이 개발되고 있다.

생체신호기반 인터페이스는 근전도 및 심전도, 뇌파 등과 같이 인위적으로 발생 가능한 생체 신호를 이용하여 노약자나 장애인용 컴퓨터의 인터페이스로 사용하거나, 휠체어 등의 재활기기 구동 제어 명령어를 생성하기 위한 기술을 의미한다.

생체신호 처리 기술은 사용자의 인터페이스뿐만 아니라 각종 재활 분야, 건강검진 분야 등의 의료분야에도 응용될 수 있어서 향후 고령화 사회에 활용성이 높을 것으로 전망되고 있다.

게임용 인터페이스 적용을 위해 여러 가지 생체신호가 연구되고 있는데 그중에 뇌파에 대한 연구가 가장 활발하게 진행되고 있다. 뇌파는 뇌세포 집단의 미세한 전기활동을 두피의 전극을 통해 모니터링하여 증폭시킨 파형이다. 델타파는 수면파이고 세타파는 졸음파이며 알파파는 명상파에 해당한다. SMR파는 집중파이고 베타파는 불안파이며 감마파는 스트레스파이다. 이러한 뇌파 신호를 이용하여 여러 가지 사용자 의도와 감정을 분석하는 연구가 진행 중이다.

헤드셋을 끼고서 생각하는 것만으로 자동차 게임의 속력을 조절할 수 있고 뇌파와 근전도 추출을 병행하여 게임 자동차를 좌우로 운행할 수 있다. 전신마비 환자의 머리에 센서칩을 부착하여 TV나 컴퓨터를 조작할 수 있다. 게이머의 손가락에서 맥박과 전류를 분석하여 긴장이 낮아짐에 따라 공룡을 조작할 수 있는 게임은 우울증이나 스트레스 치료에 도움을 줄 수 있다.

착용자의 피부 전도성을 센싱하여 감정적 흥분 상태를 LED의 밝기 정도로 변환시켜 주는 장치와 함께 단순히 생각만으로 게임 속의 모든 조작을 수행할 수 있는 게임도 개발되었다. 인간 친화적인 인터페이스 목적의 생체신호 기술에 관한 근원적인 연구와 개발이 컴퓨터장치 생태계를 중심으로 활발히 수행되어야 할 것이다.

part 03
통신과 IT

01
컴퓨터 통신의 전송라인은
인간 소통의 어디에 해당할까?

    컴퓨터 통신은 인간을 위한 음성, 데이터, 영상 등을 송수신 양측의 컴퓨터를 통해 주고받는 기술이다. 인간 소통은 표정 및 제스처 대화, 음성 대화, 문서 대화 등을 통해 각자의 생각을 상대방과 주고받는 행위이다. 컴퓨터 통신에서는 통신방식의 체계화를 위해 몇 개의 계층으로 구성된 프로토콜(protocol)을 사용하여 통신이 이루어진다. 인간 소통의 효율성을 높이기 위해 인간 소통을 체계화시켜 본다면 컴퓨터 통신의 전송라인은 인간 소통의 어느 계층에 해당할까?

    컴퓨터 통신의 전송라인에 해당하는 물리계층에서는 전화선, CATV 케이블, 광케이블, 무선 안테나 등의 접속규격을 명시한다. 컴퓨터 통신에서 제일 기본적으로 갖춰져야 할 구성은 유선이든 무선이든 양측 컴퓨터 사이에 서로 전송라인이 있어야 한다.

    인간의 소통에서도 제일 우선적으로 갖춰져야 할 구성이 바로 두 사람 사이의 '통신'이다. 즉, 두 사람 사이에 소통할 수 있는 통신 채널이 형성되어야 한다. 이와 같은 통신 채널에는 직접 대화, 유선전화, 무선전화, 인터넷, SNS(Social Network Service) 등 여러 가지가 있다.

직접 대화 채널을 위해서는 두 사람이 서로 대화가 가능할 정도로 가깝게 자리해야 한다. 유선전화, 무선전화, 인터넷, SNS 등과 같은 정보통신네트워크를 통한 소통을 위해서는 양측에서 공히 동일한 통신장치를 소지해야 한다. 동일한 통신장치를 소지해야 할 뿐만 아니라 상대방의 전화번호나 인터넷 주소 등을 알고 있어야 한다. 상대방과 소통하기 위해서는 직접 만나자는 약속을 할 수 있든지 혹은 마음만 먹으면 통신 미디어를 통해 대화할 수 있는 통신채널을 마련해놓아야 한다.

인간 소통에서 제일 우선적으로 설정되어야 할 통신계층이 조성되지 않으면 소통은 불가능하다. 인간이 소통하기 위해서는 직접 만나서 이야기를 하든, 정보통신 미디어를 통해 이야기를 하든 기본적으로 통신 채널이 형성되어 있어야 하는 것이다. 이러한 통신채널이 없다면 소통을 시작하는 것은 불가능하게 된다.

02
컴퓨터 통신의 데이터링크는
인간 소통의 어디에 해당할까?

 컴퓨터 통신에서는 하나의 메시지를 여러 개의 패킷(packet)으로 쪼개어서 보내는데 이는 전송 에러를 줄이기 위한 목적 때문이다. 출발지 컴퓨터에서 전송된 하나의 패킷이 목적지 컴퓨터까지 도달하는 과정에는 중간에 여러 대의 컴퓨터를 거칠 수도 있는데 이와 같이 여러 컴퓨터가 서로 연결되어 있는 집합체를 컴퓨터 네트워크라고 부른다.

 컴퓨터 네트워크에서 하나의 컴퓨터가 바로 인접해 있는 컴퓨터와 직접적으로 연결되어 있는 구간을 링크라고 하고 링크를 제어하는 프로토콜이 바로 데이터링크이다. 컴퓨터 통신의 데이터링크는 인간 소통의 어느 계층에 해당하는 것일까?

 컴퓨터 통신의 링크에서는 전송라인의 고장이나 혹은 전송 잡음으로 인해 데이터 에러가 발생할 수 있다. 송신 측 컴퓨터가 데이터 패킷을 송신할 때에 패킷 값에 따른 특정 값을 붙여서 전송함으로써 수신 측 컴퓨터가 그 패킷에 대해 전송 에러 발생여부를 체크할 수 있게 되어 있다.

수신 측 컴퓨터가 에러 패킷을 수신하면 송신 측 컴퓨터에 그 패킷을 다시 보내라고 요청한다. 또한 수신 측 컴퓨터의 패킷 수신 속도가 송신 측 컴퓨터의 전송속도를 따라가지 못하는 경우에는 수신 측 컴퓨터는 송신 측 컴퓨터에 전송속도를 늦춰달라고 요청한다. 이와 같이 컴퓨터 통신의 데이터링크 계층은 링크의 양측 컴퓨터 사이에 데이터 흐름이 정상적으로 유지될 수 있도록 제어기능을 수행한다.

인간 소통에서도 두 사람 사이에 대화를 하기 위한 링크 형성, 즉 '연결'이 유지되어 있어야 한다. 여기에서 연결계층은 직접대화든지 혹은 정보통신 네트워크를 통한 대화이든지 두 사람 사이의 대화 흐름을 부드럽게 유지시켜 주는 기능을 담당한다. 말하는 사람의 대화 중에서 잘못 들을 경우에는 듣는 사람이 상대방에게 다시 이야기해달라고 요청해야 한다. 또한 상대방의 말하는 속도가 빠른 경우에는 천천히 말해달라고 해야 한다. 상대방이 말할 때마다 중간에 맞장구를 보내줌으로써 '연결 채널'이 정상적으로 유지되고 있음을, 즉 상대방 말을 제대로 듣고 있음을 표현해야 한다.

03
컴퓨터 통신의 네트워크 계층은
인간 소통의 어디에 해당할까?

    내 컴퓨터와 직접적으로 연결되어 있는 다른 인접 컴퓨터들도 있지만 한 단계나 혹은 그 이상의 단계를 건너서 간접적으로 연결되어 있는 컴퓨터들이 훨씬 많다. 이와 같이 여러 단계로 구성된 인터넷이 온 세계를 연결하고 있다. 컴퓨터 통신에는 서로 다른 컴퓨터들끼리의 통신을 원활히 수행하기 위해 계층적 구조의 통신 프로토콜(protocol)이 있는데 이때에 네트워크 계층은 인간 소통의 어디에 해당하는 것일까?

    여러 대의 컴퓨터들끼리 통신이 이루어지기 위해서는 각각의 컴퓨터를 지적할 수 있는 주소가 필요하다. 컴퓨터 주소에는 MAC 주소와 IP 주소라는 것이 있는데 MAC 주소는 컴퓨터가 공장에서 출시될 때에 이미 지정되는 값이고 IP 주소는 컴퓨터의 현재 위치에 따라 변화하는 주소이다.

    사람에게는 태어날 때에 이미 고정되는 주민등록번호와 그 이

후에 다른 사람들로부터 불리는 이름, 별명, 직책 등이 있다. 인간사회에서 소통하는 사람들의 집합은 휴먼네트워크로 볼 수 있다.

컴퓨터 통신의 네트워크 계층은 각각의 패킷이 적혀 있는 IP값을 참조하여 어디로 전송해야 그 패킷이 최종 목적지 컴퓨터로 전송되는지를 판단하는 기능을 수행한다. 컴퓨터 통신에서 각각의 컴퓨터는 자신에게 전달된 패킷들 중에서 자신을 최종 목적지로 하는 패킷이 아니더라도 그 패킷이 최종 목적지에 도달할 수 있도록 자신의 주변 컴퓨터에 전달하도록 되어 있다.

인간 소통에서는 이와 비슷한 일을 하는 사람이 드물 것이다. 편지 배달부라고 하면 자신에게 오는 편지가 아니더라도 주소에 적혀 있는 사람에게 그 편지를 전달하지만 일반인들은 자신에게 하는 말이 아닌 다른 말들을 다른 사람에게 전하면 좋은 사람으로 평가받지 못하게 된다.

컴퓨터 통신에서 네트워크 계층이 활발해져야 컴퓨터들끼리의 데이터 교환이 원활해지는 것처럼 인간 소통에서도 휴먼네트워크 계층이 든든해져야 그 사회의 소통문화가 발전되는 것이다.

04
컴퓨터 통신의 전달 계층은
인간 소통의 어디에 해당할까?

컴퓨터 통신에서는 메시지가 길면 길수록 그만큼 에러율이 높아진다. 메시지 전달의 에러를 줄이기 위해 발신 측 컴퓨터에서는 하나의 메시지를 작은 여러 개의 패킷(packet)으로 잘라서 전송하고 수신 측 컴퓨터에서는 수신한 여러 개의 패킷을 원래의 메시지로 복원하는데 이러한 기능은 컴퓨터 통신 프로토콜의 전달계층에 해당한다.

전달계층에서는 이 외에도 에러가 발생한 메시지는 재전송을 통해 복구하고, 네트워크의 트래픽 상태에 따라 메시지의 전송 속도를 조정해 나가기도 한다. 컴퓨터 통신의 전달 계층은 인간 소통의 어디에 해당할까?

컴퓨터 통신의 전달계층은 인간 소통에서 의사전달계층에 해당한다고 말할 수 있다. 사람은 말이나 글로 자기 의사를 표현할 때에 잘못 표현하는 경우도 있고 때로는 표현된 말이나 글에 오류가 발생할 수도 있으며 의사를 전달받는 사람이 상대방의 의사를 제대로 이해 못하는 경우도 있을 수 있다.

의사전달이 잘못될 경우에 대비하여 말하는 사람과 듣는 사람 사이에는 서로 동기가 맞아야 한다. 여기에서 동기라 함은 말의 시작과 끝의 시점을 서로 알아차리고 있음을 의미한다. 이와 같은 동기 맞춤을 위해서는 말하는 사람이 자신의 의사를 조리 있게 표현해야 하고 듣는 사람은 다른 생각하지 말고 경청해야 한다.

상대방 말을 듣는 사람은 상대방의 말의 앞뒤를 조립하면서 상대방의 의사를 이해하려고 노력해야 한다. 만일 상대방의 말들 중에서 의심스러운 부분이 발견되면 이를 상대방에게 확인해야 한다.

말하는 사람은 듣는 사람의 표정을 통해 자신의 의사가 제대로 전달되고 있는지를 확인하면서 말을 이어 나아가야 하고, 듣는 사람으로부터 도중에 어떤 질문을 받을 경우에는 자신의 원래 의사를 뚜렷이 표현해야 한다. 또한 말하는 사람은 듣는 사람의 이해 속도에 맞추어 말하기 속도를 조절해 나가야 한다.

인간 소통이 컴퓨터 통신과 비교 대상이 안 되겠지만 양측 사이에서 메시지를 확실하게 전달하려는 목적이 동일하다고 보면 컴퓨터 통신 프로토콜을 우리의 대화에 참고할 필요성이 생겨난다.

05
컴퓨터 통신의 세션 계층은
인간 소통의 어디에 해당할까?

컴퓨터 통신은 컴퓨터 내의 각 응용프로그램이 상대방의 각 응용프로그램에 전달하고자 하는 데이터를 신뢰성 있고 안전하며 에러 없이 전달하는 것을 목적으로 한다. 컴퓨터 통신의 각 프로토콜(protocol)은 전달되고 있는 응용프로그램의 데이터 내용을 파악하지 못한다. 그러나 인간 소통에서는 자신의 의사를 상대방에게 전달할 때에 컴퓨터 통신에서와 같이 독립적인 계층으로 구분하는 일이 그리 쉽지 않다. 인간 소통에서도 컴퓨터 통신에서와 마찬가지로 신뢰성, 안정성, 정확성 등을 보장하기 위한 단계별로 구분한다고 할 때에 세션 계층(Session Layer)은 인간 소통의 어디에 해당할까?

세션 계층은 응용프로그램 사이의 정보교환을 매끄럽게 해주는 역할을 담당한다. 응용프로그램의 긴 데이터 스트림 중간에 검사점(check point)을 추가하여 연결이 단절되거나 전송 에러가 발생한 경우에 재동기화와 에러 복구를 쉽게 한다.

세션 계층은 통신 네트워크의 기능을 다루는 것이 아니라 양측 컴퓨터의 통신 관련 기능을 담당한다. 예를 들어서 통신 네트워크가 모든 데이터를 올바르게 전달한다고 해도 수신 컴퓨터가 잘못하여 수신한 데이터를 분실할 수도 있다. 이를 위해 세션 계층은 동기화를 수행하여 에러를 복구한다. 또한 양측에서 누가 언제 데이터를 보내야 하는지를 조정하고 데이터 송수신 중에 세션을 종료할 필요가 있을 때에 이를 제어한다.

컴퓨터 통신의 세션 계층은 인간 소통에서 구간 대화 계층에 해당한다. 인간 소통에서도 긴 대화를 몇 개의 짧은 대화로 나누어서 각각의 짧은 대화에서 양측이 서로 동기를 맞춤으로써 오해의 소지를 없애도록 노력해야 한다. 아무런 표현 없이 대화가 중단되는 경우에는 상대방이 대화가 종료된 줄 착각할 수 있으므로 표정이나 제스처를 통해 상대방에게 양해를 구해야 한다.

인간 소통에서도 컴퓨터 통신에서와 마찬가지로 양측의 생각을 정확하게 주고받을 수 있도록 단계마다 주의를 기울이는 것은 당연한 것이다.

06
컴퓨터 통신의 표현 계층은
인간 소통의 어디에 해당할까?

    컴퓨터 통신에서는 송신 측 컴퓨터와 수신 측 컴퓨터의 애플리케이션 프로그램이 서로 정보를 원활하게 교환할 수 있도록 통신 프로토콜(protocol)이 사용된다. 이러한 통신 프로토콜은 기능별로 독립 형태를 가지는 계층(layer)들로 구성되어 있는데 개방형 통신 프로토콜은 7계층으로 이루어져 있다. 컴퓨터 통신의 표현 계층(presentation layer)은 인간 소통의 어디에 해당할까?

    컴퓨터 통신의 표현 계층은 말 그대로 주고받는 정보의 표현 방식을 다룬다. 숫자를 포함한 알파벳 글자들은 컴퓨터 통신에서 디지털 정보로 바꾸어야 하는데 이를 코딩(coding)이라고 한다. 양측 컴퓨터 사이에 코딩 방식이 서로 동일해야 통신이 가능한데 만일 서로 다른 코딩을 사용할 경우에 어느 한쪽에서 코딩 방식을 변환시켜 주는 기능이 있어야 한다. 정보 데이터의 보안을 위한 암호화와 전달하고자 하는 데이터의 양을 줄이기 위한 데이터 압축 기능도 표현 계층에서 수행된다.

인간 소통에서도 양측의 생각을 원활하게 서로 주고받을 수 있도록 대화 기법이 필요하다. 양측 언어가 서로 다르면 이는 소통이 불가능해진다. 제스처로 소통을 하려 할 때에도 서로 간에 이해하지 못하는 몸동작을 취한다면 이 또한 대화가 어려워진다.

자기 의사를 전달하려는 사람은 우선적으로 상대방이 이해할 수 있는 언어나 제스처를 사용해야 한다. 만일 그렇게 할 수 없는 경우에는 자신의 언어와 제스처를 번역하여 상대방에게 전해야 한다. 상대방의 의사를 듣는 사람은 상대방의 표현방식에 맞추면서 상대방의 뜻을 이해하도록 노력해야 한다.

어린이가 어른과 대화할 때에 어른의 여러 가지 표현을 이해하기 어려울 것이다. 어린이가 어른의 표현에 맞출 수는 없기 때문에 결국 어른이 어린이의 이해 수준에 맞추어 대화를 이어 나아가야 한다.

인간 소통에서도 상호 간에 원활한 의사교환이 이루어질 수 있도록 계층적인 대화기법을 활용할 필요성이 있다.

07
컴퓨터 통신의 응용 계층은
인간 소통의 어디에 해당할까?

컴퓨터 통신의 응용 계층(application layer)은 통신 프로토콜에서 최상위 계층으로 컴퓨터 사용자가 직접 접하게 되는 부분이다. 컴퓨터 사용자가 자신의 컴퓨터에 저장되어 있는 정보를 컴퓨터 통신을 통해 상대방 컴퓨터에 전달하고자 할 때에 응용 계층의 기능을 활용한다. 이러한 컴퓨터 통신의 응용 계층은 인간 소통의 어디에 해당할까?

컴퓨터 통신의 응용 계층에는 네트워크 가상 터미널, 파일 전송, 우편 서비스, 디렉터리 서비스 등이 있다. 이들은 모두 컴퓨터 사용자가 상대방의 컴퓨터에 정보를 전송하고자 할 때에 활용하는 응용 프로그램들이다.

컴퓨터 통신의 응용 계층은 결국 통신 툴(tool)에 해당한다. 인간 소통에서는 어떠한 툴이 요구되는가? 인간 소통에는 직접 대화, 전화 통화, 문자 교환, 영상 통화, 채팅, 이메일, SNS, 프레젠

테이션, 회의, 세미나, 스킨십 대화, 표정 대화, 제스처 등 여러 가지의 대화 툴이 활용되고 있다.

컴퓨터 사용자는 편리성, 안전성, 신뢰성, 경제성, 효율성 등을 고려하여 응용 계층에 속해 있는 통신 프로그램을 선택하게 된다. 마찬가지로 인간의 소통에서도 여러 가지의 대화 툴들 중에서 어떠한 것을 채택해야 대화의 효과를 최적화시킬 수 있을 것인가를 신중하게 생각해야 한다.

직접 만나서 소통해야 하는 사항을 단지 전화 통화로 대체한다면 이는 자신의 의사를 제대로 전달할 수 없게 된다. 반면에 전화 통화로 소통해도 되는 사안을 먼 곳까지 방문하여 직접 대화를 꾀한다면 시간과 비용을 지불할 수밖에 없게 된다.

인기 있는 컴퓨터 애플리케이션이 되기 위해서는 양측 애플리케이션 사이의 컴퓨터 통신도 중요하지만 무엇보다도 애플리케이션의 콘텐츠가 우수해야 한다. 마찬가지로 인간 소통에서도 대화 기법이 아무리 중요하다고 해도 제일 우선적으로 고려해야 할 사항은 바로 대화 내용인 것이다. 언제, 어디서, 누구와, 무엇 때문에, 왜 소통해야 하는지를 파악하여 그에 맞는 소통 콘텐츠를 세심하게 만드는 일이야말로 소통에서 제일 중요한 사항일 것이다.

08
통신에서 교환기는 무엇인가?

1876년 벨이 전화기를 발명했을 때에는 두 대의 전화기를 전화선으로 직접 연결하여 통화하였다. 두 대의 전화기를 연결할 때에는 전화선이 한 선만 필요하지만 세 대의 전화기를 연결할 때에는 3선, 4대에서는 6선, 5대에서는 10선으로 늘어나게 되고 전화기 10대 모두를 서로 연결하고자 하면 45개의 전화선이 필요하게 된다. 이렇게 전화기의 수가 늘어남에 따라 그에 따른 전화선의 수가 기하급수적으로 늘어남을 감당할 수 없기에 교환기를 새로 개발하게 되었다.

교환기는 동네의 한 가운데에 위치하여 모든 전화기와 일대일로 연결되고 각 전화기로부터 통화 시도가 들어오면 통화를 원하는 가입자와 연결시켜 주는 기능을 수행한다. 따라서 교환기를 도입하면 전화기 수가 아무리 증가하여도 전화선 수는 전화기 수와 일치하게 되어 경제성이 증가할 수 있었다. 처음으로 등장한 교환기는 오늘날처럼 자동교환기가 아니라 수동교환기였던

지라 교환수가 교환기 앞에 자리하고 있어서 가입자로부터 통화 신청을 받아서 통화연결을 해주곤 했다.

우리나라에서도 1980년대 초까지는 자석식 전화기의 손잡이를 돌려서 교환양을 부른 후에 교환양에게 누구와 통화하고 싶다고 말하면 그때에 통화가 연결되는 수동식 교환기가 남아 있었다. 그 이후에는 컴퓨터 기술이 발달됨에 따라 전국적으로 자동교환 기가 구축됨에 따라 교환양의 역할이 사라지게 되었다.

우리나라는 교환기를 외국에서 수입하여 구축했던지라 각 가정에 보급할 수 있는 회선 수가 턱없이 부족하였다. 그러다가 1983년에 한국전자통신연구원(ETRI)에서 TDX라는 이름의 국산 디지털 교환기를 개발하고서부터 국내 설치뿐만 아니라 해외에까지 수출할 수 있게 되어 IT 선진국의 기틀을 마련할 수 있었다.

인터넷이 발달하기 전까지는 교환기가 통신의 꽃이었으나 인터넷 시대 이후에는 라우터(router)가 그 자리를 차지하게 되어서 이제는 교환기의 시대도 먼 옛날 일이 되어버렸다.

09
통신에서 다중화는 무엇인가?

통신에서 다중화(multiplexing)는 전송에 관한 핵심기술 중의 하나이다. 전기통신에서 교환기는 그 지역의 중심에 위치하여 그 지역의 가입자들에게 전화서비스를 제공한다. 어느 지역이 새로 개발될 때에 우선적으로 전화국 자리가 배치되는 것은 바로 전화 서비스를 원활히 제공하기 위한 정책에서이다. 전화국의 교환기에서 각 가정까지는 2km 이내의 거리로 그다지 먼 거리가 아니지만 교환기 사이를 연결하기 위해서는 수 km에서 수백 km까지의 거리를 케이블로 연결해야 한다.

교환기와 교환기를 연결하는 전송선로를 중계선이라고 부르는데 중계선은 거리가 멀기 때문에 전송선로의 가격 부담을 줄일 방안을 찾다가 하나의 중계선으로 여러 가입자를 동시에 수용할 수 있는 기술을 찾게 되었다. 이것이 바로 다중화 기술이다. 다중화 기술은 여러 개의 전송선로를 하나의 전송선로로 대체함으로써 전송 선로 가격을 절감할 수 있게 한다.

방송도 다중화를 이용하고 있다. 공기를 통해 전송되는 무선 신호에는 KBS, MBC, SBS 등 여러 방송 신호가 동시에 존재하지만 가정의 TV에서 채널을 선택함으로써 원하는 방송을 시청할 수 있다.

즉, 하나의 공기 미디어 속에 여러 방송 신호가 수용되고 있다. 핸드폰도 다중화 기술을 활용하고 있다. 하나의 기지국 밑에는 수많은 핸드폰이 동시에 존재하지만 서로 간에 간섭 없이 통화가 가능한 것은 다중화 기술이 적용되고 있기 때문이다.

다중화는 관리하기가 복잡하지만 경제성 증진이라는 목적으로 여러 분야에 적용되고 있다. 도로 위에 자동차 한 대만 지나다니는 것이 아니라 여러 대가 동시에 지나다니는 것도 다중화의 일종이다. 하나의 지하철 안에 승객의 수가 많으면 많을수록, 즉 다중도가 높을수록 지하철의 경제성은 높아지게 되지만 가입자의 만족도는 떨어지게 되는 것이다. 이와 같이 모든 분야에서는 경제성과 만족성이 충돌되는 경우가 많이 존재한다.

공공시설에서 다른 사람들로 인해 불편함을 느낄 때마다 시설 다중화라는 개념을 기억해봄도 좋을 듯싶다.

10
IP 주소란 무엇인가?

　인터넷은 1960년대 초에 미국 국방성이 소련의 공격에 대비하기 위한 데이터통신망을 구축한 데에서 출발하였다. 초기의 데이터통신은 국방 목적으로 사용되었다가 민간의 연구기관과 학교 등지로 전파되었고 1990년대 이후에 PC가 널리 보급되면서부터 세계 어느 곳에서라도 정보를 주고받을 수 있는 인터넷으로 발전하게 되었던 것이다.

　모든 통신에는 양측의 송수신장치 사이에 프로토콜(protocol)이 존재한다. 프로토콜은 정보를 주고받는 데 필요한 일종의 규약인데 인터넷 프로토콜로 TCP/IP가 사용되고 있다. IP는 Internet Protocol의 약어이다. 인터넷에 연결된 모든 통신장치에는 타 통신장치와 구별을 위해 주소가 필요한데 이것이 바로 IP 주소이다.

　IP 주소는 32자리(비트)의 이진수로 구성되어 있는데 자리 수가 모자라서 앞으로는 128자리(비트)의 이진수 주소를 사용하는 IPv6를 사용할 예정이다. IPv6는 세계 사람의 각 개인이 1억 개의 통신장치를 사용할 수 있을 정도로 IP 주소 개수가 많다고 하니 이제 또다시 IP 프로토콜을 개정할 필요는 없을 것 같다.

IP 주소는 인터넷에 연결되어 있는 모든 PC에서 필요한데 이는 PC가 정보를 주고받을 때에 자신의 PC 주소인 IP 주소를 패킷마다 붙여야 하기 때문이다. IP 주소가 PC마다 붙여진다고 하여 PC에 고정되어 있는 고유번호는 아니다. IP 주소는 인터넷에 연결되어 있는 전송선로의 위치에 따라 고정되기 때문에 PC를 다른 지역의 인터넷에 연결 사용할 때에는 PC 내의 IP 주소를 그 전송선로의 IP 주소로 바꾸어줘야 한다.

전화번호와 달리 사용자가 상대방 PC의 IP 주소를 기억하지 않아도 되는 것은 URL(Uniform Resource Locator), 즉 홈페이지 주소를 사용하기 때문이다. 각 PC의 브라우저 프로그램이 URL을 인터넷 주소에 붙여 DNS(Domain Name Server)에 보내면 DNS가 이 URL을 IP 주소로 번역해주기 때문에 PC 사용자는 상대방의 IP 주소 대신에 정보를 교환하고자 하는 상대방의 URL을 기억하는 것으로 충분하게 된다.

11
반도체란 무엇인가?

이 세상 물질은 전기가 통하는 도체와 전기가 통하지 않는 부도체로 구분된다. 철이나 구리와 같은 대부분의 금속물질은 도체에 해당하고 나무, 고무, 옷감 등과 같은 물질들은 부도체이다.

반도체는 도체이기도 하고 부도체이기도 한 물질을 말하는데 실리콘(Si)과 게르마늄(Ge)이 여기에 속한다. 반도체 실리콘(silicon)은 방수제로 사용되는 실리콘(silicone)과는 완전히 다른 물질이다.

반도체 물질을 이용한 대표적인 전자부품으로 트랜지스터가 있다. 트랜지스터가 전자부품으로 등장하기 전까지는 진공관 부품을 사용하여 라디오를 제작하였으나 트랜지스터가 진공관을 대체하면서부터 라디오 크기가 작아질 수 있었다. 전자기술 엔지니어들은 트랜지스터에 정해진 임계값 이상으로 전류를 흘려주면 그 트랜지스터는 앰프 회로가 아니라 '0'과 '1'을 나타내는 디지털 회로가 됨을 찾아내게 되었다.

초기에는 개개의 트랜지스터를 사용하여 디지털 회로를 구성하였으나 IC(Integrated Circuit)라고 하는 집적회로 기술이 개발되면서부터 반도체 부품기술은 해를 거듭하면서 발전을 거듭해오고 있다. IC는 웨이퍼(wafer)라고 부르는 반도체 원판 위에 트랜지스터 회로를 집적시킨 전자부품인데 이러한 IC는 메모리와 비메모리로 나누어진다.

메모리 반도체는 1980년대 중반에 PC가 등장하면서부터 세계시장이 확장되더니 그 이후로 핸드폰에 들어가는 메모리 수요가 증가하면서 우리나라 IT 수출의 효자종목으로 자리 잡아오고 있다. 반도체 메모리 성장속도가 18개월마다 2배씩 증가한다는 '무어의 법칙'이 적용되어 왔으나 최근에는 12개월마다 2배씩 증가한다는 '황의 법칙'이 널리 퍼지고 있다. '황의 법칙'은 삼성전자의 황창규 사장이 발표한 법칙으로 그의 성을 따서 붙인 용어이다.

반도체 기술의 핵심은 메모리 칩 내부의 회로 간 선폭을 얼마나 좁게 제작하느냐이다. D램의 선폭은 머리카락의 수천 분의 1 정도인 0.1마이크로미터가 한계로 알려져 있다. 그보다 작은 선폭으로 집적하려면 나노(Nano) 기술을 활용할 수밖에 없다는 것이다.

12
직접적으로 연결되어 있는
여러 컴퓨터 사이에는 어떻게
통신하나?

컴퓨터 통신에서는 '데이터 충돌' 문제를 해결하는 일이 중요하다. 사람도 여러 명이 모여서 대화를 하다 보면 동시에 말하려는 순간이 생기는데 이때에 충돌된 사람들끼리 서로 양보하면서 타협을 해야 그 대화가 계속적으로 이어질 수 있다.

컴퓨터이든 사람이든 공유하고 있는 미디어를 둘 이상의 개체가 동시에 데이터를 보내려 하면 충돌이 발생한다. 여러 대의 컴퓨터가 하나의 미디어를 서로 공유하면서 정보를 주고받을 때에 어떠한 방식으로 통신하는 것일까?

컴퓨터가 공유된 미디어를 통해 자신의 데이터를 보내려면 미디어를 차지해야 하는데 이를 '미디어 액세스'라 하며 컴퓨터들 사이에 충돌을 방지하는 방식을 '액세스 제어'라고 부른다.

여러 사람이 회의나 토론할 때에 공기라는 미디어를 서로 공유하고 있기 때문에 나름대로의 '발언 제어'가 필요하게 된다. 컴퓨터 통신에서는 어느 컴퓨터라도 자신의 데이터를 보내고자 할 때에는 우선적으로 다른 컴퓨터가 데이터를 보내는 중인가를 체크한다. 데이터를 보내는 중일 경우에는 끝날 때까지 기다려야 한다. 데이터 송신이 끝나자마자 미디어를 액세스하게 되는데 이 때에도 다른 컴퓨터들과 동시에 데이터 송신을 시도할 수 있다. 이런 경우에는 데이터 충돌을 야기한 컴퓨터들이 각자의 주사위 를 던져서 나온 값으로 순서를 정하게 된다. 주사위가 1에서 1,000까지 값을 가진다면 같은 값을 가질 확률은 낮아질 것이다. 컴퓨터 통신에 참가하는 모든 컴퓨터에는 동일한 '액세스 제어' 프로그램이 동작되고 있으므로 일사분란하게 컴퓨터 통신이 이 루어진다.

그러나 사람들은 회의나 토의 시에 '발언 제어' 규칙을 만들어 놓아도 잘 지켜지지 않는 경우가 종종 있다. 특히 사회자가 중재 함에도 사회자의 말에 전혀 따르지 않고 오랜 시간 동안 공유되 어 있는 미디어를 점유하는 사람이 있다.

인간 소통에서도 여러 사람끼리 이야기할 때에는 컴퓨터 통신 에서와 같이 '액세스 제어'라는 개념을 지니면 어떨까 싶은 생각 이 든다.

13
알로하 통신이란 무엇인가?

알로하(ALOHA) 통신은 1970년대 미국 하와이 대학교에서 개발된 세계 최초의 패킷 무선통신 기술이다. 여러 대의 터미널이 단 하나뿐인 전송채널을 임의로 접속하여 그 미디어(전송매체)를 공유하는 방식을 '미디어 액세스 제어'라고 부르는데 알로하 통신은 이러한 액세스 제어를 세계 최초로 도입하였다. 알로하 통신이 오늘날의 통신기술 발전에 공헌한 것은 이 기술이 유선 LAN의 통신방식에 수정 적용되었는데 이 LAN 기술이 인터넷의 기초가 되었다는 사실이다.

알로하는 하와이 원주민의 언어로 'hello'라는 의미이다. 알로하 통신에서는 각 터미널이 데이터를 보내고자 할 때에 'hello'라고 말하듯이 그냥 전송하면 된다. 다른 터미널이 데이터를 보내고 있는 중일 수도 있는데 그러한 것을 고려하지 않은 채로 착신 터미널에 데이터를 보내게 되니 다른 터미널의 데이터 전송과 충돌되어 데이터 전송에 실패할 수도 있다. 일정 시간이 지난 후에도 착신 터미널로부터 받았다는 응답 메시지가 없으면 충돌인 것으로 간주하여 다시 보내는 간단한 방식이다.

전송매체가 바쁘지 않을 때에는 알로하 통신처럼 간단하고 효율 좋은 프로토콜도 없다. 그러나 각 터미널이 보낼 데이터가 많아서 하나뿐인 전송매체가 바쁘게 되면 전송 데이터 충돌이 빈번하게 발생하기 때문에 재전송이 늘어나게 되고 이는 더욱 전송매체를 바쁘게 만들어서 전송효율이 점점 더 악화되는 단점이 있다. 따라서 알로하 통신은 보낼 데이터가 가끔씩 있는 네트워크에서만 적용할 수 있는 통신방식이다.

인간 소통에서도 말하고 있는 사람이 말을 끝내기도 전에 다른 사람이 말을 하기 시작하면 '음성 충돌'이 발생하여 무슨 말을 하는지 알아듣지 못하게 된다. 이러한 '음성 충돌'을 피하기 위해서는 말하고 싶은 순간이 오더라도 상대방의 말이 끝나기를 기다려야 한다. 말하려는 사람들이 많으면 많을수록 대화 효율이 떨어져서 대화 시간이 점점 더 길어지게 된다. 이를 방지하기 위해서는 사전에 '대화 규칙'을 설정해놓을 필요성이 있다 하겠다.

14
코드는 무엇인가?

    노무현 대통령 시절에 코드 정치라는 말이 유행한 적이 있다. 코드에는 바코드(code), 기타 코드(chord), 전기 코드(cord) 등과 같이 세 가지의 서로 다른 의미가 있다. 그렇다면 그 시절의 코드는 이들 셋 중에서 어느 코드를 지칭한 것일까?

    전기 코드(cord)는 전기 장치에 전기를 공급하기 위한 커넥터이다. 커넥터는 컴퓨터 통신의 맨 아래 계층 프로토콜에 해당한다. 컴퓨터 통신에서 코드의 크기와 모양이 동일해야 양측의 통신이 가능해진다.

    기타 코드(guitar chord)는 여러 음을 동시에 냄으로써 이루어지는 화음이다. 기타 코드를 잘못 누르면 화음이 안 맞아서 듣기 거북한 음색으로 바뀌고 만다. 여기의 코드는 컴퓨터 통신에서 맨 위 계층인 사용자 데이터에 해당한다. 컴퓨터 통신을 차치하고 인간 대 인간의 소통에서 서로 어울리는 대화를 이어 나아가야 서로의 의사를 편안하게 주고받을 수 있다. 정치도 곧 어울림이라고 하여 코드(chord)란 단어를 사용한 것일까?

바코드의 코드(code)는 컴퓨터 통신의 맨 아래 계층 프로토콜에 사용되며 아날로그를 디지털로 바꾸는 데에 있어 필수적 요소이다. 아날로그는 시간적으로 연속된 값들을 의미하고 디지털은 아날로그를 일정한 주기로 관찰하여 그 관찰 값을 숫자로 표기한 것인데 이때에 숫자로 표기한 것이 바로 코드(code)이다.

오디오 시스템에서 마이크가 출력하는 소리는 아날로그인데 이 소리의 음 높이를 구분할 때에 숫자로 표기한 것이 코드이다. 제일 낮은 음과 제일 높은 음 사이를 100등분하여 일정한 시간 간격마다 그때의 음 높이 값을 메모리에 저장하면 디지털 음악이 되는 것이다.

소리 높이 등분 개수가 많으면 많을수록, 음 높이 관찰 주기가 짧으면 짧을수록 그만큼 원음에 가까운 코드가 됨을 짐작할 수 있다. 그런데 이러한 코드는 여러 종류이므로 양측의 코드가 서로 맞아야 디지털을 아날로그로 복원시킬 수 있게 된다. 한마디로 코드(code)가 서로 다른 데이터는 무용지물이다. 코드 정치의 코드가 어느 코드인지는 스펠링이 없어서 잘 모르겠다.

15
광섬유란 무엇인가?

광섬유(optical fiber)는 유리로 만든 섬유로서 그 굵기가 머리카락보다 더 가늘다. 섬유라고 하여 옷을 만드는 재료가 아니고 통신 매체로 활용되고 있다. 양복점 진열장에 빨간 불빛 점을 발하는 하얀 광섬유들이 가끔 보이곤 한다.

통신은 전송매체에 따라 전기통신, 무선통신, 광통신 등으로 구분된다. 전기통신은 구리선을 이용하여 전기 에너지를 통해 데이터를 전송한다. 무선통신은 선이 없이 전파를 공중으로 발사하여 데이터를 전송한다. 광통신은 광섬유를 이용하여 광 에너지를 통해 데이터를 전송한다. 기존의 구리선으로 신호를 전송하면 잡음이 많이 발생하여 먼 거리 전송이 불가능하였다. 또한 구리선으로는 전송 데이터의 용량을 늘리기가 어려웠다.

광섬유는 빛을 전달하기 위해 두 종류의 유리로 구성된다. 내부의 원통형 유리는 코어(core)라고 불리며 외부의 원통형 유리인 클래딩(cladding)보다 굴절률이 더 크다. 코어에 빛을 쏘이면 코어

속으로 전달되는 빛은 코어 밖, 즉 클래딩으로 빠져나가는 것이 아니라 전반사되어 다시 코어 내부로 들어오게 됨으로써 먼 거리까지 손실 없이 빛이 전달되는 것이다.

광통신은 광섬유의 출발점에서 전기 신호를 광 신호로 바꾸어주는 광전송장치를 두고 광섬유의 도착점에서는 반대로 광 신호를 전기 신호로 바꾸어주는 광수신장치를 두어 데이터를 전송한다.

여러 가닥의 광섬유를 묶어서 겉에 피복을 입힌 것을 광케이블이라고 부른다. 기존에는 전선케이블로 통신 인프라를 구성하였으나 광통신 발전 이후 광케이블로 대체하면서부터 우리나라 통신 인프라는 광대역 네트워크로 발전하게 되었다.

1981년도에 국내 최초로 서울 중앙전화국과 광화문전화국 사이의 2km 구간에 광통신이 설치된 이래 광기술은 발전을 거듭하여 왔다. 그로부터 몇 년 후에는 모든 전기신호가 광신호로 대체되면서 머지않아 광컴퓨터가 등장할 것으로 예상했으나 광신호용 반도체 개발이 만만치 않아서 광섬유의 활용은 주로 전송매체에 머무르고 있다.

16
전화선은 왜
이중나선(twisted pair)인가?

　전화선은 전화국에서 가정이나 사무실까지 연결되며 구리선의 일종이다. 전화선은 아날로그 신호를 전송했으나 ADSL 이후부터는 디지털 신호를 전송한다. 아날로그 전화선에서는 직류와 교류를 동시에 사용했는데 이러한 전류는 전화국으로부터 공급받는다. 그래서 가정의 전기가 끊어져도 전화 통신이 가능한데 이는 전화국에는 48시간 버틸 수 있는 배터리가 준비되어 있기 때문이다.

　전화선은 절연된 두 개의 구리선이 나선 모양으로 꼬여 있어서 트위스트 페어(twisted pair)선이라고도 불린다. 전화국에 전원 장치가 있고 한 선이 전화기를 거쳐서 다른 선으로 전화국으로 되돌아오는 형태로 구성되어 있기 때문에 local loop라고 한다. 전화기 안에 스위치가 있어서 전화기를 들면 기계적으로 스위치가 붙어져서 전화선상에 전류가 흐르게 된다. 전류가 흐르기 시작하

면 전화국 내의 교환기는 가입자가 수화기를 들었다고 감지할
수 있게 된다.

　두 개의 전화선이 전화기에서부터 전화국까지 꼬여져서 연결
되고 이렇게 꼬여진 전화선은 수백 개로 묶여서 절연보호막으로
감싸게 되는데 이것이 전화선 케이블이다. 이렇게 구리선을 꼬는
이유는 전자파 신호가 흘러가면서 생기는 전기 및 자기장이 어
느 정도 서로 상쇄되어 간섭이 줄어들기 때문이다. 간섭은 옆의
전화선 신호가 자신의 전화선 신호에 영향을 주는 형태로서 특
히 다른 사람이 말하는 소리까지 들리는 현상을 크로스 톡(cross
talk)이라고 부른다.

　아날로그 전화선으로는 한 가입자의 음성만을 전송할 수 있었
고 인터넷에 연결하기 위해서는 모뎀을 부착해야만 했었다. 음성
뿐만 아니라 데이터를 동시에 보내기 위한 ADSL 기술이 상용화
되면서부터 초고속 인터넷 시대가 열렸던 것이다. 전기통신망의
여러 구간 중에서 전화선이 디지털화되면서부터 바야흐로 인터
넷이 활성화되었고 우리나라를 IT 인프라 선진국으로 올려주게
된 계기가 되었다.

17
시분할 다중화란 무엇인가?

　통신에서 다중화는 여러 신호를 하나의 전송선로에 묶어서 전송함으로써 경제성을 증진시킨다. 이러한 다중화 기법들 중에 시분할 다중화(Time Division Multiplexing)라는 방법이 있다. 이 방법에서는 시간을 나누어서 다중화를 수행한다는 것인데 도대체 시간을 어떻게 나눌 수 있을까? 시간을 나눈다는 것은 신호 전송을 타임 슬롯(time slot)이라고 불리는 일정한 시간대에 주기적으로 전송한다는 의미이다.

　시속 60km까지 허용하는 2차선 도로 두 개가 한 개 도로로 합쳐지는 지점에서 병목 현상을 없애려면 4차선 도로를 설계하든지 아니면 시속 120km까지 허용하는 2차선 도로를 만들어야 한다. 4차선 도로 설계방식이 공간분할 다중화에 해당하고 시속 120km 도로 건설이 시분할 방식에 해당한다.

　10kbps(bit per second)의 일정한 속도로 입력되고 있는 신호 10개를 다중화시켜서 한 선으로 묶으려면 한 선의 속도는 입력신호 속도

의 10배, 즉 100kbps가 되어야 한다. 시분할 다중화에서는 타임 슬롯이라는 것이 있는데 하나의 타임 슬롯의 크기는 입력신호 시간의 1/10에 해당한다. 다중화 선에 1번부터 10번까지 타임 슬롯 번호를 매겨서 1번 입력신호는 1번 타임 슬롯, 2번 입력신호는 2번 타임 슬롯 등으로 순차적으로 정해서 10번 입력신호를 10번 타임 슬롯에 전송하면 된다. 10번 타임 슬롯 다음에는 다시 1번 타임 슬롯으로 계속하여 반복된다.

사람들이 바쁠 때에 시간을 쪼개서 쓴다고 말한다. 여기에서 시간을 쪼갠다는 말은 틈나는 시간에 놀지 않고 일을 한다는 의미일 것이다. 그러나 많은 일을 처리할 때에 각각의 일에 병목현상을 없애려면 시분할 다중화에서와 같이 일하는 속도를 높여야 한다.

시간을 쪼개어서 10가지 일을 동시에 처리하고자 하면 각각의 일을 평소보다 10배 속도로 처리해야 모든 일이 원만하게 해결될 수 있다. 빈 시간을 활용하는 일 못지않게 모든 일 처리에 집중도를 높여서 업무처리 시간을 줄이는 것도 다중화 효과를 위해 중요한 것이다.

18
CDMA란 무엇인가?

CDMA(Code Division Multiple Access)는 코드분할다중접속으로서 우리나라뿐만 아니라 세계에서 사용되고 있는 이동통신 방식이다. CDMA 기술은 원래 군용통신에서 방해전파를 극복하기 위해 사용되었으나 미국의 퀄컴 회사가 이동통신 기술로 발전시켰으며 세계 최초로 우리나라가 상용화에 성공하였다.

하나의 기지국 밑에 여러 대의 핸드폰들이 동시에 통화를 하기 위해서는 핸드폰 신호들 사이에 간섭을 피해야 하는데 이를 위한 방식에는 CDMA와 함께 TDMA(시간분할다중접속)와 FDMA(주파수분할다중접속) 등이 있다.

시간분할다중접속은 핸드폰마다 신호 보내는 시간을 서로 달리하고, 주파수분할다중접속은 주파수를 서로 달리하며, CDMA는 코드를 서로 달리하여 정보를 보냄으로써 핸드폰들 간에 간섭을 피한다.

CDMA에서는 모든 핸드폰이 동일한 주파수를 사용하고 또한 동일한 시간대에 신호를 송출하기 때문에 각각의 핸드폰 신호가 서로 겹쳐져서 마치 잡음처럼 보이지만 각각의 코드를 통해 구별이 가능하게 된다.

기지국은 핸드폰마다 서로 다른 코드를 부여하고 핸드폰은 자신의 코드를 저장해두고 있다가 기지국으로 보낼 신호를 자신의 코드로 부호화하여 전송하게 된다. 기지국은 여러 핸드폰으로부터 전송된 신호들의 코드를 살펴보고서 어느 핸드폰으로부터 온 신호인지를 구별할 수 있게 되는 것이다.

동일한 기지국 밑에 있는 핸드폰들이 자신의 코드가 아닌 다른 코드를 사용하여 정보를 전송하게 되면 기지국에서 자신의 정보를 제대로 받을 수 없다. 사람 사이의 대화에서도 상대방이 알아들을 수 있는 언어를 사용해야 한다. 설사 동일한 언어로 말한다고 해도 서로의 이념이나 가치가 다르면 깊이 있게 소통할 수 없고 때로는 오해를 불러일으킬 수도 있다.

그렇다고 코드가 다른 사람과 대화하기를 꺼린다면 인간관계의 폭이 좁아질 수 있다. 수신할 수 있는 코드를 사용하여 정보를 보내듯이 인간의 소통에서도 듣는 사람의 코드에 맞게 대화할 필요성이 있을 것이다.

19
개방형 기술이란 무엇인가?

기술자들은 어떠한 원리를 이론적으로 정립하는 일보다 어떠한 원리를 응용하여 시장에서 잘 팔릴 수 있는 제품을 개발하는 일에 심혈을 기울인다. 회사가 새로운 기술을 개발하여 시장에 제품을 내놓을 때에 그 기술은 두 가지 종류, 즉 폐쇄형 기술과 개방형 기술로 나누어진다.

폐쇄형 기술에서는 말 그대로 자기 회사의 기술을 다른 사람이나 기업과 공유하지 않는다. 반대로 개방형 기술에서는 자기 회사의 기술을 일반인들에게 공개함으로써 그 기술을 바탕으로 새로운 제품을 개발할 수 있도록 허락한다.

기술적으로 우수한 제품이 반드시 시장을 지배하는 것은 아니다. 독자적으로 개발한 우수한 제품보다 몇 개의 회사가 연합하여 개발한 제품이 시장 지배력에서 강점을 가질 수 있다. 이렇듯 새로운 기술은 여러 사람으로 하여금 자유롭게 활용토록 함으로써 부가가치를 높일 수 있는 것이다.

1980년대 PC 시장에서 애플의 매킨토시와 IBM PC가 치열하게 경쟁한 적이 있다. 애플의 매킨토시 PC를 사용해본 사용자들은 다양하고 편리한 사용자 기능에 감탄을 금치 못하였다.

그러나 IBM PC는 세계적으로 회로도가 공개되어 어느 나라에서도 제작할 수 있게 되었고 특히 마이크로소프트의 윈도우 프로그램이 장착되었으나 폐쇄형의 애플 PC는 자체 회사가 개발한 운영체제를 고집하였다. 시간이 지나면서부터 마이크로소프트 계열의 IBM PC가 애플의 매킨토시를 앞지르기 시작했다.

스마트폰을 세계에서 최초로 히트시킨 회사는 애플이다. 애플 스마트폰의 운영체제는 폐쇄형으로서 오로지 애플 회사만이 이를 수정 개발할 수 있게 되어 있다. 그러나 구글의 스마트폰 운영체제인 안드로이드는 개방형 기술로서 소스 프로그램을 공개함으로써 다른 회사들이 이를 개선하여 자신의 제품에 응용할 수 있도록 허락하고 있다.

애플 스마트폰이 처음으로 시장에 나왔을 때에는 폭발적인 인기를 얻었으나 개방형 기술의 스마트폰으로부터 추격을 당하여 1980년대의 PC 시장경쟁의 결과가 반복되지 않을까 하는 생각이 든다.

20
통신에서 잡음이란 무엇인가?

    통신에서 잡음(noise)이란 신호를 전송하는 과정에서 발생하는 원하지 않는 신호를 말한다. 잡음이 커지면 커질수록 전송하고자 하는 원래 신호가 제대로 전달될 수 없게 된다. 이러한 잡음에는 통신매체의 물리적 특질로부터 유발되는 잡음과 급작스러운 외부적 잡음으로 구분된다. 외부적 잡음이라 함은 태양의 흑점 폭발, 번개, 통신장비의 결함 등과 같이 순간적으로 발생하는 잡음을 말한다.

    통신매체의 물리적 잡음에는 열잡음, 주파수 간 상호간섭, 크로스톡 등이 있다. 열잡음은 통신매체에 흐르는 전자들의 열에 따른 불규칙한 움직임으로 발생하는데 전류의 흐름도가 좋을수록 열잡음은 낮아지게 된다. 동축케이블은 전화선보다 전도성이 높으므로 열잡음이 낮다. 광케이블은 전자 대신에 빛으로 정보를 전달하므로 열잡음은 생기지 않는다. 크로스톡(crosstalk)은 전화 통화 중 다른 사람의 말이 들리는 혼선과 같은 현상으로 열잡음에 비해서는 크기가 작은 편이다.

잡음은 전송거리가 멀면 멀수록 커지기 때문에 전송구간 중도에 전송장치를 설치하여 수신한 전체 신호 중에서 잡음을 제거한 후에 원래 신호를 복원시켜서 전송하는 방법을 사용한다. 이러한 전송장치는 신호세기가 작아진 원래 신호를 증폭하는 기능도 포함하고 있다.

사람의 소통에도 잡음이 많이 발생하기 마련이다. 사람의 뇌는 컴퓨터와 달라서 잡음을 능률적으로 제거할 수 있는 기능을 가지고 있다. 비록 잡음을 제거하면서 상대방의 말을 알아듣긴 하지만 대화의 기분은 좋지 않을 수 있다.

사람의 전화 소통에서 잡음을 없애려면 주변이 조용하거나 아름다운 음악이 흐르는 곳에서 통화를 시도해야 한다. 옆 사람이 이야기하고 있는 도중에 자신이 대화를 시도하면 옆 사람의 말은 잡음으로 간주된다. 자신의 목소리가 상대방에게 잘 전달될 수 있는 데시벨(decibel)인지도 파악해야 한다.

잡음을 없앨 수 없는 상황이라면 자신의 신호, 즉 자신의 발음을 정확히 냄으로써 이를 듣는 상대방으로 하여금 잡음 속에서 자신의 목소리를 용이하게 구분할 수 있도록 해야 할 것이다.

21
코덱이란 무엇인가?

코덱(CODEC)은 원래 음성 신호를 위한 코드(COde)와 디코드(DECode)의 합성어였다. 그러다가 영상 신호가 등장하면서부터 압축기(COmpressor)와 해독기(DECompressor)의 합성어로도 사용되고 있다.

코덱이 처음으로 사용된 곳은 전화통신망의 전송장치였다. 전화국과 전화국 사이는 전송거리가 멀기 때문에 전송선로 비용을 줄이기 위해 여러 전송선을 한 선으로 묶는 다중화를 시도하였다. 다중화하기 위해서는 송신 측에서 아날로그 음성 신호를 디지털 신호로 변환하고 수신 측에서 디지털 신호를 다시 아날로그 신호로 변환해야만 했다. 이러한 기능은 코덱이라고 불린 하드웨어 칩이 담당했었다.

코덱 개발자들은 아날로그 신호를 디지털 신호로 변환할 때에 비트 수를 줄이고서도 이를 다시 아날로그 신호로 복원시킬 때에 원래 음성과의 차이를 없애는 데에 중점을 두고 있다. 또한 음성 품질 수준에 따라 여러 종류의 코덱이 등장하였는데 오디오 시스템 코덱이 비트 수가 제일 많고 동시에 음성 품질이 제일 좋으며, 다음으로 전화통신, 핸드폰 순이다.

영상 신호는 음성 신호에 비해 데이터 용량이 많으므로 압축기와 해독기 개발자들은 원래의 영상 데이터를 압축하여 영상 데이터양을 줄이는 데에 역점을 두어왔다.

코덱은 원래 하드웨어 칩으로 생산되어 왔으나 컴퓨터 속도가 증가하고 또한 다양한 코덱 알고리즘 기술 발전에 유연하게 대처할 수 있도록 소프트웨어 프로그램으로 구현되고 있다. 코덱은 음성이나 영상 데이터 제작 알고리즘과 재생 알고리즘이 서로 일치해야 원래의 신호로 복원될 수 있다. 시중에 나와 있는 코덱 소프트웨어가 여러 종류이므로 동영상이 어떠한 코덱으로 제작되어 있느냐에 따라 거기에 맞는 코덱 프로그램을 설치해야 한다.

코덱 알고리즘들 간의 차이라는 것이 서울말, 경상도말, 충청도말, 전라도말 정도의 차이인데 서로 간에 통신이 안 되는 것은 컴퓨터가 정확하긴 하지만 사람과 같은 자율성이 없기 때문일 것이다.

22
통신링크의 에러 체크란 무엇인가?

    통신에서 송신 단말기의 정보가 수신 단말기까지 전달되는 과정에는 중간에 여러 노드(node)를 거쳐 가야 한다. 각 노드에서는 서로 다른 가입자 정보가 모여져서 다시 원하는 목적지 방향의 노드로 전달된다.

    통신에서 노드와 노드 사이를 링크(link)라고 부른다. 링크마다 가입자 정보가 잡음이나 혹은 오버 트래픽 등으로 인해 정보 손상이 발생하지 않았는지를 체크하는데 이것을 에러 체크(error check)라고 한다.

    링크로 전달되는 가입자 정보는 '0'과 '1'로 구성된 비트의 순서적 나열이다. 통신링크 에러 체크 방식으로 송신 측에서 '1'의 개수를 세어서 짝수 개이면 '1', 홀수 개이면 '0'을 그 가입자 정보 맨 끝에 덧붙여서 보내는 방식이 있다. 가입자 정보의 비트열 중에서 '0'값이 '1'로, 혹은 '1'값이 '0'으로 잘못 전달되는 에러 등은 이 방법으로 체크될 수 있다.

또 하나의 방법은 '일정한 나머지'라는 방식이다. 송신 측에서는 가입자 정보의 비트열 맨 끝에 에러 체크용 비트열을 추가하는데 이 추가 비트열은 가입자 정보 비트열을 미리 정해진 값으로 나눌 때에 항상 나머지가 일정하도록 추가된다.

예를 들어서 가입자 정보를 4로 나누어서 항상 나머지가 3이 되게 하려 할 때에 가입자 정보가 10이면 1을 덧붙여서 11을 만들고 가입자 정보가 13이면 2를 덧붙여서 15를 만들어서 수신 측에 송신한다. 수신 측에서도 동일한 방법으로 항상 4로 나눌 때에 나머지가 3이 되어야 하는데 만일 다른 나머지 값이 나오면 전달된 가입자 비트열에 에러가 발생했음을 알 수 있다.

인간 소통에서는 들었던 말을 다음 사람에게 에러 없이 전달하기가 쉽지 않다. 사람은 정보를 듣고서 자신이 이해한 다음에 다시 자신의 말로 옮기기 때문에 통신과는 달리 올바르게 전달할 수 없는 것이다. 또한 남으로부터 들은 정보에다가 자신의 생각까지 덧붙여서 전달하기 때문에 소문의 끝 부분은 황당하기까지 한 내용으로 번지게 되는 것이다. 인간 소통에서도 남의 말을 에러 없이 제대로 전달하도록 노력해야 할 것이다.

23
통신에서 단말기와 네트워크의 역할은 어떻게 다른가?

　단말기는 사용자의 정보를 송신하고 수신하는 기능을 담당하고, 네트워크는 송수신 양측 단말기의 정보들을 전달해주는 기능을 맡고 있다. 사용자는 단말기를 통해 전화 통화, 문자 통화, 영상 통화, 이메일, 각종 애플리케이션 등의 서비스를 직접 사용하지만 일반 사용자들은 네트워크를 주변에서 볼 수 없으므로 그 존재를 인식하기가 쉽지 않다.

　모든 통신 서비스는 단말기 기능과 네트워크 기능의 조합으로 이루어진다. 하나의 사용자 기능은 단말기에서 구현될 수도 있고 혹은 네트워크에서도 구현이 가능하다. 단말기에 새로운 기능을 구현하려면 단말기 가격이 증가되며 이는 사용자의 경제적 부담을 가져오게 된다. 동일한 기능이라도 네트워크에서 구현되면 기존의 단말기로도 사용가능하므로 사용자에게 경제성을 부여하게 된다.

전화통신에서는 대부분의 통신 기능이 네트워크에 있었다. 그러나 PC가 등장하면서부터는 다양한 기능들이 PC 안에 구현됨으로써 네트워크는 단순해지게 되었다. 오늘날의 인터넷은 가입자의 PC와 서버 사이의 정보를 소통시켜 주는 기능만 가지고 있다.

다양한 통신 서비스 기능들을 단말기 안에 구현하는 것은 단말기를 더욱 복잡하게 함에 따라 단말기 가격 상승의 요인이 되어왔다. 이제 네트워크의 대역폭은 광통신의 발달로 대폭으로 증강되었다. 이러한 변화는 새로운 서비스를 등장하게 했는데 그중의 하나가 바로 클라우딩(clouding) 컴퓨터이다.

클라우딩 컴퓨터에서는 단말기의 메모리를 네트워크 쪽으로 이동시켜서 보다 안전하고 효율적으로 메모리를 사용하자는 것이 기본 개념이다. 사용자 PC의 저장장치를 늘린다고 해도 한계가 있으므로 클라우딩 컴퓨터에서는 네트워크 내의 메모리를 사용자의 메모리로 활용함으로써 세계 어느 곳에서도 컴퓨터 사용이 가능하게 된다.

통신 서비스의 헤게모니가 네트워크에서 단말로 이동했다가 다시 네트워크로 이동하고 있는 것이다. 미래에는 메모리 사용 비용보다 네트워크 사용 비용이 더욱 저렴해질 수 있을 것이다.

24
통신에서 트래픽 제어란 무엇인가?

통신망의 대역폭은 초당 비트 전송량, 즉 bit/second(bps)로 표기한다. 도로망에서 서울과 천안, 천안과 대전 사이의 고속도로 차선 수가 다르듯이 통신망에서도 전송링크 단위로 통신 대역폭이 다를 수 있는데 이를 통신망 설계라고 부른다.

통신망 설계는 두 지점 사이의 통신량을 예측하여 폭주가 발생하지 않을 정도의 대역폭을 확충하는 것인데 너무 많이 대역폭을 할당하면 경제성이 떨어지고 너무 적게 할당하면 네트워크 폭주로 인하여 품질성이 나빠질 수 있다.

트래픽 제어는 이미 설치된 통신망에서 일시적으로 대량의 통신정보가 유입될 경우 통신품질이 저하될 우려가 있는 네트워크 폭주현상을 막아주기 위한 기술을 의미한다. 이러한 트래픽 제어 기술에는 폭주를 사전에 막아주기 위한 방법과 폭주가 발생하기 시작한 후에 처리하는 방법 등이 있다. 폭주를 사전에 막기 위해서는 각 가입자가 통신을 개시할 때에 자신의 트래픽 특성을 네트워크에 신고하여 네트워크로부터 허락을 받아야 하는 불편함이 있다. 통신망은 각 노드의 스위치마다 가입자 트래픽을 저장하기 위한 버퍼(buffer)가 있다. 이러한 버퍼는 도로망의 사거리에서 신호를 기다리는 자동차 행렬과 유사한 것이다. 트래픽이 급증하여 버퍼에서 대기하는 정보의 양이 임계치(threshold)를 넘게 되면 임계치 이하로 떨어뜨리기 위해 그 트래픽을 우선적으로 내보냄으로써 폭주현상으로부터 탈피할 수 있다. 도로망의 사거리에서 자동차 행렬이 임계치 이상보다 길게 늘어설 경우 교통관리자는 그 자동차 행렬에 사거리 통과 시간을 오래 부여함으로써 폭증현상을 해소하는 것과 동일한 이치이다.

사거리 형태의 교차로를 갖는 도로망과는 달리 통신망에서는 교차로 수가 수십 혹은 수백에 이르므로 고속의 스위치가 트래픽을 처리한다. 도로망에서는 통신망의 스위치와 달리 교차로에서 오히려 속도가 늘어짐에 따라 자동차 폭증이 더욱 증가되고 있다. 도로망의 교차로에서는 좌회전은 물론 우회전 차량을 위한 차선들이 별도로 구비되어야 사거리 폭증으로부터 벗어날 수 있을 것이다.

25
일 처리율이란 무엇인가?

인간은 생활의 편리성을 도모하기 위해 여러 가지 시설을 운용한다. 이러한 시설을 구축할 때에는 효율성 못지않게 안전성도 고려해야 한다. 효율성과 안전성은 트레이드오프(trade off) 관계라고 말할 수 있다. 경제성을 고려하여 효율성을 높이다 보면 시설 운용의 안전성이 떨어질 우려가 있다.

이러한 시설의 예로서 통신망의 스위치와 도로망의 교차로가 있다. 일 처리율(throughput)이라 함은 어떤 시설이 단위 시간당 처리할 수 있는 업무 효율을 의미한다. 스위치에서는 항상 모든 통화로가 사용되고 있을 때의 일 처리율을 '1'로 정하고 교차로에서도 항상 교차로에 차량이 운행될 때를 '1'로 정한다.

일의 양이 적을 때에는 일 처리율이 '1'에 못 미치지만 일의 양이 폭주할 때에는 가능하면 일 처리율이 '1'에 가깝게 운용되어야 시스템의 효율성이 높아지는 것이다.

도로망의 교차로에서도 마찬가지이다. 교차로 앞에서 차량이 길게 늘어서 있어도 교차로를 통과하는 차량이 한 대도 없는 순간이 있을 수 있다. 이는 교차로의 신호는 바뀌었지만 해당 신호에 맞추어 교차로를 통과할 차량이 없기 때문이다.

교차로의 일 처리율이 떨어진다는 것은 신호체계가 잘못 운용되고 있기 때문이다. 목적지에 따른 차량의 흐름에 맞지 않게 신호체계가 운용되다 보면 교차로의 일 처리율은 1 이하로 크게 떨어질 수 있는데 이는 도로시설의 낭비로 이어질 수 있을 뿐만 아니라 운전자들에게도 많은 불편을 끼칠 우려가 있다.

교차로의 일 처리율을 증진시키는 방안의 하나로 비보호좌회전을 상시로 운영하면 어떨까 싶다. 직진 신호 시에 반대편에서 오는 차량이 없을 때에 비보호좌회전을 허락해주면 좌회전 신호를 짧게 주어도 될 것이다. 모든 교차로에서 비보호좌회전을 허락하게 되면 일 처리율은 현재보다 많이 상승할 것이므로 자원 사용의 효율성 증가와 함께 운전자의 편리성도 증진될 수 있다. 물론 운전자의 안전성 확보를 위한 교통법규 교육은 철저히 시행되어야 할 것이다.

26
라우터란 무엇인가?

1876년에 벨이 전화기를 발명한 이래 전기통신은 거의 100년 동안 음성 통화만으로 이루어져 왔었다. 1960년대 초에 군사목적으로 미국에서 시작한 데이터통신은 사람의 목소리 대신에 사람이 작성한 문서를 전달하기 위해 태동되었다. 인터넷이 발달되기 전까지는 데이터통신도 전화통신망을 이용할 수밖에 없었다. 그런데 그 당시의 전화통신망은 아날로그였었기에 디지털 데이터를 전화통신망을 통해 전달하기 위해서는 컴퓨터 송수신 양끝에 모뎀(modem)을 연결하여 사용해야 했었다.

데이터통신망에서는 사용자의 데이터를 여러 개의 작은 패킷으로 나누어서 패킷 헤더 부분에 목적지 주소를 붙여서 송신한다. 라우터(router)는 컴퓨터에서 출발하여 전송라인을 따라 입력 포트로 들어오는 패킷의 헤더를 찾아내어 라우팅 테이블을 참조한 후에 목적지로 향하는 출력 포트로 내보내는 기능, 즉 라우팅(routing) 기능을 수행한다. 라우팅 테이블은 출력 포트별로 목적지 주소를 적어놓은 일종의 리스트이다.

우체국에서 우편번호를 보고서 편지를 분리할 때에 분리 링크 수가 4개라고 하자. 첫 번째 링크로는 우편번호 몇 번부터 몇 번까지이고 두 번째 링크로는 우편번호 몇 번부터 몇 번까지라고 명시되어 있는 리스트가 라우터에서 라우팅 테이블에 해당한다.

초기의 데이터통신망에서는 라우팅 기능을 소프트웨어로 구현하였으나 단위시간당 패킷 처리속도가 너무 늦어지는 단점이 발생하였다. 그 후로는 하드웨어를 통한 라우팅 기능을 구현하는 라우터가 일반적이 되었다.

인터넷은 컴퓨터들과 서버들을 라우터를 통해 연결시키고 있다. 컴퓨터에서 출발한 IP 패킷은 첫 번째 라우터에 연결되어 헤더가 번역된 후에 그다음 단계의 라우터에서 또다시 헤더가 번역되고서 그다음 단계의 라우터로 연결되어 최종 컴퓨터나 서버에 패킷이 전달된다.

라우터는 전화통신망의 교환기에 해당한다. 일반 사용자가 라우터를 볼 수는 없지만 인터넷 망을 유지하기 위해 지금 이 시간에도 라우터는 패킷 헤더를 참조하여 라우팅 기능을 수행하고 있다.

27
랜(LAN)이란 무엇인가?

랜(LAN)은 Local Area Network의 약어로서 수 킬로미터 이내의 가까운 거리에 있는 각종 정보처리 기기들을 연결하여, 이들 간에 정보를 교환하게 하는 통신망을 말한다. 1960년대까지는 하나의 대형 컴퓨터에 여러 대의 터미널을 연결하여 여러 사용자가 동시에 사용했었다.

그러다가 1970년대에 이르러서 PC나 워크스테이션의 처리 능력이 현저히 향상되었고 가격이 떨어짐으로 인하여 여러 대의 PC나 워크스테이션들을 랜으로 연결하여 사용하는 편이 값비싼 대형 컴퓨터를 사용하는 것보다 경제적이라는 판단을 하기 시작하였다.

종전의 통신망에서는 중앙에 고성능의 통신장치를 별도로 구축해야 했으나 랜에서는 중앙의 통신장치 대신에 각각의 컴퓨터에 랜 카드만을 구비하여 링크 바이 링크로 컴퓨터들을 연결하면 되므로 편리성이 증진될 수 있었다.

초기의 랜 통신에서는 비록 유선으로 컴퓨터들이 연결되어 있었으나 무선통신에서 사용되었던 프로토콜과 비슷한 방식으로 데이터를 송수신하였다. 즉, 각각의 컴퓨터는 보낼 데이터가 있으면 랜선상에 다른 컴퓨터가 데이터 송신 중인지를 체크하여 아무도 보내고 있지 않을 경우에만 데이터를 송신하는 방식을 채택하였다.

초기의 랜에서는 이더넷 프로토콜을 사용하였으나 이후 토큰 버스, 토큰 링 등의 랜 프로토콜이 등장하였으며 최근에는 무선 랜 프로토콜로 이어지고 있다. 초기에는 이더넷 프로토콜의 전송 라인으로 굵은 동축케이블이 사용되었으나 이후 얇은 동축케이블을 거쳐서 전화선을 사용하게 되었고 최근에는 광케이블 사용으로 인해 기가비트 이더넷으로 발전하게 되었다.

최근에는 와이파이로 불리는 무선 랜 기술이 등장하였다. 무선 랜에서는 액세스 포인트를 중심으로 단말기들이 무선으로 연결되고 액세스 포인트에서부터 유무선 인터넷망으로 연결 구성됨으로써 단말기들이 어느 한 지역에 집중될 때에 트래픽의 보틀넥을 해소시켜 줄 수 있게 된다. 랜 기술은 앞으로도 전송거리 증가와 함께 전송속도 향상 등의 방향으로 계속 발전할 것이다.

28
초고속 인터넷이란 무엇인가?

전기통신의 역사는 1844년에 모르스의 전신기로 시작되었는데 이것은 또한 최초의 무선통신이기도 하다. 1876년부터 전화통신이 시작되었으며 1960년대 초부터는 인터넷의 효시라고 말할 수 있는 데이터통신이 출발하였다. 전화통신보다 훨씬 늦게 출발한 데이터통신의 수요가 해를 거듭할수록 증가하자 전화서비스와 데이터서비스를 통합하기 위한 ISDN(Integrated Service Digital Network), 즉 종합정보통신망이 1980년대 초에 등장하게 되었다.

종합정보통신망은 전화통신망을 디지털로 전환시켜서 음성, 데이터, 영상 서비스 등을 기존의 전화선을 통해 제공하고자 출발하였다. 그러나 전화선을 통한 통신 대역폭이 작은 나머지 동영상 서비스가 제대로 제공될 수 없었기에 이번에는 광대역종합정보통신망의 개념이 1990년대 초에 태동하게 되었다.

광대역종합정보통신망의 기본 개념은 가입자 회선을 전화선에서 광섬유로 교체하는 것이었기에 시설투자비가 너무 많이 든다는 단점이 있었다. 그런데 인터넷 속도가 빨라지기를 기다리는 사용자가 늘어남에 따라 광대역종합정보통신망 서비스가 개시될 때까지 기다릴 수 없는 사정에 놓여 있게 되었다.

따라서 전화선을 광섬유로 대체하는 것 대신에 기존의 전화선을 통해 초고속 디지털 데이터를 전송할 수 있는 기술개발로 선회함으로써 초고속 인터넷이 탄생하게 되었다. 초고속 인터넷은 기존의 전화선 양끝에 디지털 모뎀을 장착함으로써 음성과 데이터는 물론 동영상 서비스까지 제공할 수 있는 멀티미디어 네트워크로 발전하게 되었다.

일본은 기존의 전화선 대신에 새로이 광섬유를 각 가입자에게 제공함으로써 세계 최초로 광대역종합정보통신망을 구축하려 했다. 우리나라는 광섬유 단계로 넘어가기 전에 기존의 전화선을 통하여 광대역 통신망을 구축하려 했는데 이 전략이 적중해서 우리나라가 일본보다 초고속 인터넷의 선진국가가 될 수 있었던 것이다. 이제는 세계 선진 국가들이 기존의 전화선을 광섬유로 대체하는 시대에 접어들었다.

29
멀티미디어 통신이란 무엇인가?

　일반적으로 미디어라고 하면 신문과 방송의 언론을 지칭하여 왔지만 계층적 구조의 통신 프로토콜에서는 어떤 프로토콜의 바로 밑 프로토콜이 미디어 역할을 담당하게 된다. 통신은 사람들 사이에 의사전달을 위한 도구이므로 통신은 인간에게 있어서 미디어에 해당한다.

　1876년 전화가 발명된 이래 1960년대 초까지 통신미디어로는 전화밖에 없었는데 1960년대에 데이터통신이 등장하면서부터 데이터라는 새로운 미디어가 탄생하게 되었다. 초기의 데이터통신에서는 송수신 양측에 모뎀을 장착하여 전화통신망을 통해 데이터를 주고받았다. 그러다가 데이터미디어의 수요가 증가함에 따라 별도의 데이터통신망을 구축하기 시작하였는데 바로 이 통신망이 인터넷망으로 발전되어 사용되어 오고 있다.

　음성과 데이터미디어 등에 이어 영상미디어가 1980년대 중반에 등장하기 시작했다. 상대방의 얼굴을 보면서 전화 통화하는 화상전화 서비스가 인기를 끌 줄 알았는데 막상 통신서비스 시장에서는 반응이 시원치 않았다.

1990년대에 들어와서 주문형 비디오 서비스가 대세라고 믿고서 동영상 서비스를 통신망에서 제공하려 심혈을 기울이기 시작했다. 결국 1990년대 후반에 초고속인터넷망이 구축되면서부터 오늘날과 같이 음성, 데이터, 영상 등의 멀티미디어 통신이 널리 퍼질 수 있게 되었다.

음성, 데이터, 영상 등은 하나의 통신망으로 통합하여 제공함에 있어서 통신 서비스의 특성상 어려움이 있었다. 음성은 실시간성이 보장되어야 하지만 가입자에게 실감할 수 없을 정도의 음성 데이터 손실은 무방하다. 데이터는 편지와 같이 다소 지연이 발생하여 늦게 목적지에 도착해도 상관없지만 중간에 어떠한 데이터의 손실도 허락하지 않는다. 영상은 실시간성도 보장되어야 하고 데이터미디어와 같이 전송 도중에 데이터의 손실도 없어야만 가입자가 만족할 수 있게 된다.

오늘날에는 멀티미디어 통신으로 음성, 데이터, 영상 등이 거론되고 있지만 언젠가는 오감통신, 즉 시각, 청각, 후각, 미각, 촉각 등의 정보를 통신망을 통해 주고받을 수 있게 될 것이다.

30
모바일 엔터프라이즈란 무엇인가?

1980년대에 개인용 컴퓨터(PC)가 등장하면서부터 기업의 각종 사무 업무는 타자기와 서류철에서 터미널과 데이터 파일로 변화하기 시작하였다. 1990년대 중반에 세계적으로 퍼진 인터넷의 영향으로 기업과 기업, 개인과 기업, 개인과 개인들 사이에는 우편 대신에 전자우편을 사용함으로써 업무 속도뿐만 아니라 업무 효율이 증진되어 왔다.

최근에는 스마트폰과 태블릿 PC 등이 데스크톱 PC에 버금가는 성능을 가지게 됨에 따라 원격에서 이동하면서 기업 업무를 수행할 수 있게 되었다. 모바일 엔터프라이즈는 이와 같이 직원들이 일상적인 비즈니스 행위를 모바일 기기를 이용하여 원격에서 기업 네트워크에 접속하여 수행할 수 있도록 지원해주는 시스템을 의미한다.

오늘날의 시장에서는 경쟁력 있는 품질, 프로세스, 소비자에 대한 직관적 파악 등이 중요시되고 있지만 미래의 비즈니스에서 성공하기 위해서는 무엇보다도 시장 요구에 대한 신속한 대응이 핵심 요소가 될 것이다.

기업에 모바일 엔터프라이즈가 구축되면 직원들은 이동 중에 현장에서 즉석으로 기업 네트워크에 접속하여 정보 업데이트를 수행함에 따라 기업 업무 프로세스의 신속화를 기대할 수 있다.

데스크톱 PC의 운영체제는 세계적으로 마이크로소프트의 윈도우 운영체제가 주를 이루고 있으나 모바일 기기의 운영체제는 아이폰, 안드로이드, 윈도 모바일 등과 같이 다양하게 사용되고 있다.

기종이 서로 다른 모바일 기기를 사용하는 직원들이 모바일 엔터프라이즈를 공통적으로 사용할 수 있게 하기 위해서는 기업에서 모바일 플랫폼을 구축해야 한다. 여기에서 플랫폼은 기차에 오를 때의 발판 역할과 같이 서로 다른 기기의 운영체제로 오르기 위한 기반 역할을 수행하게 된다.

그러나 기업의 업무환경이 언제나 어느 곳에서나 열린다는 것은 그만큼 기업 보안이 취약할 수밖에 없다. 모바일 엔터프라이즈의 보안기능을 강화시킨다면 미래에는 언제나 어디서나 아무 때나 기업 활동을 전개해 나갈 수 있는 편리한 세상이 도래할 수 있을 것이다.

31
네트워크 중심전(NCW)이란 무엇인가?

  1960년대에 미국이 소련으로부터 공격을 피하기 위해 하나의 네트워크를 여러 갈래로 분산 동작시키려고 개발한 것이 오늘날의 인터넷 효시였다. 군사 목적으로 개발된 인터넷이 연구 목적으로 사용되어 오다가 1990년대에 폭발적인 사용자 수의 증가로 이제는 온 세계가 그야말로 하나의 지구촌이 되어 있다.

  인터넷은 국방에서도 정보기술을 활용하여 군사작전 및 프로세스의 신속화, 효율화, 경제성 등을 높일 수 있는 긍정적인 성과를 가져왔다. 그러나 이러한 성과 이면에 사이버 공간을 통한 해킹, 불법적인 정보 유출, 컴퓨터 바이러스 침해 등과 같은 정보화 역기능 및 보안 문제점 등이 대두되고 있는 실정이다.

  1996년의 미 회계감사원의 보고에 따르면 1995년 미 국방부는 25만 회 사이버 공격을 받았으며, 향후 공격 횟수가 급격히 증가될 것으로 예상하였다. 더욱이 이러한 사이버 공격들 중에 2%만이 실제로 탐지 및 보고된 것으로 추정하였다. 이러한 사이버공격을 방어하기 위한 가장 간단한 방법으로는 모든 국방 네트워크를 각각 독립적으로 운용하고, 모든 국방 네트워크를 외부 네트워크로부터 차단시키는 방법이 있을 수 있다.

그러나 이러한 방법은 컴퓨터 네트워크의 편리성, 경제성, 효율성 등이 배제됨으로써 첨단 정보화를 기대할 수 없다. 최근에는 모든 네트워크를 상호 연결시키려는 네트워크 중심전(Network Centric Warfare: NCW) 개념이 대두되고 있다. 네트워크 중심전은 전장에 참여하는 다양한 컴퓨터시스템과 네트워크를 서로 통합하여 정보를 생성, 저장, 유통, 관리함으로써 전장상황에 대한 인식을 공유하고, 이를 통해 작전 수행 효과를 획기적으로 높일 수 있다는 이론이다.

정보화 기능의 확대를 위한 컴퓨터 시스템들의 상호연결은 곧 상호침해의 가능성을 의미한다. 네트워크 중심전을 구현하기 위해서는 정보보호 역량 강화 및 사이버 위협 대응에 대한 노력을 기울여야 한다. 통합보안관제체계, 공개키 인증체계, 바이러스방역체계 등 다양한 정보보호체계의 구축이 우선적으로 구축되어야 할 것이다.

32
RFID는 바코드를 대체할 수 있을까?

RFID(Radio Frequency IDentification)는 교통카드와 유사한 기술이 적용되는데 리더기로부터 전파를 받기 위한 안테나, 칩, 태그 등으로 구성된다. RFID는 자체적으로 전원이 없고 리더기로부터 전송되는 전파의 에너지로 칩이 동작되며 태그는 칩이 보유하고 있는 여러 가지 정보를 포함한다. 예를 들어 교통카드의 태그에는 신용카드 번호, 교통요금 잔고, 승하차 위치, 승하차 시각 등이 저장될 수 있다.

바코드에는 상품에 관한 각종 정보, 즉 상품가격, 생산일자, 제품회사, 출하일자 등이 저장되어 있다. 이러한 정보를 RFID로 대체하고자 지난 10년간 RFID 산업계에서 많은 노력을 기하여 왔으나 현재로서는 바코드가 전혀 사용되지 않았던 분야에서 RFID가 활용되고 있는 상황이다. RFID는 리더기와의 거리가 10미터까지 떨어져 있어도 판독이 가능하기 때문에 상품관리 이외의 분야에도 많이 활용되고 있다.

RFID는 제조업과 유통업에서 뿌리를 내리며 새로운 사업기회를 창출하고 있다. 특히 의류 산업은 RFID의 사용이 가장 활발한데 창고에서 매장 POS에 이르기까지 모든 과정상에 상품을 계속 추적하기 위한 수단으로 의류에 RFID 태그가 부착되고 있다.

아칸소 대학의 RFID 리서치센터 연구에 따르면 RFID 시스템은 소매유통업체의 재고관리 정확도를 27% 향상시켰으며, 1만 개의 아이템을 바코드로 스캔하는 데 53시간이 걸린 반면 RFID로 스캔할 경우 단 2시간에 마칠 수 있는 것으로 나타났다고 한다.

RFID가 다양한 영역에서 활발하게 이용되고 있는 것은 리더기, 칩, 태그 등 여러 분야에서 기술적 향상이 이루어졌기 때문이지만 사람들의 기대보다 느리게 전개되고 있는 가장 큰 이유는 표준의 부재로 인해 서로 다른 제품들 사이에 상호작용이 불가능하기 때문이다. RFID는 품질향상 및 가격 저하와 함께 표준이 확립된다면 오늘날의 바코드를 충분히 대체할 수 있을 뿐만 아니라 수십억 개 상품들의 생산에서 소비 과정을 전 세계에서 추적할 수 있게 되는 사물 인터넷으로 발전할 수 있을 것이다.

33
스마트폰 특허전쟁은 왜 일어나는가?

스마트폰 관련 기술은 크게 세 부분, 즉 콘텐츠, 플랫폼, 단말기 등으로 이루어진다. 종전에는 이들 기술 기업이 각각 수평 독립적으로 경영되어 왔으나 최근에는 수직적으로 통합되어 하나의 산업 생태계를 형성하고 있는 추세이다.

콘텐츠는 플랫폼이나 단말기와 상관없이 사용자에게 제공되는 애플리케이션이지만 실제로는 특정 플랫폼과 특정 단말기에만 제공되는 경우가 많이 존재하게 된다.

스마트폰 관련 특허는 콘텐츠, 플랫폼, 단말기 등으로 구분되는데 콘텐츠는 저작권 확보의 행태로 경쟁되고 있으며 플랫폼은 구글 대 반구글 진영으로 대결되어 오고 있고 단말기의 특허분쟁은 주로 애플이 제기하고 있다.

애플은 디자인과 인터페이스 등과 같이 비기술적 요소에 대한 특허를 주장하고 있는 것이 특징이다. 스마트폰 특허 분쟁은 플랫폼인 운영체제에서 발생하고 있는데 구글 대 애플의 경쟁 구도에서 최근에 마이크로소프트가 가세하는 양상을 띠고 있다.

스마트폰 한 대당 약 25만 개의 특허가 관련되어 있는 것은 스마트폰이 생태계의 교두보 역할을 담당하고 있기 때문이다. 어느 단말기를 사용하느냐는 곧 어느 운영체제를 사용하느냐는 것과 함께 각종 앱 서비스에도 관련성이 있는 것이다.

종전에는 특허가 기업 기술을 보호하는 수단으로 활용되었는데 최근에는 상대방 기업을 공격하기 위한 기술 무기로 변형되어 사용되고 있다. 글로벌 IT 업체들은 몇 년 전만 해도 서로 특허를 양허하는 방식으로 별도 비용 지불 없이 특허를 사용할 수 있었으나 최근에는 라이선스 비용이 아닌 피소송 회사제품의 판매금지를 요구하고 있다.

구글, 애플, 마이크로소프트 등의 3사는 세계 3강 구도를 구축하고 있는데 여기에 삼성전자가 끼어들려 하니 애플은 기술이 아닌 트레이드 드레스(trade dress), 즉 상품의 총체적인 이미지와 외형에 대한 권리로 삼성전자를 공격하고 있다. 세계 3강 구도에 맞서서 국내 기업들도 특허 경쟁력을 높이기 위해 생태계 내에서 네트워킹을 강화해 나가야 할 것이다.

34
스마트폰의 정보보호는 안전한가?

미국의 시장조사기관인 IDC(International Data Corporation)에 따르면 2010년 4분기 스마트폰의 전 세계 출하 대수가 처음으로 PC 출하 대수를 앞질렀다고 한다. 스마트폰은 휴대폰, PC, 인터넷 등이 결합된 휴대 단말기로서 이용자들이 개인화된 정보를 용이하게 단말기에 저장할 수 있고 휴대가 편리하기 때문에 이용자의 수가 급증하고 있는 것이다.

그러나 스마트폰은 정보보호 측면에서 많은 취약점을 드러내고 있다. 스마트폰의 정보보호 위협에는 단말기, 네트워크, 서비스, 앱 스토어, GPS 영역 등으로 구분된다. 단말기 영역에서는 단말기 도난 및 분실에 따른 정보보호 위협, 음성 도청, 패스워드 공격, 악성코드, 앱의 기능을 이용한 악용 등이 있다.

스마트폰은 범용 OS를 채택하고 이식성이 높아서 모바일 악성코드의 제작이 용이하고 다양한 형태의 경로를 통해 악성코드의 유포가 가능한 실정이다. 네트워크 영역에서는 무선 구역이나 유선 구역에서 데이터를 도청하거나 왜곡시키는 위협이 존재한다.

서비스 영역에서는 웹사이트를 통한 악성코드 다운로드, 이메일을 통한 악성코드 첨부 및 스팸 메일 발송 등이 있다. 앱 스토어 영역에는 앱 개발자가 악의적으로 악성 프로그램을 심어놓는 위협 등이 있다. GPS를 통한 위치정보 유출도 스마트폰 위협의 한 종류에 해당한다.

스마트폰의 정보보호 제품이 국내외에서 출시되고 있는데 주요 기능으로는 사용자 인증, 악성코드 탐지 및 치료, 파일 복원, 데이터 암호화, 비인가된 애플리케이션의 접근 통제, SMS 안티 스팸 보호 등이 포함되어 있다.

스마트폰 OS 분야에서도 보안위협에 대한 대응방안을 내놓고 있다. 아이폰 iOS는 인가된 사용자만이 데이터에 접근할 수 있도록 패스코드 정책, 데이터 암호화, 분실이나 도난에 대비하기 위한 원격 데이터 삭제 등을 지원한다. 구글 안드로이드는 리눅스의 보안정책과 유사하며 개발자의 인증이 포함된다.

스마트폰 사용의 안전을 위해 정부 및 업체 등이 지속적인 대응책을 마련해 나가야 할 것이다.

35
QR코드는 무엇인가?

1949년에 시작된 바코드는 비용이 저렴하지만 정보의 기록밀도가 매우 작고, 정보를 읽는 방법도 제한적이며, 손상된 바코드는 인식하거나 복원이 어려운 단점이 있다. 1990년대 들어와서 2차원 바코드가 등장하면서 저장할 수 있는 정보의 양과 종류가 늘어날 수 있었고 인식속도와 인식률, 복원력 등이 모두 향상됨에 따라 단순히 상품관리 용도에서 벗어나 다양한 방법으로 적용될 수 있는 가능성이 열리게 되었다.

QR(Quick Response)코드는 국제 규격화 2차원 바코드들 중의 하나이다. 기존의 바코드는 겨우 20자리 정도의 정보량이었지만 QR코드는 수십 배에서 수백 배의 정보량을 저장할 수 있다.

QR코드는 가로와 세로 양방향으로 데이터를 표현하기 때문에 동일한 데이터양일 경우 바코드 크기의 10분의 1 정도 크기로 표시할 수 있다. 국산 QR코드는 다른 2차원 바코드에 비해 효율적으로 한글을 표현할 수 있다. QR코드는 오류 정정 기능을 가지고 있기 때문에 코드의 일부가 훼손되어도 데이터 복원이 가능하다.

QR코드는 360도 어느 방향에서나 고속으로 읽기가 가능하며 여러 QR코드로 나뉘어 저장된 정보를 다른 데이터로 연결할 수도 있다. QR 코드의 주요 이용 분야는 유통, 물류, 제조, 보안, 의료, 환경 등이다.

휴대폰 카메라로 QR코드를 찍으면 그 코드에 담겨진 여행정보를 자동으로 인지하는 기능을 활용하여 관광정보 표현에도 이용된다. 스마트폰이 확산되면서 QR코드가 유통업체, 자동차, IT 업체 등의 마케팅으로 이용되고 있다. QR코드는 휴대폰에 부착된 인식기로 스캔하면 정보를 제공하는 홈페이지와 자동으로 연결시켜 준다.

QR코드는 코드 정보뿐만 아니라 디자인을 추가하게 되면서 그 디자인만 봐도 내용을 확인할 수 있게 되었다. 1990년대 초만 해도 QR코드는 단순히 정보 저장용이었으나 이제는 예술가나 디자이너들이 디자인 대상물로 활용하고 있다.

QR코드가 RFID에 비해 보안 및 안전에 취약하고 복수 인증이 어려운 단점이 있으나 당분간은 RFID와 공존하면서 활용될 것으로 사료된다.

36
소셜 TV는 무엇인가?

유선 및 무선 인터넷의 발달과 모바일 정보기기의 보급으로 언제 어디서나 소통이 가능한 환경이 구축되면서 다양한 소셜 네트워크 서비스(SNS: Social Network Service)가 인기를 얻고 있다. SNS가 이렇게 널리 보급될 수 있었던 것은 사람끼리 서로 소통하고 싶어 하는 인간의 사회적 본능과 IT 기술이 서로 융합했기 때문이다.

SNS는 의견, 경험, 관점 등을 서로 공유하는 데에 머무르지 않고 정치, 경제, 사회, 문화 등 우리 생활 전반에 걸쳐서 커다란 영향을 미치게 되었으며 이를 바탕으로 새로운 비즈니스 모델이 등장하고 있다. 특히 최근에는 IPTV 서비스의 대중화와 가입자의 증가로 SNS가 IPTV와 결합하여 '소셜 TV' 서비스가 개발되고 있다.

소셜 TV 서비스의 가장 중요한 특징은 '시청 경험의 공유'이다. 종전에는 TV를 시청하고 난 후에 인터넷상으로 자신의 의견을 개진할 수 있었으나 소셜 TV의 등장으로 TV 시청과 동시에 소셜 네트워크 서비스를 이용하여 자신의 친구들과 TV 프로그램에 관한 의견이나 생각을 공유할 수 있게 되었다.

소셜 TV를 통해 TV 프로그램에 대한 평가와 감상을 파악할 수 있기 때문에 프로그램 제작자들은 시청자의 반응을 다음 프로그램 제작에 반영할 수 있게 된다. 소셜 TV의 또 다른 중요한 특징은 '신규 비즈니스 모델 창출'이 가능한 성장 잠재력을 보유하고 있다는 점이다. 소셜 TV 서비스에서 사업자는 SNS로부터 사용자들의 TV 시청 관련 정보를 획득하여 프로그램 추천이나 광고 서비스에 접목할 수 있다. 소셜 TV를 이용하는 사람들이 TV 프로그램을 시청하면서 페이스북이나 트위터를 통해 나눈 실시간 대화가 하나의 거대한 채팅룸을 형성하고 이것이 곧 TV 시청률을 견인하며 이러한 형태는 단순한 T-Commerce 수준에서 벗어나 새로운 형태의 비즈니스 모델로 발전할 수 있을 것이다.

소셜 TV 서비스를 통해 개개인의 특성을 파악하고, 이를 개인화된 TV 프로그램 추천이나 맞춤형 광고 개발, TV 콘텐츠 생성기술 개발, TV시청자의 상황 및 감정 분석 개발 등에 심혈을 기울여야 할 것이다.

37
IT 융합은 무엇인가?

1980년대에 컴퓨터 보급이 증가하고 인터넷이 대중화되면서 전 세계의 컴퓨터들이 하나로 연결되는 정보화 시대가 활짝 열리게 되었다. 철도망이 여러 지역을 연결하고 전기망과 전화망이 모든 공장과 가정을 서로 연결하였듯이 초기의 정보화 기술은 컴퓨터와 정보기기들을 서로 연결시키는 데에 주력하였다.

'연결'은 독립적인 주체들이 정보공유를 목적으로 네트워크를 형성하는 것이라면 '융합'은 두 주체 간의 합체로 각각을 구별할 수 없게 되며 새로운 기능이 창조되는 것을 의미한다. IT 부문에서 가장 먼저 융합이 이루어진 것은 정보통신과 가전기기로 텔레비전과 인터넷이 융합되어 IPTV가 등장하였으며, 냉장고와 에어컨이 인터넷과 결합되어 지능형 스마트 가전으로 업그레이드되었다. 연결의 가치가 정보 공유를 통한 효율화에 있다고 한다면 융합의 가치는 새로운 기능을 통한 창조적 서비스의 제공에 있다고 말할 수 있다.

20세기의 통신이 사람과 사람의 연결 중심이었다면 21세기 정보통신은 사람, 기계, 사물, 시스템 간의 연결로써 통신 대상이 개념적으로 무한하게 확장되었다. 이러한 융합은 기존의 시장 메커니즘을 바꾸어놓았다.

정보화 사회 이전의 산업사회에서는 가격이 증가하면 수요가 감소하고, 수요가 감소하면 다시 가격이 감소한다. 가격이 증가하면 공급이 증가하고, 공급이 증가하면 가격이 하락한다. 그러나 정보사회의 시장은 어떤 서비스의 사용량이 증가하면 증가할수록 시장 지배력이 높아져서 그 제품의 성능이나 가격과 관계 없이 제품의 가치는 상승하게 된다.

IT 융합시대에서는 얼마나 많은 공급자가 존재하는가에 따라 제품의 가치가 결정된다. 예를 들어서 교통카드의 경우 버스뿐만 아니라 지하철과 택시에서도 이용이 가능하기 때문에 교통 카드의 가치가 증가하게 되는 것이다.

IT 융합은 자동차, 로봇, 건물, 군사무기 등에서 시도되고 있고 특히 휴대폰에서의 융합은 스마트폰, 스마트 네트워킹, 스마트 워크로 발전하고 있으며 이러한 IT 융합 현상은 미래에도 계속 이어질 것이다.

38
IT-BT-NT 융합은 무엇인가?

세계 각국은 지식기반시대의 경쟁력 우위를 선점하기 위해 기술 융합을 선택하였는데 이러한 융합은 서로 다른 기술이 합쳐져서 기존 기술과는 전혀 다른 고부가가치의 '창조적 파괴'를 나타내는 기술을 의미한다.

나노기술은 머리카락 굵기의 10만 분의 1 크기를 가지는 원자 혹은 분자를 적절하게 결합시켜서 기존 물질을 변형하거나 혹은 새로운 물질과 기능을 창출하는 기술이다. 스위스의 두 연구원들이 주사형 터널링 현미경(STM)을 발명하여 반도체 표면의 원자 하나씩을 선명하게 식별할 수 있는 최초의 사진을 발표함으로써 1986년 노벨물리학상을 수상했는데 이들이 만든 장치로 새로운 나노과학기술시대가 열리게 되었다. 유전자를 이루는 DNA 이중 나선의 폭이 2나노미터로서 DNA, RNA, 단백질 등도 나노 범위에 들어간다.

IT-NT의 융합기술은 저전력과 저비용을 실현하면서 기존 컴퓨터 능력을 백만 배 이상 향상시킬 수 있는 나노구조 컴퓨터, 현재보다 1,000배 이상 성능의 테라비트급 스토리지 디바이스, 인체 모세혈관 속을 떠다닐 수 있는 질병 진단 및 치료 목적의 나노 바이오 모터, 날씨 및 온도 등에 내구성이 강한 나노 디스플레이, 나노 화장품, 건강 및 의학용 기자재 개발 등에 응용된다.

바이오기술(BT)은 인류의 복지 향상을 위해 생물이나 생물의 기능을 활용하는 기술을 의미한다. 이러한 바이오기술에는 생물 유전 정보를 바꿈으로써 고기능의 품질개량이 가능한 유전자 조작 기술, 품질 개량된 고기능의 생물체를 대량생산할 수 있는 프로세스 기술, 세포 배양 기술 등이 있다.

IT 융합기술 응용 사례로는 입는 로봇과 뇌파응용시스템 등이 있다. 입는 로봇을 입으면 팔과 다리의 힘이 초인적으로 증강될 수 있다. 뇌파응용시스템은 자신의 뇌파 정보를 직접 눈으로 보면서 뇌 발달에 필요한 뇌파를 스스로 조절하는 최첨단 뇌 훈련 장치이다.

정부의 적극적인 투자와 연구 개발자의 헌신적인 노력을 바탕으로 IT-BT-NT 융합분야에서 블루오션을 창출할 수 있기를 기대한다.

39
모바일 증강현실은 무엇인가?

증강현실(Augmented Reality: AR)은 가상현실(Virtual Reality)의 한 분야로서 실세계 물체에 3차원의 가상물체를 겹쳐서 보여주는 기술이며 사용자가 눈으로 보는 현실세계와 부가정보를 갖는 가상세계를 합쳐서 하나의 영상으로 보여주는 컴퓨터 그래픽 기법이다.

모바일 증강현실(Mobile Augmented Reality: MAR)은 모바일 기기를 기반으로 실제 모습에 자연스럽게 겹쳐진 영상을 통해 사용자가 속한 환경에 대한 정보를 얻을 수 있게 해주는 기술이다.

최근에 많은 모바일 증강현실 애플리케이션들이 발표되는 것은 기존의 GPS 기능뿐만 아니라 '디지털 컴퍼스'가 내장되어 어떤 개발자라도 손쉽게 사용자의 위치와 함께 방향 정보까지 얻을 수 있게 되었기 때문이다. 따라서 실시간으로 입력되는 카메라 영상에 사용자가 바라보고 있는 건물을 구글 등의 지도 응용 프로그램 인터페이스를 통해 알아낸 후에 겹쳐 그리기만 하면 모바일 증강현실 애플리케이션을 만들 수 있게 된다.

스마트폰을 기반으로 모바일 증강현실 기술을 활용하여 생활, 게임, 지도, 교육 등에서 관련 프로그램들이 활발히 개발되고 있다. 특히 지도 응용의 한 분야로서 GPS와 센서로 사용자의 위치를 파악한 후 지역에 관한 정보, 즉 근처의 편의점을 알려주는 시스템과 여행정보시스템 등이 대표적이며 별자리를 확인해주거나 주차장에 주차된 사용자의 차 위치를 확인해주는 애플리케이션들도 등장하였다.

증강현실 사용자들은 외출이나 여행할 때에 사용자 주변에 어떤 장소가 있는지를 알려주기 때문에 맛 집 정보 책자나 여행 책자 등을 들고 다닐 필요가 없게 된다. 모바일 증강현실 서비스는 스마트폰과 연동하는 안경이나 콘택트렌즈를 통해서도 제공될 수 있다. 또한 모바일 증강현실 기술을 이용하여 가상으로 옷을 입어볼 수 있고 상대방 얼굴을 비춰서 상대방의 여러 가지 정보를 얻을 수 있다.

모바일 증강현실 기술을 활용하여 여행, 전자상거래, 의학, 게임 등의 분야에서 매력적인 서비스들이 등장하기를 기대한다.

40
녹색융합기술은 무엇인가?

지구의 평균기온이 2도 상승하면 15∼40%의 동식물이 멸종한다는 사실에 2030년까지 현재의 지구 온도를 30% 낮추자는 'Cool Earth 30' 전략이 수립되었다. 그린기술 경쟁의 녹색성장을 이루기 위해서는 기존의 모든 기술을 슬기롭게 활용하고 융합하는 녹색융합기술, 즉 나노기술(NT), 바이오기술(BT), 정보기술(IT) 등을 중심으로 물자원기술(WT), 식량기술(FT), 인지과학기술(CT), 우주공학기술(ST), 콘텐츠문화기술(CT) 등 다양한 기술들과의 융합이 필요하다.

저탄소 녹색성장의 방안으로 동물/식물/어류/곤충/미생물/박테리아/바이러스 등의 생체시스템이나 지능을 모방하는 생체모방학을 활용하여 새로운 생체물질, 메타물질, 나노물질 등을 만들고 새로운 에너지나 자원을 만들며 새로운 지능 시스템을 설계하여 인간에게 필요한 도구나 물질을 만들자는 계획이 구축되고 있다.

나노융합기술을 이용하여 공기 중의 이산화탄소를 흡수하는 메타물질을 만들 수 있으며 빛을 100% 흡수하여 고효율의 태양전지를 만들 수 있다. 탄소나노튜브를 이용하면 둘둘 말고 휘고 접는 디스플레이를 만들 수 있으므로 생산비용의 절감은 물론 저탄소 그린 IT를 실현할 수 있다.

식물들의 엽록소에 의한 광합성 원리를 이용하여 인공광합성 기술을 개발함으로써 물을 산소에너지와 수소에너지로 분해하여 물로 가는 자동차와 함께 고효율의 태양전지를 만들 수 있다. 또한 식물에 특정 유전자를 주입하여 식물로 하여금 이산화탄소를 저장하게 할 수도 있다. 이러한 녹색환경융합기술에는 나노기술을 이용하여 만든 나노종이, 마이크로 표면화학 기법으로 스스로 청소 및 세척할 수 있는 슈퍼 소유성 및 슈퍼 소수성 물질, 빛의 파장을 마음대로 제어할 수 있는 플라즈몬 광학 나노입자 메타물질, 하수도관 벽의 박테리아를 먹어 치우는 인공 박테리아 기술 등이 있다.

기존의 모든 산업기술관련 기관이 참여하는 개방형 추진전략을 수립하여 미래 우리나라의 부(富)를 책임져줄 녹색융합기술개발에 박차를 가해야 할 것이다.

41
커넥티드 카는 무엇인가?

커넥티드 카(Connected Car)는 자동차 내부 장치들이 서로 네트워크를 통해 연결되어 있고 외부와 무선으로 공중망에 상시적으로 연결되어 있는 자동차를 의미한다. 커넥티드 카의 주요 서비스로는 자동 긴급 전화, 실시간 교통상황과 날씨 업데이트, 인터넷, 소셜 미디어 등이 포함된다.

자동 긴급 전화는 자동차 장치에 고장이 발생할 경우 자동적으로 자동차 수리점검 센터에 전화를 걸어줌으로써 자동차 고장 발생으로 인한 운전자의 위험과 불편함을 미연에 방지하게 해주는 서비스이다.

실시간 교통상황 서비스는 내비게이션 기능에 도로의 교통흐름 상황을 제공해줌으로써 최단 시간 내에 운전자가 목적지까지 도달할 수 있도록 해주는 서비스이다. 물론 스마트폰에도 이러한 교통상황 서비스 앱이 제공되지만 커넥티드 카에서는 자동차 내부에 네트워크 통신장치가 별도로 설치되어 있어서 운전자의 개인 휴대단말기기와 서로 상호운용이 가능토록 해줌으로써 두 개의 서로 다른 단말기가 마치 하나의 단말기인 것처럼 동작할 수 있게 해준다.

IMS Research에 따르면 전 세계 커넥티드 카 시장이 2010년 540만 대 출하에서 2017년에는 7.5배 증가하여 4,050만 대에 이를 것이라고 한다. 향후 5년 이내에 대부분의 자동차 제조업체들은 페이스북, 트위터 등 소셜 미디어를 음성으로 업데이트할 수 있고, 이메일과 텍스트 메시지를 음성으로 입력하며 온도 조절 기능과 라디오를 음성으로 제어하는 커넥티드 시스템을 제공하려 하고 있다.

커넥티드 카는 운전자의 주의 분산에 따른 교통사고 위험 증가가 선결과제로 거론되며 또한 상시적 네트워크 접속, 표준화 문제, 가격 문제 등도 해결해야 할 이슈로 남아 있다. 이러한 이슈들을 해결하기 위해서는 자동차 산업계와 통신 산업계의 협업은 물론 보험 산업계와 교통행정 당국의 지원이 절실히 요구된다.

커넥티드 카가 일반인들에게도 널리 보급되어 보다 안전하고 신속하며 즐거운 교통문화가 생성될 수 있기를 기대해본다.

42
E-Discovery는 무엇인가?

    법정에서 증거물을 제출할 때에 종전에는 문서 서류철을 제시하였으나 최근에는 대부분의 문서가 정보미디어 형태로 보관되기 때문에 각종 전자문서 증거물을 제출하게 된다. 이러한 전자문서 증거물에는 이메일, 웹 페이지 데이터, 채팅 내용, 회계자료 등과 함께 각종 데이터 및 영상 파일 등이 포함된다. E-Discovery는 우리말로 '디지털 증거 제출'로서 전자 포맷 문서들을 소송 상황에서 제출(Discovery)하는 것을 의미한다.

    수많은 전자 포맷 문서들 중에서 법정소송에 필요한 문서자료를 일일이 사람의 손을 빌려서 찾아내는 데에는 시간과 돈이 너무 많이 소요된다. 따라서 E-Discovery를 위한 각종 소프트웨어 솔루션들이 개발되어 오고 있다.

    E-Discovery의 일반적인 과정은 순서적으로 정보시스템 영역을 거쳐서 법적 영역으로 이어진다. 정보시스템 영역에는 전자저장정보를 식별하고 보관 수준을 결정하는 식별(Identification)단계, 부적절

한 변경이나 삭제로부터 전자저장정보를 보호하는 보존(Preservation)단계, E-Discovery 절차에서 사용할 문서를 모으는 수집(Collection)단계 등이 있다.

법적 영역에는 전자저장정보의 크기를 줄이고 분석과 검토를 위해 적절하게 변환하는 처리(Processing)단계, 전자저장정보에 대한 관련성 및 권한에 대해 검토하는 검토(Review)단계, 이어서 주요 패턴, 주제, 사람, 회의 등에 대한 문맥과 내용을 분석하는 분석(Analysis)단계, 전자저장정보를 적절한 방법과 적절한 양식으로 생성하는 산출(Production)단계, 재판 및 청문회 등에서 가능한 원래 형태로 전자저장정보를 증거자료로 제출하는 제출(Presentation)단계 순서로 이루어진다.

미국 IT 시장 조사기관인 가트너(Garter)는 E-Discovery 수요가 매년 14%씩 증가하여 2013년에는 15억 달러 규모에 이를 것으로 전망하였다. 향후 E-Discovery가 국내에 도입될 경우를 대비하여 국내 실정에 맞고 국내기업의 법무팀이나 로펌의 당사자들이 사용하기 편리한 소프트웨어 솔루션이 빠른 시일 내에 개발되어야 할 것이다.

43
아이패드의 경쟁력은 무엇인가?

애플은 아이폰을 통해 스마트폰 시장을 점유하였고 이제 아이패드로 태블릿 시장을 공략하고 있다. 모바일 단말기기는 크게 세 부분, 즉 단말부분, OS부분, 콘텐츠 부분 등으로 구성된다. 종전에는 기업들이 이들 세 부분 중에서 하나 혹은 두 부분의 제품을 생산하였으나 애플은 이들 세 부분을 수직적으로 하나의 생태계를 구성하여 제품을 생산 판매해오고 있다.

예를 들어서 삼성전자는 단말부분에, 구글은 OS부분에, 그리고 콘텐츠부분은 개방형으로 개발하고 있다. 스마트폰의 경우에 안드로이드폰이 아이폰의 출하 대수를 넘어서 40% 이상의 점유율을 차지하고 있으나 영업 이익 측면에서는 2011년 2분기 휴대 단말 산업 전체의 이윤 중 무려 3분의 2를 애플이 차지하였다.

애플이 모바일 산업 분야에서 독주하고 있는 가장 큰 이유는 경쟁업체들이 하드웨어, 마케팅, 앱과 콘텐츠 등으로 조합된 제품을 생산하지 못하고 있기 때문이다.

안드로이드 태블릿이 기술적으로 아이패드에 떨어지는 것은 결코 아니지만 아이패드의 핵심 역량은 처음부터 아이폰용 앱이 아이패드의 9.7인치 스크린의 장점을 최대한 활용할 수 있도록 설계한 애플의 세심한 전략에 있다.

그러나 안드로이드폰용 앱은 태블릿용 안드로이드 OS인 허니컴(Honeycomb)에 최적화시키지 못하고 있는 실정이다. 또한 아이패드의 또 다른 경쟁력은 애플이 방대한 TV 프로그램과 영화 카탈로그, 그리고 그것을 전달하기 위한 인프라를 보유하고 있다는 것이다.

플랫폼과 콘텐츠에서 애플을 따라잡을 수 없다면 경쟁업체들은 하드웨어 가격을 낮추는 일이 급선무이지만 애플은 다른 경쟁업체들과 달리 아이패드의 프로세서와 소프트웨어 일부, 배터리, 케이스를 직접 설계하고 있고 중국 등으로부터 대량으로 부품을 구매하기 때문에 원가 측면에서도 경쟁업체들을 앞지르고 있다.

아마존과 소니, 그리고 다른 기업체가 애플의 모바일 인터넷 디바이스(MID) 산업에 맞서기 위해서는 하드웨어와 콘텐츠, 이동통신회사와 제휴, 유통 플랫폼이 통합된 사업모델 등으로 공략해야 할 것이다.

44
스마트 그리드는 무엇인가?

요즘에는 스마트라는 단어가 참으로 눈에 많이 띈다. 스마트폰으로 시작하여 스마트 냉장고, 스마트 세탁기, 스마트 TV 등이 등장하고 있다. 전력망에도 스마트 개념이 도입되어 스마트 그리드 사업이 추진되고 있다.

그리드(Grid)는 격자 혹은 망을 의미하는 단어로서 스마트 그리드(Smart Grid)는 전력망에 정보기술(IT)을 도입하여 에너지 사용의 효율성을 극대화시키는 지능형 전력망을 구성한다는 취지이다.

전력망은 크게 발전소, 송배전 시설, 전력 소비자 등의 세 단계로 구성되는데 스마트 그리드는 이들 사이를 정보통신망으로 연결하여 양방향의 정보를 공유함으로써 전력시스템 전체를 한 몸처럼 효율적으로 작동시키는 것이 기본 목적이다. 한여름이나 한겨울에 전력소비가 급증하는 피크 타임(Peak Time)을 염두에 두고 전력시설을 구축하려면 구축비가 너무 많이 소요된다.

전기사용 피크 타임에 전기 공급이 전체적으로 다운되는 것을 막기 위해 미리 약정된 지역의 전기 공급을 강제로 차단시키는 방법이 제시되고 있으나 스마트 그리드에서는 전력 소비자가 전력 요금 제도를 판단하여 실시간으로 전력수급 여부를 선택할 수 있는 장점이 생긴다.

예를 들면 집안 세탁기는 가장 싼 전기 요금 시간대에 맞춰서 작동시키고, 전기 자동차는 주간에 주차하고 심야시간에 맞춰서 싼 요금으로 충전시킬 수 있게 된다. 스마트 그리드 시스템에서는 가정에서 생산되는 태양광 전기를 전력공급처에 판매할 수도 있다.

스마트 그리드 사업은 정부가 추진하고 있는 '저탄소 녹색성장'의 국가사업 일환으로 추진되고 있으며 제주도에 실증 단지를 조성하여 스마트 그리드 통합시스템 구현에 주력하고 있다.

전력공급 및 제어, 전력계측, 전력용 변압기, 축전지, 전기자동차, 기타 분야에서 세계 표준화 작업이 진행되고 있으며 미국, EU, 일본, 중국, 그리고 우리나라에서도 스마트 그리드 사업연구에 박차를 가하고 있다. 정보보안에 보다 큰 심혈을 기울여서 안전하고 효율적인 차세대 지능형 전력망이 구축되어 삶의 질이 향상되기를 기대한다.

45
N-스크린은 무엇인가?

IT 분야에서 '스마트'라는 핵심 키워드가 등장하여 스마트폰, 스마트 태블릿, 스마트 TV 등 다양한 스마트 기기들이 부상하고 있다. 지금까지는 기기마다 각각의 콘텐츠를 별도로 제공하여 왔으나 이제는 하나의 콘텐츠를 여러 기기로 볼 수 있는 시대에 접어들었다.

N-스크린은 하나의 콘텐츠를 N개, 즉 다수 개의 스크린으로 접할 수 있음을 의미한다. 예를 들어서 스마트 TV를 통해 TV 프로그램을 보다가 갑자기 집 밖으로 나가야 할 경우에 자신이 감상하던 그 콘텐츠를 스마트폰을 통해 연달아 볼 수 있는 서비스가 바로 N-스크린 서비스이다.

언제 어디서든 끊임없이 콘텐츠를 이용할 수 있는 N-스크린 서비스는 클라우드 컴퓨팅 기술과 밀접한 연관관계를 가지며, 소셜 네트워킹 기술은 커머스 등 사회 전반에 걸친 비즈니스와 결합되어 N-스크린 서비스의 기반 기술로 활용될 전망이다.

클라우드 컴퓨팅에서는 콘텐츠를 개별적으로 저장하는 대신에 인터넷 접속만으로 언제 어디서나 다양한 디바이스에서 컴퓨팅 자원을 사용할 수 있도록 해주는 서비스이기 때문에 N-스크린 서비스에 적합한 것이다.

2010년의 스마트 TV 태동기를 거쳐서 2011년에는 스마트 TV가 본격적으로 확장하는 시기가 될 것이다. 스마트폰으로는 이용자들의 동영상 콘텐츠에 대한 수요를 충족시키기에 역부족이기 때문에 스마트 TV가 N-스크린 벨트 구축을 위한 교두보 역할을 할 것이다.

N-스크린 성공의 핵심요소는 연결성과 개방성이다. 이제는 TV를 시청하면서 다양한 스마트 기기로 SNS를 즐길 수 있게 되었다. 콘텐츠를 소비하는 이용자 간 소셜 커뮤니티를 형성하여 개방성을 추구하고, 언제 어디서나 유무선 인터넷을 통해 콘텐츠를 소비함으로써 연결성을 보장할 수 있다.

개인이 다양한 종류의 스마트 기기를 동시에 여러 대 사용하면서 응용프로그램 및 데이터의 동기화 문제가 발생하였다. 클라우드 컴퓨팅 기술은 이러한 동기화 문제를 해결해줄 뿐만 아니라 언제 어디서나 끊임없이 어떠한 디바이스로도 콘텐츠를 소비할 수 있는 기회를 줄 것이다.

46
홈랜드 시큐리티는 무엇인가?

미국에서는 2001년 9·11테러 후 테러 공격에 대한 방어를 목표로 '홈랜드 시큐리티 국가 전략'을 발표하였다. 홈랜드 시큐리티 (Homeland Security)는 각종 국가·사회적 테러, 범죄, 재난, 해킹, 산업 스파이 등 비군사적 국가안보위협에 대응하기 위한 분야를 의미한다.

홈랜드 시큐리티 산업은 정보보호, 물리보안, 무인경비, 산업 및 재해방지시스템 등을 연계하여 사이버 공격, 산업기술 유출 및 국제테러 대응을 위한 가장 포괄적인 의미의 국토안보를 시작으로 항공보안, 수송보안, 해양보안, 인프라보안, 사이버보안, 국경보안, 대테러 첩보, 비상대응, 무기보안 등 다양한 영역을 포함한다.

특히 통신 및 데이터를 포함하는 사이버보안은 IT의 급속한 발전과 인터넷 중심의 글로벌 경제 형성으로 DDoS 등의 사이버 위협 수준이 크게 증가함에 따라 가장 빠르게 성장하는 분야 중의 하나이다.

미국은 전쟁의 위협뿐만 아니라 사이버 위협과 테러 공격 및 국가적 재난으로부터 자국민과 기업을 보호하기 위해 홈랜드 시큐리티 산업의 지출을 지속적으로 증가시키고 있다. 중국, 인도, 사우디아라비아, 프랑스 등도 미국과 더불어 홈랜드 시큐리티 산업에 집중 투자하고 있는 상황이다.

국내에서는 방산업체를 중심으로 홈랜드 시큐리티 산업을 이끌어왔으나 최근에는 SI 업체, 경비 업체 등이 조직을 신설하고 인력을 보강하여 홈랜드 시큐리티 시장에 뛰어들고 있다.

우리나라에서는 최첨단 IT 산업과의 연계를 통한 스마트화로 국내 홈랜드 시큐리티 산업의 응용분야가 급속히 확대되고 있다. 특히 CCTV, RFID, 바이오인식 융합 분야에서 잠재적인 경쟁력을 증강시키고 있다. 그러나 산업 측면에서 아직은 후발 주자로서 경험이 많이 부족한 상태이며, 인프라 측면에서도 안전관리 주체의 분산과 종합적인 체계 구축이 미흡한 상태이다.

국내 홈랜드 시큐리티 산업 발전을 위해서는 국가 주도의 제도적 정비, 국가·사회·산업의 안정망 구축, 국내기술 개발 및 인력 확보 등과 함께 최첨단 IT 기술 및 인프라와의 연계를 위해 심혈을 기울여야 할 것이다.

47
물류 IT는 무엇인가?

  물류는 생산된 상품을 수송, 하역, 보관, 포장하는 과정들, 유통 가공, 수송기초 시설 등과 함께 통신 기초시설 및 정보망 등 정보유통의 개념을 포함한다. 정부는 물류 선진화를 위한 기본계획을 수립하였는데 여기에는 통합물류체계 구축, 물류거점 시설의 수평적 연계 강화, 고부가가치 물류 기능 제고, 녹색물류 및 물류보안시스템 구축 등이 포함되어 있다.

  물류 IT는 컨테이너, 팔레트 또는 상품 상자에 전자태그를 부착하여 언제 어디서나 물류 흐름을 실시간으로 파악할 수 있는 기술로서 유비쿼터스 컴퓨팅 기술과 항만물류 기술이 접목된 기술이며 국내외적으로 차세대 주요 성장동력 산업으로 인식되고 있다.

  미래의 통합 물류정보 시스템에서는 현재 사용되고 있는 바코드를 대체할 수 있는 RFID, 화물 수송을 위한 센서, 컨테이너 흐름을 언제 어디서나 실시간으로 모니터링할 수 있는 RTLS(Real Time

Location System), 언제 어디서나 통신이 가능한 무선통신 인프라 등을 활용하여 물류의 기능을 지능화하고 무인화 및 자동화를 목표로 하고 있다.

물류 IT 분야는 크게 해운항만, 유통, 도로철도 및 항공분야에서 필요로 하는 IT 기술들로 이루어진다. 유통 분야에서는 RFID/USN 기술이 선도적으로 도입되어 u-유통 물류 모델이 제시되고 있다.

세계 선진국들은 국가의 생존을 위한 전략으로서 전면적인 물류 개방 정책을 도입하고 있을 뿐만 아니라 전문화되고 시장지향적인 정부의 의지와 함께 마케팅과 해외 기업유치를 위한 지속적인 노력과 투자를 아끼지 않고 있다.

우리나라가 동북아 물류중심국가로 도약하기 위해서는 선택과 집중의 원칙에 따라 거점 공항, 항만 등 물류 인프라를 확충하고 물류 정보화·자동화 등을 통해 물류 체계를 선진화하는 것이 중요하다.

또한 우리나라가 글로벌 물류강국이 되기 위해서는 국내의 IT 인프라를 물류 산업에 적용하기 위한 체계적인 시스템 구축, 새로운 물류 기능을 수행하기 위한 IT 기술 확보, 국가물류기본 계획을 근간으로 물류기술 연구, 물류 IT에 관한 전문 인력 양성 등이 절실하다.

48
무선전력전송은 무엇인가?

　수십 W 이상의 전력을 무선으로 공급할 수 있다면 사무실 책
상 주변에 복잡하게 연결되어 있는 전력선들이 말끔히 치워질
수 있어서 쾌적한 사무실 분위기로 변환될 것이다.

　무선전력전송에는 유도결합 방식, 방사 방식, 비방사 방식, 원
거리 방식 등이 있다. 유도결합 방식은 수 mm의 거리에서 접촉
식으로 수 W의 전력을 전송하는 방식으로 교통카드, 무선면도
기, 전동칫솔 등에 사용된다.

　유도결합 방식으로는 휴대용 가전기 충전에서부터 수 kW의
전기자동차 등의 전력공급 등 다양한 응용 분야에서 이용될 수
있다. 방사 방식은 수 m~10m 내외의 근거리에서 수십 mW의 전
력을 전송할 수 있고 유통/물류 분야의 RFID 시스템에 활용되며,
근역장 안테나를 사용한다면 1m 거리 이하의 PC 주변기기 등의
무선전력전송에도 사용될 수 있다.

　비방사 방식은 2007년 MIT의 마린 솔라서치 교수팀이 제안한

자기공명 방식으로 수 m 내외의 거리에서 60W의 대 전력 전송 성공을 발표하였지만 아직까지 전력효율이 낮고 공진기의 소형화에 어려움이 있다. 비방사 방식은 가전기기 또는 조명용 전력 전송 등에 활용될 수 있을 것이다.

원거리 방식은 고출력의 마이크로파를 이용하는 방식으로 수 km~수백 km 거리에서 전력전송 개발에 노력해 왔으나 인체 영향과 직진성 등의 문제로 상용화되지 못하고 있다. 원거리 방식은 우주 발전 등에서 연구가 진행되고 있으나 앞으로도 인체 영향 등으로 인해 상용화는 어려울 것이다.

무선전력전송의 주요 이슈에는 주파수 할당, 인체 영향, 기술 사항 등이 있다. 주파수 할당에서는 타 시스템에 간섭을 줄이고 인체에 영향을 주지 않는 주파수를 할당해야 하고 인체 영향 이슈에는 전자파에 대한 인체 해로움이 부각되어 있다.

기술적 이슈로는 전력전송 효율과 함께 전력전송시스템의 크기, 가격 문제 등이 떠오르고 있다. 우리나라도 외국의 연구개발 사례를 분석하여 무선전력전송 연구 및 서비스 보급에 만반의 준비를 다해야 할 것이다.

49
HMD(Head Mounted Display)는
무엇인가?

HMD(Head Mounted Display)는 보안경이나 헬멧 형태로서 눈앞 가까운 거리에서 초점이 형성된 가상스크린을 보는 안경형 모니터 장치를 말한다. HMD는 원래 군사용 시뮬레이션이나 가상현실(VR)을 실현하기 위해 개발되었으며, 양쪽 눈의 근접한 위치에 설치된 1인치 이하의 LCD, OLED 등 마이크로 디스플레이에서 발생되는 이미지를 광학시스템을 통해 확대함으로써 대형 가상화면을 형성한다.

최근에는 HMD 안경형 모니터가 게임 모바일 단말기에 장착되어 게이머들에게 널리 퍼지고 있다. HMD 장치는 우선적으로 가상스크린의 크기가 소비자들의 만족도를 충족시킬 수 있을 정도로 커야 하고 광학적 분해능이 뛰어나야 하며 왜곡과 광학수차가 최소화되어야 한다. 또한 가상스크린은 대화면뿐만 아니라 DVD급 이상의 고화질 제품이어야 한다.

HMD 기술은 1970년대에 이미 제품 개발에 성공하였으나 알맞은 애플리케이션이 없었던 관계로 소비자들을 대상으로 한 제품화에는 성공하지 못했는데 최근 개인 휴대사업과 동영상 산업이 비약적으로 발전함에 따라 안경형 모니터 장치가 개인 휴대용 모니터 장치로 널리 사용될 것으로 전망되고 있다.

HMD에서 중요한 기술은 컨트롤러 보드, 초소형 MEMS PKG Assy, 마이크로디스플레이 파넬, 마이크로옵틱스, 인체공학적인 기구물 등인데 특히 패널에서 보이는 영상을 옵틱스를 통해 대형화면을 볼 수 있는 것이므로 옵틱스 개발이 무엇보다도 중요하다. 또한 HMD 비용의 상당 부분을 광학기계가 차지하므로 HMD 장치의 가격 절감을 위해서 광학계 비용 절감이 요구된다.

HMD 모니터 제품이 고급버스의 각 좌석에 설치되고 서버와 접속되면 승객 개개인이 원하는 영상을 시청하거나 정보검색을 즐길 수 있다. 게임에 적용될 경우에는 고정되어 있는 TV와 달리 시선과 함께 움직이게 되므로 몰입하여 실감하는 게임을 즐길 수 있게 된다. HMD 장치는 선진국형 산업이라고 말할 수 있으며 국내에서도 HMD 장치의 향후 수요 급증을 고려하여 HMD 기술 개발에 심혈을 기울여야 할 것이다.

50
Haptic 기술은 무엇인가?

Haptic 기술은 '촉감'이라는 뜻으로 휴대폰의 사용자에게 촉각 정보를 제공하는 기술을 의미한다. 이러한 Haptic 기술을 구현하는 방법으로 '진동응답', '표면상태 응답', '인위적 힘 응답' 등이 있다.

'진동응답' 기술은 터치스크린 휴대폰에서 키를 입력할 때에 인위적인 진동을 느낄 수 있어서 사용자의 입력 오류를 줄일 수 있기 때문에 키 없는 터치스크린 단말기에 적용된다. 진동응답 기술을 휴대폰에 구현하기 위해서는 단말기의 모터를 정교하게 제어해야 하는데 모터 제어용 칩과 더불어 모터의 성능이 우수해야 할 필요가 있다. 진동응답을 편집할 수 있는 소프트웨어를 휴대폰이나 PC에 내장하여 사용자 고유의 진동응답을 제작할 수도 있다.

'표면상태 응답'은 휴대폰 화면을 만질 경우, 해당하는 물질을 손으로 만지는 느낌을 가지게 하는 기술이다. 예를 들어서 휴대폰 화면 위에 해안가 풍경의 바닷물 그림 부분을 터치하면 물을 만지는 느낌이 들고 모래 부분을 터치하면 모래를 만질 때의 느낌을 갖게 해준다.

'인위적 힘 응답'은 고정된 축을 중심으로 물리적인 힘을 느끼는 것으로서 예를 들면, 자동차 경주 게임에서 도로상태 등을 운전대를 통해 느낄 수 있게 하는 것이다. 휴대폰은 고정된 축이 없기 때문에 구현하기가 어렵지만 2개 이상의 액추에이터를 부착하여 어느 정도 휴대폰에도 적용 가능하며 이를 통해 기존 게임보다 훨씬 더 실감을 느끼게 할 수 있다.

Haptic 정보는 이동통신망을 통해 전송하는 방법으로 세 가지가 있다. 첫 번째로는 컬러링과 같이 통화대기 중에 기존의 음악과 함께 Haptic 정보를 전송하는 방법이다. 두 번째로는 통화 중에 보내는 측에서 자신의 감정 상태를 보내는 방법이다. 세 번째로는 콘텐츠 다운로드 시에 기존의 음성, 데이터, 영상 정보 등과 함께 다운로드하는 방법이다.

Haptic 기술을 이용함으로써 실감 서비스와 사람의 감정 전송을 위한 새로운 미디어로 부상할 것이므로 모바일 생태계를 중심으로 Haptic 기술 개발에 심혈을 기울여야 할 것이다.

51
모바일 운영체제(OS)에는
어떠한 것들이 있나?

운영체제(OS)는 컴퓨터의 시스템 소프트웨어로서 컴퓨터 내의 하드웨어와 소프트웨어의 자원을 관리하고 사용자로부터 입력장치를 통해 입력 명령을 받아 출력장치로 그에 따른 처리결과를 출력시켜 주는 역할을 수행한다.

운영체제는 사용자와 컴퓨터 사이를 소통시켜 주고 컴퓨터 내에서는 여러 응용프로그램이 컴퓨터 자원 사용에 있어서 충돌이 발생하지 않도록 조정해주는 기능을 담당한다.

모바일 OS는 컴퓨터가 내장된 각종 모바일기기, 즉 스마트폰, 태블릿 PC, e-Book 단말기 등에서 동작되는 핵심 소프트웨어로서 사용자들과 애플리케이션 소프트웨어 개발자들에게는 그 중요성이 점점 더 커지고 있다.

스마트폰 OS는 아이폰 OS, 안드로이드 OS, 윈도 모바일, 블랙베리 OS, 심비안 OS, 리모 OS 등이 모바일 시장에서 경쟁을 벌이고 있다. 2009년 OS 시장점유율 1위인 심비안(46.9%)이 소비자 선호도 1% 내외에 불과하여 소비자 선호도 1위인 애플과 2위인 구글의 주도로 변화하였다.

모바일 OS는 크게 두 가지, 즉 폐쇄형 OS와 개방형 OS로 구분된다. 폐쇄형 OS는 개발업체에서 OS를 완전히 소유/통제하기 때문에 다른 기업이 OS를 사용하려면 라이선스를 획득하고 로열티를 지불해야 한다. 폐쇄형 OS는 다른 계통의 소프트웨어나 기술을 허용하지 않지만 항상 최적화된 소프트웨어만을 사용하기 때문에 안정성과 최적화 측면에서 우수하다. 이러한 폐쇄형 OS에는 애플의 아이폰 OS, 림의 블랙베리 OS, 마이크로소프트의 윈도 모바일 등이 있다.

개방형 OS는 누구든지 소스를 받아서 자유롭게 수정, 배포, 판매가 가능하다는 장점이 있으나 너무나 많은 다양성을 받아들이면서 혼란과 불편함을 초래할 우려가 있다. 개방형 OS에는 구글의 안드로이드 OS, 유럽의 심비안 OS, 리눅스 기반의 리모가 대표적이다. 모바일 생태계에서 OS가 차지하는 비중이 매우 크므로 모바일 기기 개발뿐만 아니라 시장 경쟁력이 충분한 OS 개발에도 박차를 가해야 할 것이다.

52
주파수 경매란 무엇인가?

음파는 소리의 진동이 마치 공기의 물결처럼 전해지기 때문에 멀리 못 가고 속도도 느리다. 그러나 전파는 자체적으로 전기 에너지를 가지고 있기 때문에 공기 없이도 멀리 가고 속도도 빛의 속도와 같다. 이러한 전파는 서로 다른 주파수를 갖는다. 주파수는 Hz(헤르츠)라는 단위를 사용하는데 이는 사이클이 1초에 몇 번 반복되느냐를 의미한다.

전파는 별도의 전송선로가 없기 때문에 주파수를 서로 다르게 하여 선로 개념을 사용한다. 즉, KBS와 MBC는 동일한 공기 전송 매체를 사용하지만 송신 주파수가 각각 다르기 때문에 신호 충돌이 발생하지 않는 것이다.

전파는 주로 방송이나 국방 목적으로 사용되었지만 무선통신 기술의 발달로 핸드폰, 스마트폰, 무선 LAN(와이파이) 등의 민간 통신에도 많이 활용되고 있다. 전파는 3KHz에서 3,000GHz 사이의 주파수가 사용되며 무선 항해 통신, AM 라디오, FM 라디오나

TV 방송, 위성 통신 순으로 주파수가 높아진다.

무선통신에서는 주파수와 주파수대역폭이 필요하다. 주파수대역폭은 주파수의 폭을 의미한다. 예를 들어서 어느 방송주파수가 100MHz라고 하면 주파수대역폭이 20MHz라고 할 때에 이 방송국은 90MHz에서 110MHz 사이의 주파수로 방송신호를 전송하게 된다. 주파수대역폭이 넓으면 넓을수록 마치 도로 폭이 넓은 것처럼 대량 신호를 신속하게 전송할 수 있다.

나라마다 주파수를 관리하는 행정기관이 있는데 우리나라에서는 방송통신위원회에서 관리한다. 이번에 방송통신위원회에서는 4세대 이동통신 주파수로 2.1GHz 대역의 20MHz 대역폭, 1.8GHz 대역의 20MHz 대역폭, 800MHz 대역의 10MHz 대역폭에 대한 경매 신청을 받았다고 한다.

주파수를 사들이는 데 돈이 많이 들면 스마트폰 가입자의 통신비가 상승할 우려도 없지 않다. CDMA 주파수 판매대금으로 R&D 사업에 투자한 것처럼 이번의 주파수 판매대금으로도 과감한 R&D 투자로 우리나라가 실제적인 IT 기술 강국으로 부상되기 바란다.

53
모바일 데이터 트래픽의
폭주에 대한 대책은 무엇인가?

최근 스마트폰과 태블릿 등의 모바일 단말기 사용 증가로 인해 이동통신 사업자들은 모바일 데이터 트래픽 폭증이 기존 네트워크 구조로는 감당하기 어려운 국면에 접어들었음을 인식하고 있다. 이러한 무선 데이터 트래픽 폭주에 대응하기 위해 현재의 기지국을 LTE(Long Term Evolution) 기지국으로 전환하려는 움직임을 보이고 있다.

그러나 현재의 네트워크 구조로 망 용량을 증설할 경우, 투자비용과 운용비용이 대폭 증가하게 되고 이는 곧 사용자에게 이동통신 데이터 요금 부담을 안겨주는 결과를 초래하게 된다. 따라서 이동통신사들은 투자비용을 최소화하면서 트래픽을 처리하고 효율적으로 LTE 등 4G로 전환할 수 있는 방안을 모색하기 시작했는데 그것이 바로 클라우드 기반의 기지국 건설이다.

기지국은 크게 두 부분, 즉 무선 부분(RU: Radio Unit)과 디지털 부분(DU: Digital Unit)으로 구성된다. 무선 부분은 모바일 단말기들과 전파 송수신을 위한 안테나 기능과 무선신호 처리 등으로 이루어지고, 디지털 부분은 디지털 신호처리와 자원관리 기능을 수행한다.

클라우드 기반 기지국에서는 안테나와 직접 관련 있는 단순한 기능 부분만 기지국에 남겨놓기 때문에 장비 단가, 상면 임차료, 전력 소비량 및 유지보수 비용 등을 절감할 수 있고, 뒷단의 신호제어기능은 클라우드에서 집중 관리함에 따라 운용유지 인력의 절감 효과가 생겨난다.

또한 무선 전파통신을 위해 필요한 최소한의 기능만을 하드웨어로 구성하고 나머지의 대부분 기능은 소프트웨어 형태로 바꿔 다운로드받아 사용할 수 있게 함으로써 장비투자비의 절감효과를 가져올 수 있다. 기지국의 무선 부분과 클라우드 형태의 디지털 부분은 광케이블을 통해 연결함으로써 네트워크 대역폭 부족 현상을 방지할 수 있다.

인간사회의 조직에서도 단순 업무는 각 지역에 배치해놓고 복잡한 업무처리는 중앙에 집중시켜 관리함이 운용비와 인건비 등의 절감효과를 가져올 수 있겠으나 이와 같은 클라우드 형태는 노동시장 크기를 협소하게 만들 우려가 있는 것도 사실일 것이다.

54
IT 분야의 주요 기술에는
어떠한 것들이 있나?

　정보화 기술처럼 하루하루가 다르게 변화하는 분야도 없을 것이다. 새로운 기술은 새로운 전문용어를 낳기 마련인데 기술 흐름에서 잠깐 멀어져 있다가는 전문인들 사이의 대화에 끼어들지 못할 상황에 처해버린다. 미국 IT 기술시장 조사기관인 가트너는 최근 보고서를 통해 1,900여 개의 기술에 대해 발전방향을 평가 발표하였다.

　최근에 부상하고 있는 기술 주제에는 '소셜 미디어, 클라우드 컴퓨팅, 모바일' 등이 있다. 소셜 미디어 분야에는 소셜 분석, 행위의 흐름, 공동 구매 등이 있는데 여기에서 행위의 흐름(Activity Stream)은 페이스북의 '뉴스 피드'와 같이 한 웹사이트상에서 한 개인이 행한 최근 행위의 목록을 의미한다. 클라우드 컴퓨팅은 2~5년 이내에 주류로 부상할 것으로 예상하였으며 모바일 분야로는 미디어 태블릿, NFC(Near Field Communication) 결제, QR/컬러 코드, 앱 스토어, 위치기반 응용서비스 등이 떠오르고 있다. NFC 결제는 교통카드와 비슷한 개념의 휴대폰 결제를 의미한다.

5년 이내에 '인-메모리 데이터베이스 관리 시스템, 빅 데이터, 극단적 상황의 정보처리 등이 예상된다고 한다. 인-메모리 데이터베이스는 디스크가 아닌 주 메모리에 모든 데이터를 보유하는 방식으로 데이터 액세스 속도를 높일 수 있다. 장기적으로 보면 3D 프린팅, 사물 인터넷, 모바일 로봇 등이 주류 기술을 이룰 것이라고 한다. 3D 프린터는 종이 위에 프린트하는 것이 아니라 3차원의 물체를 그대로 제조해내는 장비이다. 사물 인터넷은 사물과 사물 사이의 데이터 교환을 의미하는데 사물 내에 컴퓨팅 기능을 심어서 통신을 가능하게 하는 기술이다.

10년 이후에 각광받을 분야로는 3D 바이오 프린팅, 컴퓨터 인체기능 증강, 컴퓨터-뇌 인터페이스 등이 예상되고 있다. 컴퓨터-뇌 인터페이스는 음성이나 키보드를 통하지 않고 사람의 생각을 직접 컴퓨터에 전달하는 기술이다. IT 기술 선진국이 되기 위해서는 기술 발전 트렌드를 조사 분석하여 과감한 R&D 투자가 이루어져야 함은 두말할 필요가 없을 것이다.

55
MP3 플레이어의
미래 전망은 어떠한가?

MP3는 MPEG Audio Layer-3의 약어로서 MPEG이라고 하는 국제표준화기구가 CD 음질을 유지하면서도 데이터양을 10분의 1로 압축할 수 있도록 만든 규약이다. 국내의 아이리버는 CD 음질과 비슷한 수준으로 150여 곡이 저장된 MP3 플레이어를 개발함으로써 세계 멀티코덱 CD 플레이어 시장 점유율 1위를 차지하였다. 이후 아이리버는 삼각형 형태의 '플래시 메모리 MP3 플레이어'를 출시하여 업계 강자로 부상하였다.

아이리버는 플래시 메모리 MP3 플레이어가 국내 시장에서 성공하자 해외 시장에 진출하여 세계 점유율 1위에 올라섰다. 아이리버의 경영철학은 '디자인 경영'으로서 기능을 개발한 후에 디자인을 붙이는 방식 대신에 제품을 디자인 한 후에 기능을 구현하는 '선 디자인, 후 개발' 원칙을 고수하였다. 아이리버는 열쇠고리나 장신구처럼 가볍게 목에 걸거나 주머니에 넣고 다닐 수 있는 패션 액세서리 콘셉트로 많은 사랑을 받았다.

그러나 컴퓨터 업체였던 애플이 2004년 초 1.0인치 하드디스크를 사용하여 획기적으로 크기를 줄인 아이팟 미니를 출시하면서 소비자들의 주목을 받기 시작했다. 애플은 다른 경쟁 업체들처럼 단순히 MP3 플레이어만을 생산하는 것에 머물지 않고 컬러화면, 사진 보기 기능, 음악과 동영상 관리 기능 등뿐만 아니라 '아이튠즈 스토어'와 '앱스토어'를 통한 콘텐츠 시장에도 진출하였다.

MP3 플레이어 산업은 더 이상 음원 재생 기능만으로 시장에서 살아남을 수 있는 단계를 벗어났으며 다른 디지털 미디어 기능들을 포함하는 종합 멀티미디어 기기로 전환해야 하는 단계에 들어섰다. 특히 대부분의 멀티미디어 기능에 통신 기능까지 통합된 '스마트폰'이 등장하면서 MP3 플레이어 시장은 급격한 사양길에 접어들고 있다.

최근 디지털 업계의 가장 큰 주제는 하드웨어와 콘텐츠의 융합이다. 이제 MP3 플레이어 기업도 음원 재생기능에 정보통신기능을 탑재하여 모바일 콘텐츠를 수용할 수 있는 신제품 개발에 전력을 다해야 할 것이다.

56
GPS의 원리는 무엇인가?

GPS(Global Positioning System)는 지구상의 자기 위치를 정확하게 알려주는 시스템이다. 대부분의 공학기술이 전쟁기술에서부터 나왔듯이 GPS도 원래 미국 국방부가 폭격의 정확성을 높이기 위해 군사용으로 개발되었다. 2000년도부터 GPS가 민간 부문에서 본격적으로 사용되기 시작했는데 이를 통해 민간 위치정보 시스템의 정밀도가 크게 높아지면서, 자동차 내비게이션과 같은 민간 항법 장치에 활용되기에 이르렀다.

GPS는 크게 세 부문, 즉 위성 부문, 지상관제 부문, GPS 단말기 등으로 구성되어 있다. GPS 위성은 고도 36,000km상의 정지궤도 위성과는 달리 고도 20,000km 상공에서 하루에 두 번씩 지구를 돌며 GPS 단말기에 1초마다 위성의 위치 값을 송신한다. GPS 위성은 태양에너지로 작동되며 수명은 8~10년 정도이다. 이러한 GPS 위성의 개수는 30개이다. 지상관제 부문은 GPS 위성들이 제 궤도를 유지하도록 제어하는 기능을 담당한다. GPS는 어떠한 원리로 위치 추적이 가능할까?

2차원 평면상에서 각각의 위치가 알려진 세 지점들이 있다고 하자. 동일한 평면상에 어느 한 포인트가 있을 때에 이 포인트의 위치를 알기 위해서는 세 지점으로부터의 거리를 각각 알면 된다. 3개의 각각 지점에서 떨어진 거리를 반경으로 하여 원을 그릴 때에 세 개의 원이 만나는 지점이 그 포인트의 위치가 되는 것이다.

GPS의 원리도 이와 비슷하다. GPS 단말기는 위성의 위치를 1초마다 전달받고 있으며, 자신과 각각의 GPS 위성 사이의 거리를 알 수 있기 때문에 GPS 단말기의 위치를 정확히 계산해낼 수 있다.

GPS 위성과 GPS 단말기들은 각각 정확한 시계를 가지고 있고 전파의 속도는 일정하기 때문에 GPS 신호의 출발시간과 도착시간의 차이를 알면 거리는 자동적으로 계산해낼 수 있다. GPS 단말기의 위치는 위도, 경도, 고도 등의 3차원이므로 정확한 위치 추적을 위해서는 GPS 위성이 네 개 필요하지만 지구의 모양을 이미 알고 있기에 기본적으로는 세 개만으로도 위치 추적이 가능하게 된다.

57
모바일 광고의 전망은 어떠한가?

    국내 스마트폰 가입자는 2011년 3월에 1,000만 명을 넘어섰다. 기존의 피처폰 중심의 모바일 광고 시장은 전망이 밝지 않았으나 스마트폰으로 재편되면서부터 모바일 광고 시장에 대한 관심이 높아지고 있다.

    모바일 광고는 시간과 장소에 구애받지 않고 개인별 광고가 가능하다는 특징 때문에 기존의 TV나 신문과 같은 불특정 다수를 대상으로 하는 광고보다 정교한 타깃 광고가 가능하다. 이는 광고의 효율성을 높일 수 있을 뿐만 아니라 모바일 광고의 확산에 크게 기여할 것이다.

    모바일 광고에는 배너 광고, 키워드 광고, 인앱 광고, 위치인식 광고, 증강현실 광고 등이 있다. 배너 광고는 기존 PC 웹에서의 배너 광고를 모바일로 옮겨놓은 형태이다. 모바일 키워드 광고에서는 좁은 모바일 환경을 고려하여 웹과 달리 주로 제목, 설명, 전화번호, URL의 순서로 노출하고 있다. 최근에 스마트폰을 위한 모바일 광고 마켓플레이스가 활성화되면서 앱에 탑재되는 탑재형 광고상품인 인앱 광고(in-app ad)가 인기를 끌고 있다.

구글의 애드몹이 대표적인 상품으로 인기 앱의 상·하단에 디스플레이 광고를 삽입하고, 이용자가 터치하면 광고주의 사이트, 동영상 등이 노출되게 한다. 애플은 앱 내의 페이지에 배너 광고로 노출시키는 모바일 광고 모델인 아이애드를 발표하였다. 페이스북은 모든 단말을 통해 페이스북에 접속할 수 있도록 HTML5에 대한 투자를 계획 중에 있는데 특히 모바일 단말로부터의 접속 강화를 통해 모바일 광고 사업을 추진하고 있다.

모바일 광고 시장 분야에서 위치기반 모바일 광고의 비중이 전체 시장에서 20%를 차지한다. 위치기반 모바일 광고라 함은 가입자가 어느 백화점 근처에 있을 때에 그 백화점 상품에 대한 광고를 노출시키는 것을 말한다.

모바일 광고는 프라이버시 문제를 야기하는 문제점이 있다. 그러나 프라이버시 침해에 관한 사회적·제도적 문제를 원만하게 해결하기 위해 생태계를 구성하는 모든 주체가 지속적으로 합의 노력한다면 모바일 광고의 전망은 밝게 진행될 것이다.

58
디지털 사이니지는 무엇인가?

  사이니지(Signage)의 사전적 의미는 도로표지이지만 넓게는 옥
외광고까지를 포함한다. 디지털 사이니지(Digital Signage)는 옥외
광고판 대신에 LCD, PDP, LED 화면 등을 통해 동영상이나 콘텐
츠를 보여주는 광고형태의 일종이다. 지하철이나 버스정류장에
TV 화면 형태로 여러 가지 콘텐츠를 보여주면서 광고 동영상을
노출시키는 형태가 바로 디지털 사이니지이다.

  초기의 디지털 사이니지는 단방향으로서 소비자들에게 광고
성 동영상들을 보여만 주었으나 최근에는 쌍방향으로서 소비자
들이 직접 참여하는 방식으로 변화하고 있다. 이와 같이 디지털
사이니지는 IT 기술이 발달해감에 따라 특정 지역에서 광고를
시청하는 시청자의 특성을 고려하여 광고 콘텐츠를 중앙 통제하
에 네트워크를 통해 빠르게 전달하는 형태로 미디어와 정보 산
업을 진화시키고 있는 제4의 미디어 산업으로 정의되고 있다.

  디지털 사이니지 시스템은 디지털 사이니지 콘텐츠 생성, 디지

털 사이니지 콘텐츠 관리, 디지털 사이니지 콘텐츠 분배 및 전송, 디지털 사이니지 처리 단말 기능 등으로 구성된다. 콘텐츠 생성에서는 디지털 사이니지 단말처리장치에서 콘텐츠를 실행해야 하는 요구사항과 밀접한 관련성이 있으므로 콘텐츠 포맷에 관한 표준화가 이루어져야 한다. 콘텐츠 관리에서는 콘텐츠 정보, 실행 스케줄, 실행 규정 등뿐만 아니라 시청자에 대한 정보를 수집할 수 있도록 한다.

콘텐츠 전송 및 분배에서는 단방향의 방송형과 쌍방향의 인터랙티브형이 있다. 앞으로 사용자의 수가 증가하고 다양한 형태의 소비 모델이 출현함에 따라 맞춤형/세분화된 타기팅 기술을 이용하여 광고의 특성을 고려한 콘텐츠 전송 및 분배 방식이 정립될 필요가 있다. 단말에는 3D 콘텐츠 처리, 얼굴 인식, 행동 인식, 터치기술 등이 포함된다.

사용자의 의도와는 관계없이 광고의 홍수 속에 노출되는 환경에서 이제는 사용자 참여가 가능한 고도화된 맞춤형 타기팅 사이니지를 제공하여 다매체 연동기술을 적용한 표준화된 사이니지 시스템 개발이 시행되어야 할 것이다.

59
LED 조명기기의 전망은 어떠한가?

백열전구는 1879년 에디슨에 의해 상업적인 개발이 성공되었고 형광등은 1930년대에 이르러서야 개발되었다. 형광등은 백열등에 비해 효율이 좋고 수명이 길며 소비전력이 낮아서 제2차 세계대전 후 일반인에게 널리 보급되어 인간의 낮 시간을 길게 늘려줌으로써 산업사회의 형성에 이바지했다.

1962년에 적색의 가시광선을 발하는 LED(Light Emitting Diode)가 개발되었고 이어서 노란색의 LED도 개발되었다. LED는 전기 대신에 빛을 전송하여 통신하는 광통신 기술 발전에 혁혁한 공을 세웠다. 광통신의 광원(光源)으로 사용되던 LED는 1993년에 일본에서 청색과 녹색 LED가 개발되면서부터 RGB(Red, Green, Blue)의 삼원색 LED를 갖추게 되었다.

이후 차세대 조명으로 주목을 받게 된 LED는 저전력, 무수은 및 긴 수명 등의 친환경적인 요소를 두루 갖추게 되었다. 특히 LED는 전류가 흐르면 빛을 발하는 반도체의 일종이기 때문에 컴퓨터로 쉽게 빛과 색을 조절할 수 있는 장점이 있다. 따라서 LED 구동 집적회로를 사용하여 시스템이 대기 모드 상태에서 사용되는 대기전력을 절감할 수 있다.

LED는 농수산 식품분야에서 태양광 없이도 LED 조명의 적절한 파장을 선택하여 동물이나 식물의 성장을 조절하는 데에 활용된다. 국내 LED 회사는 휴대폰 배터리를 이용하여 손쉽게 충전할 수 있는 줄로 만든 LED를 개발하여 자전거, 인라인스케이트 등에 다양하게 적용할 수 있도록 하였다. 또한 LED는 피부질환 치료에도 사용된다. LED 조명을 거리 조명에 적용하면 일반 조명 대비 90%까지 에너지를 절감할 수 있다.

앞으로 조명기기는 더욱 소형화, 슬림화될 것이며 색상관리 기능이 부가된 조명제어 시스템을 활용하여 인간 친화적 감성 조명으로 발전하게 된다. IT 기술을 활용한 다양한 제어기술로 U-City의 지능형 복합 LED 가로등이 등장하였다. LED 조명기기는 스마트 홈 네트워크, 친환경 조명, 에너지 절감 등을 목표로 발전을 거듭할 것으로 예상된다.

60
섬유와 IT 융합의
전망은 어떠한가?

섬유와 IT 융합은 섬유소재분에 있어 모든 제품과 공정 등을 포함하여 IT 기술과 섬유 기술의 융합으로 정의된다. 이러한 융합 기술에는 IT 융합 소재, 웨어러블(Wearable) 제품, 스마트 섬유, IT 융합 공정 등의 4가지 부문이 있다.

IT 융합 소재 분야에는 스마트 섬유를 이용하여 의복 및 차량용 카시트 개발, 열이나 빛, 소리를 감지할 수 있는 섬유 개발, 건강 및 웰빙 등을 위한 신축성과 유연성을 가진 소재 개발, 인명 구조대원용 스마트 슈트 개발 등이 포함된다.

웨어러블 제품 분야에서는 의복이나 액세서리와 같이 신체의 일부처럼 항상 착용하고 다니면서 언제 어디서나 서비스에 접속할 수 있는 의류형 컴퓨팅 시스템을 개발한다. 특히 웨어러블 분야는 헬스케어에 적용 가능한데 의류 또는 이와 근접한 장치에 부착된 시스템을 이용하여 고객의 생체정보를 측정하여 고객건강관리시스템으로 이를 통보해준다.

스마트 섬유 분야에서는 전문화된 바이오센서 기술 개발, 비행기 조종사복, 대용량 통신이 가능한 전도성사 개발 등을 목표로 두고 있다. 또한 스마트 섬유 분야에서는 기존의 섬유 산업 제품들에 다기능성 및 지능화를 부여하여 경량화 및 고성능화함으로써 기존의 용도를 뛰어넘고자 하는 연구들이 진행되고 있다.

IT 융합 공정은 수작업 형태의 의복 준비 공정을 3D 인체 치수 측정 및 가상 착용 피팅과 코디 가상 거울 등의 IT 기술을 활용하여 가상공간에서 신속하고 저렴한 비용으로 자동화하고자 하는 섬유 IT 융합기술이다. 또한 IT 융합 공정 분야에서는 RFID와 USN 기술을 활용하여 패션산업 정보화 시스템을 구축하였다.

섬유 IT 융합은 외부 환경변화에 반응하는 의류, 예를 들어서 특정 소리가 나면 이에 감응하여 빛을 내거나, 일정 온도 이상으로 기온이 올라가면 반짝이는 의류 개발에 노력하고 있다. 섬유 IT 융합은 첨단전쟁을 수행할 수 있는 군사 의류 제작에도 활용된다.

국내의 앞선 IT 기술을 섬유 산업에 접목하여 국내 섬유산업이 세계시장에서 경쟁력을 충분히 갖출 수 있기를 바란다.

61
차량용 센서에는
어떠한 것들이 있나?

　최근 출시되는 신형 자동차는 첨단 전자부품의 전시장이며 특히 다양한 센서들이 부착되어 있다. 최근의 자동차에는 내비게이션은 물론이고 엔진제어, 사고방지를 위한 타이어 압력 감지 센서, 앞차와의 거리와 속도를 일정하게 유지해주는 오토크루즈, 탑승자의 위치에 맞게 에어백이 팽창하는 센서, 무인자동차 기능 등이 내장되어 있다.

　엔진의 경우 대기압력, 연소실압력, 배기압력, 기타 등 엔진과 관련된 각종 상황을 센서로 체크하고 이렇게 얻어진 센서 정보는 트랜스미션 제어장치에 전달된다. 트랜스미션은 엔진회전, 출력, 엔진토크, 제어유압 등을 센서로 얻어서 기어 수를 조절한다. 노면 압력, 서스펜션 높이, 전방 노면상황, 차속 및 차고 등의 평가를 통해 바퀴 위치와 방향을 조절해주는 기능도 포함된다.

　최근의 자동차에는 고도화된 지능형 센서가 사용되는데 예로서 충돌 상황이 발생할 경우 충돌감지 센서가 충돌에 따른 작동 신호를 에어백 센서에 보내면 에어백 센서는 충돌 수준을 감안해 에어백을 사용할 것인지, 사용한다면 얼마나 팽창해야 하는지를 결정하게 된다. 중력 센서는 자동차용 운행기록장치(블랙박스)에 탑재되어 차량 충돌 시 충돌 방향을 기록한다.

각 자동차 업체는 안전벨트 착용 유무를 비롯하여 자체 고장 감지 부문에 각종 센서를 활용하고 있으며 운전자의 피로도와 음주운전 여부 등까지를 판단할 수 있는 센서도 등장하고 있다.

자동차가 전자제어 장치 집합체로 탈바꿈하면서 ECU(Electronic Control Unit)가 중요한 장치로 떠오르고 있는데 ECU는 자동차의 엔진, 트랜스미션, 브레이크 등 각종 부품을 제어하는 전자장치를 의미하며 자동차의 지능화를 결정짓는다. 현재 자동차 한 대당 평균 25개의 ECU가 사용되고 있다.

자동차에서 안전과 편의성, 환경문제 등이 중요시됨에 따라 차량용 센서의 수요가 급증하고 있는 추세이다. 차량용 센서 개발이 기존의 재래식 센서에서 MEMS 센서로 교체되고 있음에 따라 MEMS 센서의 국산화 및 핵심기술 개발에 심혈을 기울여야 할 것이다.

오창환

고려대학교 전자공학 학사
고려대학교 공학대학원 석사
일본 오사카대학 정보공학 박사
한국전자통신연구원 책임연구원
광주과학기술원 연구교수
(주)네트리 대표이사
현) 전기연감 집필위원
  서울사이버대학교 컴퓨터정보통신학과 교수

『컴퓨터 구조』(2006)
『데이터베이스 기초』(2008)
『세상을 바꾸는 IT 100선』(2008)
『ZigBee 개발 핸드북』(2009, 공역)
『데이터통신』(2010)
『인간과 컴퓨터 이해』(2011)
『유비쿼터스 이해』(2012)
"Priority Control ATM for Switching Systems", IEICE Trans. on Communications, Oh C. H., Murata M., and Miyahara(1992)
"Circuit Emulation Technique in ATM Networks", IEICE Trans. on Communications, Oh C. H., Murata M., and Miyahara(1993)
"Performance Enhancement of Mobile IP by Reducing Out−of−Sequence Packets Using Priority Scheduling", IEICE Trans. on Communications, Lee D. W., Hwang G. Y., Oh C. H.(2002)

디지털 3.0 시대의
상식 사전

초판인쇄 ㅣ 2012년 12월 31일
초판발행 ㅣ 2012년 12월 31일

지 은 이 ㅣ 오창환
펴 낸 이 ㅣ 채종준
펴 낸 곳 ㅣ 한국학술정보㈜
주   소 ㅣ 경기도 파주시 문발동 파주출판문화정보산업단지 513-5
전   화 ㅣ 031) 908-3181(대표)
팩   스 ㅣ 031) 908-3189
홈페이지 ㅣ http://ebook.kstudy.com
E-mail ㅣ 출판사업부 publish@kstudy.com
등   록 ㅣ 제일산-115호(2000. 6. 19)

ISBN   978-89-268-4018-4 93040 (Paper Book)
        978-89-268-4019-1 95040 (e-Book)

이담
Books 는 한국학술정보(주)의 지식실용서 브랜드입니다.